"十一五"国家重点图书

高等学校化工类专业规划教材

环境科学与工程概论

HUANJING KEXUE YU GONGCHENG GAILUN

龙湘犁 何美琴/编著

李 伟/主审

華東理工大學出版社
EAST CHINA UNIVERSITY OF SCIENCE AND TECHNOLOGY PRESS

图书在版编目(CIP)数据

环境科学与工程概论/龙湘犁,何美琴编著.—上海:华东理工大学出版社,2007.8(2020.8 重印)

“十一五”国家重点图书

高等学校化工类专业规划教材

ISBN 978-7-5628-2117-5

Ⅰ.①环… Ⅱ.①龙… ②何… Ⅲ.①环境科学-高等学校-教材 ②环境工程-高等学校-教材 Ⅳ.①X

中国版本图书馆 CIP 数据核字(2007)第 109276 号

“十一五”国家重点图书
高等学校化工类专业规划教材

环境科学与工程概论

编　　著 / 龙湘犁　何美琴
责任编辑 / 周永斌
责任校对 / 张　波
封面设计 / 王晓迪
出版发行 / 华东理工大学出版社有限公司
地址:上海市梅陇路 130 号,200237
电话:(021)64250306(营销部)
传真:(021)64252707
网址:www.ecustpress.cn
印　　刷 / 上海展强印刷有限公司
开　　本 / 787mm×960mm　1/16
印　　张 / 15
字　　数 / 278 千字
版　　次 / 2007 年 8 月第 1 版
印　　次 / 2020 年 8 月第 6 次
书　　号 / ISBN 978-7-5628-2117-5/TQ·120
定　　价 / 23.00 元

联系我们:电子邮箱 zongbianban@ecustpress.cn
官方微博 e.weibo.com/ecustpress
天猫旗舰店 http://hdlgdxcbs.tmall.com

華東理工大學出版社
客户端扫码进入天猫旗舰店

前言

环境问题是全人类面临的最重要问题之一，环境保护也是我国的基本国策之一。在高等学校非环境类专业开设“概论性环境保护课”，是环境教育的重要组成部分。

编者总结多年来化工类专业《环境科学与工程概论》课程教学体会，以校内讲义(2000 年版)为基础，面向化工类专业学生及相关教师编写了本书。本书共分 8 章，分别是：第 1 章绪论、第 2 章人类活动与环境问题、第 3 章大气污染及其防治、第 4 章水污染及其防治、第 5 章固体废物的处理和利用、第 6 章环境管理、第 7 章可持续发展与清洁生产、第 8 章绿色化学与化工基础。介绍了环境科学的基本概念和基础知识、污染治理技术的基本原理、环境管理的基本内容、可持续发展的基本理论和实践以及绿色化学和化工的基本原理。本书力求做到层次分明、概念清晰、实例丰富、内容新颖，使学生在研修本书后，不仅掌握环境科学的基本理论，了解污染治理的基本原理，认识环境保护的重要意义，更能够在今后的工作中自觉把污染控制和化学工业的绿色化放在重要地位。

第 1 章、第 2 章、第 6 章、第 7 章由何美琴编写，第 3 章、第 4 章、第 5 章、第 8 章由龙湘犁编写，全书由龙湘犁统稿。本书在编写过程中得到了李伟教授的指导和帮助，并且认真审阅了全文，提出了不少宝贵意见，编者在此表示感谢。

由于时间及作者水平所限，书中错误不妥之处在所难免，敬请专家学者、广大师生和读者批评指正。

编　者

2007 年 6 月

目录

8 绿色化学与化工基础

1 绪 论

随着社会的发展,人类改造自然、征服自然的能力日益强大,人类的生活面貌日新月异,但人们的生存环境却日益恶化,大气、水体、土地、噪声等环境污染时刻困扰着人们的生活。

环境保护是我国的一项国策,随着社会主义现代化建设的发展和经济改革的深入,环境保护工作越来越引起人们的关心和重视。1992 年,联合国"环境与发展"大会以后,提出可持续发展战略,促进经济与环境协调发展已成为世界各国的共识。2002 年 9 月,可持续发展世界首脑会议在南非约翰内斯堡召开,来自世界 194 个国家包括 104 个国家元首和政府首脑在内的 7 000 多名政府和各界代表出席会议。这次会议对于人类进入 21 世纪所面临和需要解决的环境与发展问题有着重要的意义。实践证明,以大量消耗资源、粗放经营为特征的传统经济发展模式经济效益低、排污量大,不但环境质量必然会不断恶化,损害人民健康,而且经济也难以持续发展。我们要善于从实践中汲取正反两方面的经验,转变发展战略,开拓具有中国特色的环境保护道路。在经济持续、快速、健康发展的同时,坚持以人为本,树立全面、协调、可持续的统筹兼顾发展观,促进经济、社会和人的全面发展,创造一个清洁安静、优美舒适的劳动环境和生活环境,是历史赋予我们的光荣而艰巨的任务。

1.1 环境

1.1.1 基本概念

1. 环境

环境是人类进行生产和生活活动的场所,是人类生存发展的物质基础。对于环境科学来说,环境主要是指人类的生存环境。在 1989 年 12 月 26 日颁布的《中华人民共和国环境保护法》中,明确指出:"本法所称环境,是指影响人类生存和发展的各种天然的和经过人工改造的自然因素的总体，包括大气、水、海洋、土地、矿藏、森林、草原、野生生物、自然遗迹、人文遗迹、自然保护区、风景名胜区、城市和乡村等。”

环境具有三个基本特征：整体性与区域性；变动性与稳定性；资源性与价值性。

2. 环境要素

环境要素也称环境基质，是构成人类环境整体的各个独立的、性质不同的而又服从整体演化规律的基本物质组分。环境要素可分为自然环境要素和社会环境要素，但通常是指自然环境要素，包括水、大气、生物、岩石和土壤以及声、光、电磁辐射等。

环境要素组成环境的结构单元，环境结构单元又组成环境整体或称环境系统。地球表面各种环境要素及其相互关系的总和即地球环境系统。例如，由水组成水体，全部水体总称为水圈；由生物体组成生物群落，全部生物群落构成生物圈。

3. 环境质量

环境质量是环境系统客观存在的一种本质属性，因人对环境的具体要求而形成的评定环境的一种概念。环境质量是确定具体的环境要素，用定性和定量的方法加以描述的环境系统所处的状态，对照环境质量紧密相关的环境质量标准体系，通过环境质量评价的结果来表征。

环境质量包括自然环境质量和社会环境质量。自然环境质量包括物理的、化学的、生物的质量，如通过对自然环境质量的了解，可以确定环境要素（水体、大气、土壤、植物等）受到污染的程度。社会环境质量包括经济的、社会的、文化的、美学的等等。人类通过生产和消费不断地改变着周围的环境质量，环境质量的变化又不断地反馈作用于人。环境质量是环境总体或某些要素对人群健康、生存和繁衍以及社会经济发展适宜程度的量化表达，而人类对环境质量的要求是全面的，既包括对自然环境质量的要求，也包括对社会环境质量的要求。简单地说，没有受到污染、舒适、宜人的环境，环境质量就好；反之，环境质量就差。

4. 环境容量

环境容量包括自然环境容量和社会环境容量。自然环境容量是指自然界为人类生存提供的各种自然条件包括抵抗外界干扰的能力使系统保持相对稳定。社会环境容量是指资源、经济、人口在同一时空中的总效应。

对一定区域，人类生存、自然生态不受危害的前提下，经过其自然净化能力，在特定的污染源布局和结构条件下，为达到环境目标值，所容许的污染物最大排放的量是环境保护管理中通常所指的环境容量。某区域环境容量的大小与该区域本身的组成、结构及其功能有关。通过人为的调节，控制环境的物理、化学及生物学过程，改变物质的循环转化方式，可以提高环境容量，改善环境的污染情况。环境容量按要素可细分为大气环境容量、水环境容量、土壤环境容量和生物环境容量等。此外，还有人口环境容量、城市环境容量等。

1.1.2 人类生存环境的形成和发展

人类的生存环境不是从来就有的，它的形成经历了一个漫长的发展过程。在地球的原始地理环境刚刚形成的时候，地球上没有生物（当然更没有人类），只有原子、分子的化学及物理运动。在大约35亿年前，由于太阳紫外线的辐射等外以及在地球内部的内能共同作用下，地球水域中溶解的无机物转变为有机物，进而形成有机大分子，出现了生命现象。大约在30亿年以前出现了原核生物，经过漫长的无生物的化学进化阶段，开始进入生物进化阶段，逐渐形成了生物与其生存环境的对立统一的辩证关系。最初生物是在水里生存，直到绿色植物出现。绿色植物通过叶绿体利用太阳能对水进行光解释放出氧气。大约在2～4亿年前大气中氧的浓度趋近于现代的浓度水平，并在大气平流层形成臭氧层。绿色植物（自养型生物）的出现和繁茂发展，以及臭氧层的形成为地球的生物进化奠定了基础。臭氧层吸收太阳的紫外线辐射，成为地球上生物的保护层。在距今2亿多年前出现了爬行动物，随后又经历了相当长的时间，哺乳动物的出现及森林、草原的繁茂为古人类的诞生创造了条件。

在大约200万～300万年前出现了古人类。人类的诞生使地表环境的发展进入了一个高级的、在人类的参与和干预下发展的新阶段——人类与其生存环境辩证发展的新阶段。人类是物质运动的产物，是地球的地表环境发展到一定阶段的产物，环境是人类生存与发展的物质基础，所以人类与其生存环境是统一的；人与动物有本质的不同，人通过自身的行为来使自然界为自己的目的服务，来支配自然界，因而人类与其生存环境又有对立的一面。人类与环境这种既对立又统一的关系，表现在整个“人类环境”系统的发展过程中。人类用自己的劳动来利用和改造环境，把自然环境转变为新的生存环境，而新的生存环境又反作用于人类……在这一反复曲折的过程中，人类在改造客观世界的同时，也改造人类自己。今天人类赖以生存的环境是在自然背景的基础上，经过人类改造加工形成的。它凝聚着自然因素和社会因素的交互作用，体现着人类利用和改造自然的性质和水平，影响人类的生产和生活，关系着人类的生存和发展。

1.1.3 环境系统的组成

人类的生存环境已形成一个复杂庞大的、多层次多单元的环境系统。从环境科学研究的角度来看，既包括自然环境也包括经济环境和社会环境。从依法开展环境保护工作的角度来说，环境指的是“自然因素的总体”，包括了天然的和经过人工改造的自然环境。如果从环境要素来考虑，可以再分为大气环境、水环境、土壤环境及生物环境；如按照性质分类，可分为物理环境、化学环境和生物环境。由于整个环境系统受人类活动的影响，在不断发展变化着，地球上已很难找到未经人类改造过的自然环境。环境在时间上是随着人类社会的发展而发展，在空间上是随着人类活动领域的扩张而扩张。为了便于从总体上对其进行综合性研究，可以根据其与人类生活的密切关系和人类对自然环境改造加工的程度，由近及远、由小到大分为聚落环境、地理环境、地质环境和星际环境，下面仅对前两类做些阐述。

1. 聚落环境

聚落是人类聚居的地方，也是与人类的生产和生活关系最密切、最直接的环境。特别是城市环境，它是工业、商业、交通汇集和非农业人口聚居的地方，更是高度人工化的环境。由于经济的发展和人口密集，工商业活动频繁、资源与能源消耗大，聚落环境（特别是城市和村镇环境）污染也日趋严重，因而近年来对聚落环境的研究普遍引起人们的注意。

2. 地理环境

地理环境是由与人类生产和生活密切相关的，直接影响到人类饮食、呼吸、衣着和住行的水、气、土、生物等因素构成的复杂的对立统一体。它位于地球表层，处于岩圈、水圈、气圈、土圈和生物圈相互制约、相互渗透、相互转化的交错带上。下起岩圈的表层，上至气圈下部的对流层顶，包括了全部土圈，其范围大致与水圈和生物圈相当。这里是来自地球内部的内能和主要来自太阳的外能的交锋地带，常温、常压的物理条件，适当的化学条件和繁茂的生物条件，构成了人类活动的舞台和基地。

1.2 环境问题

环境问题是指由于人类活动或自然原因引起环境质量恶化或生态系统失调，对人类的生活和生产带来不利的影响或灾害，甚至对人体健康带来有害影响的现象。环境问题多种多样，归纳起来有两大类：一类是自然演变和自然灾害引起的原生环境问题，也叫第一环境问题。一类是人类活动引起的次生环境问题，也叫第二环境问题。原生和次生两类环境问题很难截然分开，它们常常是互相影响和互相作用的。

环境科学与环境保护所研究的主要问题不是自然灾害问题(原生或第一环境问题),而是人为因素引起的环境问题(次生或第二环境问题)。这种人为问题一般可分为两类:一是不合理开发利用自然资源,超出环境承载力,使生态环境质量恶化或自然资源枯竭的现象;二是人口激增、城市化和工农业高速发展引起的环境污染和破坏。总之,是人类经济社会发展与环境的关系不协调所引起的问题。

1.2.1 环境问题的由来与发展

从人类开始诞生就存在着与环境的对立统一关系,就出现了环境问题。从古至今随着人类社会的发展,环境问题也在发展变化,大体上经历四个阶段。

1. 环境问题萌芽阶段(工业革命以前)

人类在诞生以后很长的岁月里,只是天然食物的采集者和捕食者,人类对环境的影响不大。那时"生产"对自然环境的依赖十分突出,人类主要是以生活活动、以生理代谢过程与环境进行物质和能量转换,主要是利用环境,而很少有意识地改造环境。

随后,人类学会了驯化植物动物,开始了农业和畜牧业,这在生产发展史上是一次大革命。而随着农业和畜牧业的发展,人类改造环境的作用也越来越明显地显示出来,但与此同时也发生了相应的环境问题,如大量砍伐森林、破坏草原、刀耕火种、盲目开荒,往往引起严重水土流失、水旱灾害频繁和沙漠化;又如兴修水利、不合理灌溉,往往引起土壤的盐渍化、沼泽化,以及引起某些传染病的流行。在工业革命以前,虽然已出现了城市化和手工业作坊(或工场),但工业生产并不发达,由此引起的环境污染问题并不突出。

2. 环境问题的发展恶化阶段(工业革命至20世纪50年代前)

随着生产力的发展,在18世纪60年代至19世纪中叶,生产发展史上出现了又一次伟大的革命——工业革命。它使建立在个人才能、技术和经验之上的小生产被建立在科学技术成果上的大生产所代替,大幅度地提高了劳动生产率,增加了人类利用和改造环境的能力,大规模地改变了环境的组成和结构,从而也改变了环境中的物质循环系统,扩大了人类的活动领域。但与此同时也带来了新的环境问题,一些工业发达的城市和工矿区的工业企业,排出了大量废弃物污染环境,使污染事件不断发生。如:1873年12月、1880年1月、1882年2月、1891年12月、1892年2月,英国伦敦多次发生可怕的有毒烟雾事件;19世纪后期,日本足尾铜矿区排出的废水污染了大片农田;1930年12月,比利时的马斯河谷工业区由于工厂排出的有害气体,在逆温条件下造成了严重的大气污染事件。蒸汽机的发明和广泛使用,使大工业日益发展、生产力大幅度提高,环境问题也随之发展并逐步恶化。

3. 环境问题的第一次高潮(20 世纪 50—80 年代以前)

20 世纪 50 年代以后,环境问题更加突出,震惊世界的公害事件接连不断,1952 年 12 月的伦敦烟雾事件,1953—1956 年日本的水俣病事件,1961 年的四日市哮喘病事件,1955—1972 年的骨痛病事件等等,在 20 世纪五六十年代形成了第一次环境问题高潮。

这主要是由于下列因素造成的:

首先是人口迅猛增加,城市化速度加快。刚进入 20 世纪人口为 16 亿,至 1950 年增至 25 亿(经过 50 年人口约增加了 9 亿);1950—1968 年仅 18 年间就由 25 亿增加到 35 亿(增加了 10 亿);而后,人口由 35 亿增至 45 亿只用了 12 年(1968—1980 年)。1900 年拥有 70 万以上人口的城市,全世界有 299 座,到 1951 年迅速增到 879 座,其中百万人口以上的大城市约有 69 座。在许多发达国家中,有半数人口住在城市。

其二是工业不断集中和扩大,能源消耗大增。1900 年世界能源消费量还不到 10 亿吨煤当量,至 1950 年就猛增至 25 亿吨煤当量;到 1956 年石油的消费量也猛增至 6 亿吨,在能源中所占的比重加大,增加了新的污染。大工业的迅速发展,人们薄弱的环境意识,必然导致第一次环境问题高潮的出现。

当时,工业发达国家的环境污染已达到严重程度,直接威胁到人们的生命安全,成为重大的社会问题,激起广大人民的不满,并且也影响了经济的顺利发展。1972 年的斯德哥尔摩人类环境会议就是在这种历史背景下召开的。这次会议对人类认识环境问题来说是一个里程碑。工业发达国家把环境问题摆上了国家议事日程,包括制定法律、建立机构、加强管理、采用新技术,20 世纪 70 年代中期环境污染得到有效的控制,城市和工业区的环境质量明显改善。

4. 环境问题的第二次高潮(20 世纪 80 年代以后)

第二次高潮是伴随环境污染和大范围生态破坏,在 20 世纪 80 年代初开始出现的一次高潮。人们共同关心的影响范围大和危害严重的环境问题有三类:一是全球性的大气污染,如"温室效应"、臭氧层破坏和酸雨;二是大面积生态破坏,如大面积森林被毁、草场退化、土壤侵蚀和沙漠化;三是突发性的严重污染事件迭起,如印度博帕尔农药泄漏事件(1984 年 12 月),苏联切尔诺贝利核电站泄漏事故(1986 年 4 月),莱茵河污染事故(1986 年 11 月)等。在 1979—1988 年间这类突发的严重污染事故就发生了 10 多起。这些全球大范围的问题严重威胁着人类的生存和发展,不论是广大公众还是政府官员,也不论是发达国家还是发展中国家,都普遍对此表示不安。1992 年里约热内卢环境与发展大会正是在这种社会背景下召开的,这次会议是人类认识环境问题的又一里程碑。

1.2.2 环境问题的实质

从环境问题的发展历程可以看出：人为的环境问题是随人类的诞生而产生，并随着人类社会的发展而发展。从表面现象看，工农业的高速发展造成严重的环境问题，局部虽有所改善，但总的趋势仍在恶化。因而在发达的资本主义国家出现了“反增长”的错误观点。诚然，发达的资本主义国家实行高生产、高消费的政策，过多地浪费资源、能源，应该进行控制；但是，发展中国家的环境问题，主要是由于贫困落后、发展不足、发展中缺少妥善的环境规划和正确的环境政策造成的。所以只能在发展中解决环境问题，既要保护环境，又要促进经济发展。只有正确处理发展与环境的关系，才能从根本上解决环境问题。

综上所述，造成环境问题的根本原因是对环境的价值认识不足，缺乏妥善的经济发展规划和环境规划。环境是人类生存发展的物质基础和制约因素，人口增长，从环境中取得食物、资源、能源的数量也必然要随着增长。人口的增长要求工农业迅速发展，为人类提供越来越多的工农业产品，再经过人类的消费过程(生活消费与生产消费)，变为“废物”排入环境或降低环境资源的质量。环境的承载能力和环境容量是有限的，如果人口的增长、生产的发展不考虑环境条件的制约作用而超出环境的容许极限，那就会导致环境的污染与破坏，造成资源的枯竭和人类健康的损害。所以，环境问题的实质一是由于盲目发展、不合理开发利用资源而造成的环境质量恶化和资源浪费、甚至枯竭和破坏；二是由于城市化和工农业高速发展而引起的环境污染。总之是人类社会发展与环境不和谐所引起的问题。

1.3 环境污染与人类健康

1.3.1 环境污染

人类活动(经济活动、政治活动和社会活动)导致环境的变化以及由此引起的对人类社会和经济的效应即为环境影响。按影响的来源，可分为直接、间接和累积影响；按影响效果，可分为有利影响和不利影响；按影响性质，可分为可恢复影响和不可恢复影响；还可分为短期影响和长期影响等。

环境污染是指由于某种物质或能量的介入，使环境质量恶化的现象。能够引起环境污染的物质被称为污染物，如二氧化硫等有害气体，铅、汞等重金属等。污染物质对环境的污染有一个从量变到质变的发展过程，当某种能造成污染的物质的浓度或其总量超过环境的自净能力，就会产生危害，环境就受到了污染。能量的介入也会使环境质量恶化，如热污染、噪声污染、电磁辐射污染等。

一般来说，未经污染的环境对人体功能是适合的，在这种环境中人体能够正常地吸收环境中的物质而进行新陈代谢的生命活动。但当人类过度活动超出环境的容许极限，那就会导致环境的污染。环境受到污染后，污染物通过各种媒介侵入人体，将会毒害人体的各种器官组织，使其功能失调，或者发生障碍，同时可能引起各种疾病，严重时将危及生命。

环境污染既可由人类活动引起，如人类生产和生活活动排放的污染物对环境的污染；也可由自然的原因引起，如火山爆发释放的尘埃和有害气体对环境的污染。环境保护中所指的环境污染主要是指人类活动造成的污染。

环境污染的类型，按环境要素，可分为大气污染、水体污染和土壤污染等；按污染的性质，可分为生物污染、化学污染和物理污染；按污染物的形态，可分为废气污染、废水污染、固体废物污染以及噪声污染、辐射污染等；按污染产生的来源，可分为工业污染、农业污染、交通运输污染和生活污染等；按污染物的分布范围，又可分为全球性污染、区域性污染、局部性污染等。

1.3.2 环境污染物侵入人体的途径及转化

有毒的环境污染物可以通过多种途径侵入人体。大气中的有毒气体和烟尘，主要通过呼吸道作用人体；水体和土壤中的毒物，主要通过饮用水和食物经过消化道被人体所吸收；而一些脂溶性毒物如苯、有机磷酸酯类和农药，以及能与皮肤的酯中酸根结合的毒物如汞、砷等经过皮肤被人体吸收。

1. 呼吸道系统

成人每天呼吸 20 000 次以上，每次呼吸的空气量大约 500 mL，平均每天吸入 15 kg 空气，是摄入食品量的 10 倍。大气中的污染物很容易通过呼吸道进入人体。整个呼吸系统包括气管、支气管及肺泡等，黏膜组织都能吸收毒物，吸收能力又以肺泡最强。经肺泡吸收的毒物，不经过肝脏而直接进入血液循环而发布到全身，造成很大危害。如漂浮在空气中的气溶胶小粒子很容易被人吸入并沉积在支气管和肺部，特别是粒径小于 1 μm 的粒子可以直达肺泡内，而这些小粒子中富集了大量的有毒物质。

2. 消化道系统

污染物也可以经由口腔、肠、胃进入人体。肠胃及口腔黏膜均可吸收毒物，经肝脏的解毒作用之后，分布到全身，因而对口腔、肠胃及肝脏等器官造成危害。

3. 皮肤

有毒物质如苯、二硫化碳和有机膦化物等脂溶性物质，可以通过皮肤的表皮经过毛孔到达皮脂腺及腺体细胞而被吸收，还有些毒物可以通过汗腺进入人体。通过皮肤进入人体的毒物也是不经过肝脏直接进入血液循环而发布到全身。

通过上述途径侵入人体内的污染物，在进入血液进行全身循环时，有些毒物在血液中即同血红细胞或血浆中的某些成分发生作用，破坏血液的输氧功能，抑制血红蛋白的合成代谢，发生溶血作用。有些毒物能在不同的身体器官和部位进行储存富集，产生毒性作用，或者进行生物转化作用，如铅蓄积在骨骼内，DDT 蓄积在脂肪组织中等。很多污染毒物在进入人体内经过生物转运和生物转化，而被活化或被解毒。肾脏、肠胃等，特别是肝脏，对各种毒物具有生物转化功能。体内毒物以其原形或代谢产物作用于靶器官，产生毒害作用。最后毒物经肝脏、消化道和呼吸道排出体外，少数也可以随汗液、乳汁、唾液等排出体外；有的在皮肤的代谢过程中进入毛发而脱离机体。

1.3.3 环境污染物对人体健康的危害

环境污染对人体健康的危害是一个十分复杂的问题。有毒污染物在较短时期内通过空气、水体、食物链等多种介质侵入人体，或几种污染物联合侵入人体，造成急性危害。也有些污染物以小剂量持续地侵入人体，经过相当长时间才显露出对人体的慢性危害或远期危害，甚至影响到子孙后代。环境污染物对人体健康的危害，按时间分为急性危害、慢性危害和远期危害三种。

1. 急性危害

在短期内（或一次性的，通常是由事故引起），有害物大量进入人或动物机体所引起的中毒为急性中毒。常用动物实验来阐明环境污染物对机体的作用途径、毒性表现和对机体的剂量与效应之间的关系。急性毒作用一般以半数有效量（ED_{50}）来表示。ED_{50} 如以死亡作为中毒效应的观察指标称为半数致死量（LD_{50}）或半数致死浓度（CD_{50}）。环境污染物毒性根据半数致死量分为五级：极毒、高毒、中等毒、低毒和微毒。

急性危害对人体影响最明显，环境污染事件都属于急性危害。

2. 慢性危害

有害物质经过长时期的持续作用于人或动物机体所引起的中毒称为慢性中毒。慢性中毒一般要经过长时间之后才逐渐显露出来。环境污染物对人体的慢性中毒作用，既是环境污染物本身在体内逐渐蓄积的结果，又是污染物引起机体损害逐渐积累的结果。例如，含铬污染物引起的骨痛病便是环境污染慢性中毒的典型例子。

人和动物对慢性毒作用易呈现耐受性。但污染物长时间作用机体，往往会损及体内的遗传物质，引起突变，给机体带来远期危害，甚至通过遗传影响到子孙后代的身体健康。因此,慢性毒作用对人体的损害可能比急性毒作用更加深远和严重。

3. 远期危害

远期作用包括三致作用,即致畸作用、致突变作用和致癌作用。环境污染物通过人或动物母体影响胚胎发育和器官分化,使子代出现先天性畸形的作用,称之为致畸作用;环境污染物或其他环境要素引起生物体细胞遗传物质或遗传信息发生突然改变的作用是致突变作用;环境中致癌物质诱发肿瘤的作用称为致癌作用。目前已发现的致癌化学物质越来越多,但对于致癌物质的致癌机理尚不十分清楚。

1.4 环境科学

环境问题及其影响由来已久,随着人类经济和社会的发展而发展,人类在与环境问题作斗争的过程中,对环境问题的认识逐步深入,积累了丰富的经验和知识,促进了各类学科对环境问题的研究。20 世纪 50 年代以后,环境问题的严重化促进了环境科学的发展,经过 60 年代的酝酿准备,至 60 年代末、70 年代初形成了环境科学;进入 21 世纪后,环境科学与其他科学一样在日新月异地持续发展。

1.4.1 环境科学的内容及任务

环境科学是研究在人类活动的影响下,环境质量变化的规律,以及环境保护及改善的科学。环境科学是新兴的一门综合性科学,不仅包括各种自然因素,也包括一定的社会因素。它把人和环境作为一个对立统一的整体来研究,从理论上阐明环境系统内在的矛盾和运动规律,并探讨在人类活动的干预下,环境系统的变化及其后果,以达到认识环境、保护和改善环境的目的。而在当前,环境科学的基本任务就在于解决以污染为中心的各种环境问题,其研究内容包括:

(1) 人类与环境的关系;

(2) 环境污染的危害;

(3) 污染物在自然环境中迁移、转化、循环和积累的过程和规律;

(4) 环境质量的调查及评价;

(5) 环境污染的控制和防治;

(6) 自然资源的保护和合理开发;

(7) 环境监测、分析技术的预测预报;

（8）环境区域规划和环境保护规划。

1.4.2 环境科学的分科

对环境问题的研究不仅涉及数学、物理、化学、生物、地质、气象等多种自然科学的分支及边缘学科，还涉及工程技术、社会学、经济管理学和法学等社会科学的学科。以往的各个自然科学的分支学科和边缘学科对环境污染问题的研究只能从微观方面认识污染物在环境中变迁机理，不能从宏观方面认识物质和能量在人与环境的综合平衡体系中交换和转移的运动规律。从广度来看，物质和能量是在一个地球、天体以及人类形成和演变的广阔空间和漫长的时间内运动；从深度来看，物质和能量又是以离子、原子和分子的微小粒子在人与生物细胞的狭小空间和短暂的时间内运动。因此研究人与环境的问题就必须从宏观和微观的两个领域同时开展，才能把握它的运动规律。多年来形成的环境物理学、环境化学、环境生物学、环境地质学等，就是应环境科学研究的需要而新兴的综合边缘学科。而且现代科学技术的发展已为环境科学的研究提供了必要的实验手段，从而奠定了"环境科学"这个与人类生活关系极端密切的综合的新型科学的基础。

环境科学是一门综合性科学，所涉及的学科范围非常广泛，各个学科领域多边缘相互交叉渗透，因而出现了环境科学中各个分支。环境科学现在正处于发展阶段，无论对于研究范畴及分科体系，意见均不一致。由于环境科学是从各个学科进行研究和发展而来的，因此有一种观点是按现有学科把环境科学分为下列六大类。

（1）环境社会科学：包括环境发展史，环境污染史，环境政治经济学，环境规划和环境管理，环境法学等。

（2）环境地学：包括环境地理学，环境地质学，环境海洋学，环境地球化学以及环境生物地球化学和环境大气学等。

（3）环境生物学和环境医学：包括环境生态学，环境水生物学，环境微生物学，环境生理学，环境毒理学等。

（4）环境化学：环境分析化学和工程化学，大气污染化学，水污染化学，土壤污染化学，污染生态化学，海洋污染化学等。

（5）环境物理学：包括辐射生物学和辐射医学以及环境声学，环境电磁学等。

（6）环境工程学：包括废水、废气、废渣处理工程，自然资源的合理开发与利用，无害能源的开发和无毒新工艺的设计与应用。

总之，环境科学所涉及的学科非常广泛，各个学科相互交叉、渗透，是自然科学与社会科学综合发展的一个新领域。

1.5 环境保护

1.5.1 环境保护的内容和任务

1. 环境保护概念的发展

在20世纪50年代以前，人们虽然对环境污染也采取过治理措施，并以法律、行政等手段限制污染物的排放，但未明确提出环境保护的概念。20世纪50年代以后，污染日趋严重，在一些经济发达国家中出现了反污染运动，人们对环境保护概念有一些初步的理解。当时大多认为，环境保护只是对大气污染和水污染等进行治理，对固体废物处理和利用（即所谓“三废”治理），以及排除噪声干扰等技术措施和管理工作，目的是消除公害，使人体健康不受损害。

20世纪70年代初，由巴巴拉·沃德和雷内·杜博斯两位执笔，为1972年人类环境会议提供的背景材料——《只有一个地球》一书，提出环境问题不仅是工程技术问题，更主要的是社会经济问题；不是局部问题，而是全球问题。于是“环境保护”成为科学技术与社会经济相结合的问题，这一术语也被广泛采用。到了20世纪70年代中期，人们逐渐从发展与环境的对立统一关系来认识环境保护的含义，认为环境保护不仅是控制污染，更重要的是合理开发利用资源，经济发展不能超出环境容许的极限。20世纪70年代末，有的环境专家提出：“环境保护从某种意义上说，是对人类的总资源进行最佳利用的管理工作”。所以，环境保护不仅是治理污染的技术问题，保护人群健康的福利问题，更为重要的是环境保护是一个经济问题、政治问题。

20世纪80年代中期以后，环境保护的广泛含义已为越来越多的人所接受。20世纪80年代末，有些发达国家的政府首脑大声疾呼：环境保护是人类所面临的重大挑战，是当务之急，健康的经济和健康的环境是完全相互依赖的。越来越多的发展中国家也认识到环境保护与经济相关的重要性，如：拉美7个发展中国家在20世纪80年代末举行的首脑会议，在联合声明中说：“经济、科学和技术进步，必须和环境保护、恢复生产相协调。”20世纪下半叶，在国家、区域或世界范围内召开了众多有关环境与发展的会议，陆续产生了相关的双边、多边条约或国际公约。2002年可持续发展世界首脑会议在南非约翰内斯堡的召开，本着“拯救地球、重在行动”的会议宗旨，对于人类进入21世纪所面临和解决在环境与发展上始终面临的严峻挑战，全面审查和评价《21世纪议程》执行情况，重振全球环境保护、可持续发展伙伴关系，把环境保护推向一个新高潮。

2. 环境保护的内容与基本任务

概括地说，环境保护就是运用现代环境科学的理论和方法，在合理开发利用资源的同时，深入认识并掌握污染和破坏环境的根源与危害，有计划地保护环境，预防环境质量的恶化；控制环境污染破坏，保护人体健康，促进经济与环境协调发展，造福人民、贻惠后代。对于环境保护的内容，世界各国不尽相同，同一个国家在不同的时期内容也有变化。但一般地说，大致包括两个方面：一是保护和改善环境质量，保护居民的身心健康，防止机体在环境污染影响下产生遗传变异和退化；二是合理开发利用自然资源，减少或消除有害物质进入环境，以及保护自然资源、加强生物多样性保护、维护生物资源的生产能力，使之得以恢复和扩大再生产。

1989 年颁布的《中华人民共和国环境保护法》，明确提出了环境保护的基本任务："保护和改善生活环境与生态环境，防治污染和其他公害，保障人体健康，促进社会主义现代化建设的发展。"

1.5.2 环境保护是我国的一项基本国策

我国的环境保护工作从 20 世纪 70 年代初起步，1973 年，第一次全国环境保护会议确定了"全面规划、合理布局、综合利用、化害为利、依靠群众、大家动手、保护环境、造福人民"的环境保护 32 字方针。

1983 年在第二次全国环境保护会议上，制定了我国环境保护事业的大政方针：一是明确提出"环境保护是我国的一项基本国策"；二是确定了"经济建设、城乡建设与环境建设同步规划、同步实施、同步发展，实现经济效益、社会效益与环境效益统一"的战略方针；三是把强化环境管理作为环境保护的中心环节。

把环境保护提高到国策的战略高度是由我国的基本国情决定的。

1. 吸取我国人口问题的历史教训

我国在建国后的相当一段时期内由于对人口问题的认识片面性，只看到它是生产力的一面，没有认清它同样也是一个消费者，没有及时采取有效的计划生育措施。建国以来经历了 1953—1958 年、1962—1975 年、1986 年至 20 世纪末的三次人口生育高峰。

尽管从 20 世纪 70 年代初开始实行卓有成效的计划生育政策，1972—1990 年人口的自然增长率为 1.56%，低于发展中国家的平均水平，但人口仍在急剧增长。1970—1985 年平均每年净增人口 1 500 万，相当于每年增加一个中等国家(如澳大利亚)的人口，这期间人口总数共增 2.2 亿，接近同期欧洲、北美洲、大洋洲三大洲所增人口(1.2 亿)的两倍。2005 年末我国大陆地区总人口为

130 756万人，比上年末增加 768 万人。全年出生人口 1 617 万人，出生率为 1.24%；死亡人口 849 万人，死亡率为 0.651%；自然增长率为 0.589%。

由于人口失控和计划生育滞后，人口剧增，给环境与经济带来很大压力。表现在就业压力大、人均消费长期徘徊在“维持水平”、“人增-地减-粮紧”的格局持续存在、资金积累受到限制、文盲半文盲人口数量庞大、生态系统已接近边际负荷等方面。

2005 年 11 月年我国人口突破 13 亿，2050 年将达到 15～16 亿，如果计划生育搞得不好，甚至可能达到 18 亿，超过生态环境的承载力。人口过多，使我国各项人均指标大大低于世界平均水平，自然资源相对紧缺，资源供求关系紧张的局面将长期存在。所以，应该吸取人口问题的教训，注重环境问题的解决。

2. 保护环境资源，为经济建设服务

环境具有资源性与价值性特点。环境是资源，保护环境就是保护资源，资源是工农业发展的物质基础。

保护生态环境是保证农业发展的前提。我国人均耕地少，只有世界平均值的 1/3，对于解决吃饭问题，尤其使粮食达到较为富裕的水平（人均 400 kg 或更多），是十分困难。我国有限的耕地，除了种粮食以外，还要种植经济作物，为工业提供原料。因此，精心保护有限的土地资源和生物资源，使其免遭污染和破坏，就成为一项重要任务。但是，生态环境现状却难以满足农业发展的需要，由于乱砍滥伐、盲目垦荒原因，植被遭到破坏，加剧了水土流失，致使全国水土流失（水力侵蚀和风力侵蚀）面积达 367 万平方公里，每年流失的表土达 50 亿吨，相当于每年从全国的耕地上刮走 1 cm 厚的表土。随水土流失的氮钾肥，相当于每年流失 4 000 万吨化肥，折合经济损失约为 100 多亿元。

此外，土壤质量下降问题也日益突出。据 1990 年普查，全国耕地有机质含量平均低于 1.5%，其中 1 万公顷农田有机质含量不足 0.7%。中低产田比例由原来的三分之二增加到五分之四。目前遭受工业“三废”和城市垃圾危害的农田达 667 万公顷。农药、化肥和农用地膜等化学物质的污染已影响农业生态环境的质量。保护农业生态环境，保障农业持续发展，已成为十分紧迫的任务。

为了保证工业经济持续发展，也必须保护好环境资源。工业生产过程需要不断输入资源才能维持正常运转，保证工业经济持续发展。但是环境污染的加剧，使本已紧缺的水资源成为制约工业发展的重要因素；空气资源由于污染而质量下降，为获得清洁空气所花费的代价越来越高；生物资源也遭到严重破坏，难于保持永续利用。长此以往，环境污染与破坏将成为工业发展的一大障碍。因此，控制污染、制止生态破坏，不断改善环境质量，是保证经济持续发展的重要条件。

3. 保护人民健康，满足人民需要

环境污染危害人民健康是多年来人类的实践活动所得出的结论。我国卫生部所发布的城市与农村的死因顺位也充分说明了这个问题(表 1-1 和表 1-2)。

表 1-1 城市人口死因

死因	20 世纪 50 年代	1991 年	1999 年
恶性肿瘤	36.90～45.65	129.86	140.47
脑血管病	38.56～57.23	124.84	127.18
心脏病		87.91	98.92
呼吸系统病		82.65	81.68
损伤和中毒		36.19	36.95

注:表内数据单位为十万分之一。

表 1-2 农村人口死因

死因	1991 年	1999 年
呼吸系统病	157.06	133.69
恶性肿瘤	101.39	111.62
脑血管病	97.51	111.57
损伤和中毒	75.81	66.90
心脏病	67.45	74.99

注:表内数据单位为十万分之一。

由表 1-1 可知，死因顺位的变化与环境污染的加剧直接相关。20 世纪 50 年代城市中恶性肿瘤死亡率仅为十万分之 36.90～45.65，脑血管病死亡率为十万分之 38.56～57.23，死因顺位排在前面的是传染病。此后，卫生医疗条件改善了，肺结核、急性传染病得到了控制，死亡率下降；而由于环境污染加剧，恶性肿瘤等的死亡率却增大到原来的 2～3 倍。国际上的专家认为恶性肿瘤的发病率 80%～90%与环境中的化学因素有关。当前中国的环境污染总体上仍呈上升趋势，乡镇企业的大发展使农村环境污染加剧，农村恶性肿瘤死亡率呈逐步上升趋势，1999 年比 1990 年上升了 5.77%。控制污染，保护人民健康已是十分紧迫的战略任务。

社会主义建设的任务就是在高度技术发展的基础上，满足人民日益增长的物质文化需要。清洁、舒适、安静、优美的生活环境和劳动环境，是建设社会主义和谐社会所不可缺少的重要内容。随着经济发展和人民生活水平的提高,对环境质量的要求也越来越高,环境质量必须与人民生活水平的提高相适应。坚持以人为本,树立全面、协调、可持续的科学发展观,促进经济社会和人的全面发展,为满足人民的需要,必须立即采取有力措施,在发展经济的同时,努力保护和改善环境。

4. 为了子孙后代

在我们为当代人的利益着想的同时,也要想着后代人的利益,要为子孙后代保留一个资源可以永续利用、清洁、安静、优美的环境,使我们的后代在这块土地上生活得更加幸福和美好。因此,绝不能只顾眼前利益,牺牲环境求发展,严重危害子孙后代的利益,妨碍后代的健康成长。

要坚决制止因严重污染而导致人类素质的退化。经研究证明,有一些化学污染物不但可以致癌,而且可以导致遗传变异(致突变)或致畸胎。环境污染造成的这种远期危害是不可逆转的,会危及子孙后代,是人类的隐患。致畸胎或致突变的化学物质不只是通过"三废"污染扩散、迁移、转化,经空气、水和农产品等进入人体,还可通过药物、食品添加剂、日用化学品等进入人体。

基因是在染色体上占有一定位置的遗传单位,人类社会的"基因库"是人类的宝贵遗产。致突变(导致遗传变异)的化学物质,经由各种途径进入人体,导致遗传变异,使人类的"基因库"发生不良变化,导致人类素质的退化,进而引起人类社会的退化。这是关系到国家、民族繁衍大事,不仅影响到今天,而且影响到子孙后代的生存和健康成长。

为了子孙后代,我们不能盲目发展,掠夺式地开发资源、破坏资源,绝不能给人类社会和人类的生存环境造成不可逆转的损害。

在处理人与自然关系上,须倡导三种态度。一是尊重自然、善待自然的伦理态度。我们的生存无不依赖于自然生态系统。这个系统中的所有资源,如土壤、空气、水、气候、森林、草原和各类动植物,对我们来说都是生死攸关。今天,我们不能再以一个征服者的面目对自然发号施令,而必须学会尊重自然、善待自然,自觉充当维护自然稳定与和谐的调节者。实现从一个号令自然的主人,到一个善待自然的朋友这一角色的转换不仅需要外在的法律强制,更需要我们的良知和内在的道德力量。二是倡导一种拜自然为师、循自然之道的理性态度。许多古文明的兴衰,之所以从强盛走向衰落,是因为他们在文明发展过程中很少或根本没有遵循生态规律,对自然界肆意开发和掠夺,从而导致自然生态系统的崩溃,最终酿成文明的衰败。我们必须从现在起,拜自然为师,循自然之道,从自然界中学习我们的生存和发展之道。现存的环境问题往往是我们对自然无知或知之甚少的结果,它的最终解决需要我们到自然生态系统中去发现和掌握生态规律。只有这样,我们才能摆脱目前的困境。三是倡导一种保护自然、拯救自然的实践态度。我们必须以人类的良知、远见和气魄,采取坚实的行动,来弥补我们的前人以及我们自己对自然所犯下的过错。保护自然,修复自然,维护自然生态系统的平衡,应当是我们义不容辞的责任。

我们要自觉地调节控制自己的行为,使人类的经济发展模式和生活方式能够适合持续发展的要求。这就是把环境保护提高到国策高度的重要原因。“国策”是治国之策、立国之策,环境保护既然是我国的基本国策,各级政府、全国的公民,都有责任在自己的工作和各项活动中认真贯彻。

2 人类活动与环境问题

2.1 生态学基本原理

在过去的两百年中，特别是20世纪以来，由于人类对自然资源不合理地开发利用，以及工农业生产、城市人口的集中对环境造成污染，使生态环境发生了一系列变化，不同程度地改变了某些生态系统的结构和功能，破坏了生态平衡，严重地影响了某些生物种类的正常生长、发育和繁殖，又直接或间接、短期或长远、明显或缓慢地致使局部的、区域的环境质量发生下降和恶化，甚至影响到全球环境的变化，危及人类本身。

2.1.1 生态学的定义、任务

生态学是一门综合性强的学科，是研究生命系统和环境系统之间相互作用过程及其规律的科学。生态学的基本任务是研究生态学规律，探讨生态自然保护的原则和机制，以减少对生态环境的人为破坏，合理和综合利用各种自然资源，协调生态环境的社会效益、经济效益和生态效益，促进生态平衡的可持续发展。

黑格尔(Haechel)于1869年在《生物普通形态学》一书中首次给生态学下了定义：生态学是研究有机体与有机和无机环境之间相互关系的科学。生态学和经济学、家庭、环境等都有密切的关系。

生态学自黑格尔提出定义一百多年以来，变化和发展是很大的。过去确定生态学的任务是：有机体的适应性，有机体、个体与环境的关系；种群分化、形成发展的规律和种群的动态；群落的形成、发生和发展规律。有人认为生态学是生物学的理论科学，有人则认为是进化的科学。近代生态学发展中对生态学的认识超出了一般“关系”的水平。认为“生态学是研究生物分布和数量的科学”，重点是了解生物在“什么地方发生”，“数量多少”，“为什么这样”。

现在，有的人认为生态学是研究生态系统的结构和功能，由此表明生态学正向更大的广度扩张，提高到一个新的水平。

对生态学的研究一般分为个体生态学、种群生态学、群落生态学和生态系统。它们是研究自然界生物与环境关系生态学的必要理论基础。

管理社会的科学是经济学，管理大自然的科学是生态学。近年来生态学研究的中心又集中到对生态系统的研究上。

2.1.2 生态系统

生态系统这个名词是植物生态学家唐斯利(A. G. Tansley)于 1935 年首先提出的。他把生态系统看作宇宙各种各样自然系统的一种，是动态平衡、相对稳定的系统。

一个生物种在一定范围内所有个体的总和在生态学中称为种群。在一定的自然区域中许多不同的生物的总和则称为群落，任何一个生物群落与周围非生物环境的综合体就是生态系统。

在生态系统中，各种生物彼此间以及生物与非生物的环境因素之间相互作用，不断地进行着物质循环、能量流动、信息传递和调节反馈。

生态系统是一个广泛的概念，可大可小，从含有几个藻类细胞的一滴水到宇宙本身都是生态系统。在一个复杂的大生态系统中又包含无数个小的生态系统。例如：自然生态系统有海洋生态系统、原始森林生态系统等，人工生态系统有城市生态系统、矿区生态系统、工厂生态系统等。许多各种各样的生态系统组成了统一的整体，就是人类目前生活的自然环境。

生态系统的基本规律有生态学第一定律或称生态偏移原理：在生态系统中人们所做的每件事都可能产生难以预测的后果；生态学第二定律或称生态学关联原理：自然界的每一件事物都与其他事物相联系，人类全部活动亦处于这种联系之中；生态学第三定律或称化学上不干扰原则：人类产生的任何化学物质都不应干扰地球上的自然生物地球化学循环，否则地球上的生命维持系统将不可避免地退化；承受限度原理：地球生命维持系统能够承受一定压力，但其承受力是有限度的。

外力(主要指“人”为作用)作用于生态系统形成的生态影响，具有量变到质变的累积性生态影响；某一地发生的生态恶化会殃及其他地区的区域性和流域性生态系统；生态因子间联系复杂、关系密切，在涉及自然的同时，还涉及社会和经济的高度相关性以及综合性的生态影响。

生态系统是支持人类生存和发展的物质基础，生态系统作为人类的生存环境对人类的服务价值称作生态系统的环境功能。自然界提供给人类的“有用”价值是多种多样的，包括①维生的价值，②经济的价值，③娱乐和美感上的价值，

④历史文化的价值,⑤科学研究与塑造性格的价值。

生态系统潜在的选择价值对于人类的长远方针是不可估量的。作物的更新换代,家禽的品种改良,无不依赖于生物多样性和生态系统。

2.1.3 生态系统的组成

任何生态系统都是由生物有机体及其生存环境所组成的。组成生态系统的生物种类往往很多,按其获得能量方式的不同,一般可分为生产者、消费者和分解者。所以,一个生态系统包括了生产者、消费者、分解者和非生命物质四部分。

(1) 生产者　主要指绿色植物,凡能进行光合作用制造有机物的植物种类,包括单细胞的藻类和能利用化学能把无机物转化为有机物的一些细菌,均属于生产者。生产者利用太阳能或化学能把无机物转化为有机物,把太阳能转为化学能,不仅供自身生长发育需要,也是其他生物类群以及人类食物和能量的来源。

(2) 消费者　主要是动物,又分为一级消费者,二级消费者……草食动物直接以植物为食,如牛、马、羊等啮齿类,食草昆虫等为一级消费者;以草食动物为食的肉食动物,如狼、狐狸等为二级消费者,也称一级肉食动物;以二级消费者为食的肉食动物为三级消费者,也称二级肉食动物……消费者虽不是有机物的最初生产者,但有机物在消费者体内也有一个再生产的过程,所以消费者在生态系统的物质与能量转化的过程中,也是较为重要的一环。

(3) 分解者　指各种具有分解能力的微生物,也包括一些微型动物,如鞭毛虫、土壤线虫等。分解者在生态系统中的作用是把动植物尸体分解成简单的化合物,归还给环境,再重新供植物利用。分解者的作用在生态系统中非常重要,没有它,生产者则缺乏养分、无法自养、不能生存。

(4) 非生命物质　生态系统中的各种无生命的无机物、有机物和各种自然因素,如二氧化碳、氧、氮、各种矿物以及水、大气和土壤等,这些非生命物质为各种生物有机体提供了必要的生存条件。

以上四个部分,构成一个有机的统一整体,相互之间沿着一定循环途径,不断地进行着物质与能量的交换,在一定的条件下保持着暂时的相对平衡。

生态系统的运行是由组成生态系统的生物群落或生物群落通过它们直接负责的关系维系的,最重要的运行过程是物质循环、能量流动、信息传递以及调节反馈的调控过程。其中信息传递主要指遗传信息由亲代传递给子代的过程。这是维系生态系统运行最为重要的过程。生态系统的运行过程在生态学上也称作生态功能。

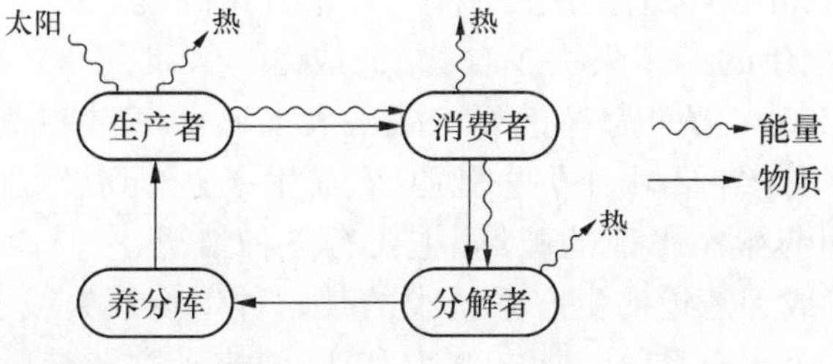

生产者:绿色植物——光合作用　　太阳能—化学能　　消费者:动物
分解者:微生物　　非生命物质:CO_2、O_2、N_2、水、空气、土壤

图 2-1　生态系统中的物质循环和能量流动

按生态的形成和性质可将生态系统分为未受人类干扰或人工扶持的自然生态系统、人工生态系统(如城市生态系统)及介于人工和自然生态系统之间的半人工生态系统。

2.1.4 生态平衡

任何一个正常的生态系统中,能量流动和物质循环总是不断地进行着,但在一定的时期内,生产者与消费者之间都保持一种动态的平衡状态,这种平衡状态就叫生态平衡。在自然生态系统中,平衡还表现在生物的种类和数量的相对稳定。

生态平衡是动态的平衡,不是静止的平衡,系统内部的因素和外界因素的变化,尤其是人为因素,都可能对系统产生影响,引起系统的改变,甚至破坏系统的平衡。所以,平衡是暂时的、相对的,不平衡是永久的、绝对的。

生态系统之所以能保持生态平衡状态,主要是由于内部具有自动调节的能力,对污染物来说,也就是环境的自净能力。当系统的某一部分出现机能的异常,就可能被不同部分的调节所抵消。系统的组成成分越多样,能量流动和物质循环的途径越复杂,其调节能力也越强。相反,成分越单调,结构越简单,其调节能力也越小。但是一个生态系统的调节能力再强也是有一定限度的,超出了这个限度,调节就不会再起作用,生态平衡就会遭到破坏。

生态平衡的破坏有自然原因,也有人为因素。自然原因主要指自然发生的异常变化或自然界本来就存在的对人类和生物有害的因素。由这类原因引起的生态平衡的破坏称为第一环境问题。如火山爆发、山崩海啸、旱涝灾害、地震、台风、流行病等自然灾害,都会使生态平衡遭到破坏。人为因素主要指人类对自然资源的不合理利用,工农业发展带来的环境污染问题等,由于这些原因引起的生态平衡的破坏称为第二环境问题。

由于自然原因引起的生态平衡破坏的事例很多:秘鲁海面每隔六七年就会

发生一次海洋变异的现象，结果使一种来自寒流系的鳀(音：tí)鱼大量死亡。大量鱼群死亡，使吃鱼的海鸟失去了食物，造成海鸟大批死亡。1965年发生死鱼事件时，就使1 200多万只海鸟饿死。海鸟大批死亡，鸟粪锐减，而当地农民又以鸟粪为主要肥料，结果，由于失去肥源，农业生产也遭到极大损失。

人为因素引起生态平衡的破坏，主要有三种情况：一是生物种类成分的改变。当人类有意或无意地使生态系统中的某一种生物消失或引入某一种生物，都有可能影响整个生态系统。如在澳大利亚，引进了欧洲野兔，结果野兔成灾，使局部地区的草原生态系统遭受破坏。二是环境因素的改变，这也是第二环境问题的主要方面。工农业迅速发展，产生了大量污染物质，进入环境后，使生态系统的环境因素发生了改变，影响整个生态系统，甚至破坏生态平衡。如含氮、磷等营养物质的污水进入水体后，由于营养成分的增加，水中藻类迅速繁殖，大量藻类的出现，又会使水中溶解氧下降，水中鱼类等动物就会因缺氧而死亡。三是信息系统的破坏。在生态系统中，某些动物在生殖时期，雌性个体会排一种性激素，引诱雄性个体，完成配偶，繁殖后代。当人们排到环境中的某些污染物质与性激素作用，使其丧失了引诱雄性个体的作用，就会破坏这种动物的繁殖，改变生物种群的组成，使生态平衡受到影响，甚至遭到破坏。

2.1.5 生物多样性与环境影响

由生物群落及非生物自然因素组成的各种生态系统所构成的整体，主要或完全由自然因素形成，并间接地、潜在地、长远地对人类的生存和发展产生生态环境影响。当人为的外力作用于生态系统导致生态系统发生结构和功能变化的过程称生态影响。生态环境的破坏，最终会导致人类生活环境的恶化。生态影响有累积性、区域或流域性、高度相关性和综合性三大特点。环境生态影响效应是系统整体性的。因此，要保护和改善生活环境，就必须保护和改善生态环境。我国环境保护法把保护和改善生态环境作为其主要任务之一，正是基于生态环境与生活环境的这一密切关系。

生物多样性是地球上动物、植物、微生物及其所构成的生态综合体，包括遗传多样性、物种多样性和生态系统多样性三个组成部分。生物界为人类提供了食物、纤维、木材、药材和多种工业原料，提供了保持土壤肥力、保障水质以及调节气候等生态服务功能，它关系着人类的安康福祉和文化完整性。

生物多样性是全世界环境保护的核心问题，被列为全球重大环境问题之一，这是因为生物多样性对人类有巨大的、也是不可替代的价值，是人类群体得以持续发展的保障之一，而人类活动正在导致生物多样性的严重减少。

1992年6月5日联合国环境与发展大会通过的《生物多样性公约》，是全面探讨生物多样性保护和利用的第一个全球性协议，是世界各国保护生物多样性、可持续利用生物资源和公平分享其惠益的承诺。中国是最早签署和加入《公约》的国家之一。到2005年，该公约已有188个国家及欧盟正式批准加入，是缔约方最多的国际环境公约。

中国是世界上生物多样性最丰富的国家之一。中国物种多样性高度丰富，约有高等植物3万多种，仅次于马来西亚和巴西，居世界第三位；生物物种的特有性高，拥有大量特有的物种和孑遗生物，如大熊猫、白鳍豚、水杉、银杉等；生物区系起源古老，如晚古生代的松杉类植物，中国占世界现存的7科中的6科；经济物种异常丰富，如药用植物11 000多种，原产我国的重要观赏花卉超过2 238种。

当前中国面临的主要问题是：生态环境退化的局面没有得到根本遏制；各种开发建设的人为破坏仍在持续，物种生存面临威胁；外来入侵物种危害日益严重，生物安全管理亟待加强；生物遗传资源流失问题突出，保护和管理不到位；西部地区生物多样性急需采取抢救性保护措施。

生物多样性可采取以下主要的保护对策。

(1) 建立法律政策体系　制定相关法律、法规，制定国家生物多样性保护政策，拟订国家和地方级的生物多样性保护具体对策和行动计划。

(2) 就地保护　建立自然保护区实行就地保护，自然保护区是指那些有代表性的自然系统、珍稀濒危野生动植物种的天然分布区，包括自然遗迹、陆地、陆地水体、海域等不同类型的生态系统。

(3) 迁地保护　将野生生物迁移到人工环境中或易地实施保护。

(4) 种子库和基因资源库的保护　可对物种的遗传资源，如植物种子、动物精液、胚胎和真菌菌株等进行长期保存。

(5) 恢复退化的生态系统　包括改造、修复、再植和重建等各种方法改良和重建已经退化和被破坏的生态环境。

(6) 加强生物多样性的监测。

(7) 环境和野生动植物保护法律　通过法律强制性手段来对生物多样性进行保护。

2.2 人口与环境

2.2.1 全球人口概况

美国人口普查局的“世界人口时钟”显示，全球出生率远高于死亡率——每秒新生 4.1 人，死亡 1.8 人；但人口增长在全球分布并不平均——新生人口 57%在亚洲，26%在非洲，9%在南美，5%在欧洲，3%在北美，不到 1%在大洋洲。至 2006 年底，世界上人口最多的 5 个国家依次为：中国（13 亿）、印度（11 亿）、美国（2.97 亿）、印度尼西亚（2.23 亿）和巴西（1.81 亿）。

人类在地球上生存了几百万年，从渔猎时代到农耕时代。直到 19 世纪初，约公元 1830 年，世界人口才达到 10 亿，期间经历了 200 万年。然后经过 100 年又增加了 10 亿，大约在 1930 年增至 20 亿。20 世纪后，世界人口呈现爆炸式增长，到了 1960 年，仅经过 30 年世界人口就增至 30 亿。增加第四个 10 亿仅仅用了 15 年。1975 年世界人口接近 40 亿，到 1987 年增至 50 亿，1999 年 6 月已达到 60 亿，约是 1900 年全球人口的 4 倍，是 1960 年全球人口的 2 倍。世界人口从 50 亿增长到 60 亿，只花了 12 年时间，这比之前任何一个 10 亿人口增长的速度都要快。2005 年，世界人口达到了 65 亿，近 20 年间又增加了 15 亿人口。世界及中国人口增长情况见表 2-1。

表 2-1 世界及中国人口增长情况 单位：亿人

年 份	1900	1950	1968	1980	1987	1999	2005
世 界	16	25	35	45	50	60	65
中 国	4	5.4	7	8.5	12	12.5	13

2.2.2 当代中国人口发展概况

科学与经济落后的旧中国，人口死亡率很高，约为 2.5%～3.3%，婴儿死亡率甚至在 20%～25%以上，人口平均预期寿命仅有 35 岁。新中国成立以后，社会经济制度发生了根本性变革，经济迅速发展，人民生活水平不断提高。目前我国人口平均预期寿命已达到 70 岁以上，男性大约在 70 岁左右，女性大约在 74 岁左右，比发展中国家高出 10 岁。在这种情况下，人口数量有一定程度的增长应该说是一种正常情况，但是，由于我国人口政策上的失误，造成了目前的人口数量极为庞大，且增长惯性难以控制的局面。

人口问题关系到国家的安全。一个国家的人口安全，既指该国的人口规模、素质、结构和分布的状态，不损害而且能适应国家的生存、稳定和发展的需要，更指当人口的状态损害或不能适应这一需要时，国家有足够的能力予以化解和消除。我国作为世界第一人口大国，在当前和今后相当长的时期内，需要面对的主要问题：一是人口存量过大、人口增量过多；二是出生缺陷数量很大，人口素质提高受阻；三是出生人口性别比严重失衡，人口结构长期扭曲；四是老年人口数量庞大，老龄化加速，挑战严峻。为了切实维护国家人口安全，我们需要采取有效的应对措施。

我国人口发展基本情况可概括为以下几个方面。

(1) 人口基数庞大,总量增长迅速

1949 年,中国人口数量为 5.4 亿,约占当时世界人口总数的 1/4。可见,新中国人口的发展是在一个相当庞大的基数上开始的。人口惯性增长势头强劲,总人口每年仍将净增 800 万~1 000 万人。21 世纪上半叶,在稳定低生育水平的前提下,我国将先后迎来劳动年龄人口、总人口和老年人口三大高峰。

(2) 增长率上下波动,变化幅度剧烈

建国以来的人口增长率呈现明显的上下波动。其变化的主要原因是中国人口政策的改变造成的。

我国大致经历了三次人口出生高峰:第一次出生高峰发生于 1950—1957 年之间,这段时期平均生育率高达 35.56%,约有 94%的妇女生育 3 个孩子,近半数的妇女生育 6 个孩子,全国平均每年出生的人数均为 2 088.5 万人;第二次出生高峰发生在 1962—1971 年期间, 这 10 年出生率的平均水平高达 32.32%,平均每年的出生人数高达 2 795.2 万人;第三次出生高峰则发生在 1981—1990 年间,这个时期虽然实行了严格的计划生育,但我国人口的出生水平仍相对高于 70 年代末期和 90 年代以来的出生水平,这段时期出生率的平均值为 21.34%,比第二次出生高峰的平均值下降了 34%左右。到第三次出生高峰结束时,中国人口规模又上了一个台阶,达到 11.4 亿人。

值得注意的是,据预测,我国第四次全国出生高峰已经迫近。受 20 世纪 80 至 90 年代第三次出生人口高峰影响,在 2005—2020 年期间,20~29 岁育龄妇女数量将形成一个高峰,而使人口数量增长的势能进一步加大。由此可见,未来我国的人口形势不容乐观。

(3) 人口年龄结构

建国以来,特别是 20 世纪 70 年代初期以前,中国的人口数量急剧增长,其主要特征是较高的出生率和较低的死亡率。目前,我国人口年龄结构尚属年轻型,但已开始向成年型过渡,出现了老年化趋势(表 2-2),社会保障面临空前压力。预计到 2020 年,我国 65 岁及以上的老年人口比重达到 11.2%,60 岁及以上的老年人口达 16.1%。

(4) 人口分布

中国是世界上人口较稠密的国家之一。1950 年全国人口密度为每平方公里 57 人。1990 年全国人口普查资料显示全国人口密度为每平方公里 118 人,约为世界平均水平的 3 倍。2003 年全国人口密度为每平方公里 134 人。从人口地域分布来看,人口分布极不均衡,其主要特征是东南部人口稠密集中,西北

表 2-2 中国人口年龄结构变化情况

年份	老年人口比重/%	成年人口比重/%	少年人口比重/%
1953	4.4	59.3	36.3
1964	3.5	56.1	40.4
1982	4.9	61.5	33.6
1987	5.5	65.8	28.7
1990	5.6	66.7	27.7
2004	7.6	70.9	21.5

部人口稀少分散和近期出现的城镇人口数量急剧增加。向大城市集中的人口过多，这必然会给城镇基础设施建设和环境保护带来巨大的压力。

(5) 人口素质

建国以来，由于社会经济迅速发展，人民物质文化生活水平不断提高，但整体文化素质与先进国家相比还存在较大差距，难以适应激烈的综合国力竞争的要求。我国出生缺陷发生率为4%～6%。各种地方病、传染病严重威胁人民群众身体健康。虽然致力扫盲工作，但在2000—2005年，中国的文盲人数仍增加了3 000万，截至2005年底，文盲总人数达到1.16亿人，占世界文盲总数的11.3%。

人口素质还包括人口性别比。男性过剩是人口方面的另一个问题。出生性别比是指一定时期内（通常为一年）出生的男婴总数与女婴总数的比值，用每百名出生女婴数与相对应的出生男婴数表示，它决定着未来分年龄、分地区性别比以及总人口性别比。长期观察表明，在未受到干预的自然生育状态下，不同时期、不同地区和国家的出生性别比相对稳定，并十分近似地在102～107之间。出生性别比平衡是人口性别结构平衡的前提条件，也是人口再生产与人类社会赖以存在和发展的最基本、最重要的因素。我国出生人口性别比持续20多年不断攀升，2000年已达到117这个世界少有的偏高值，2005年国家统计局1%人口抽样调查显示部分地区人口性别比甚至达到118。出生人口性别比居高不下，严重偏离正常值域，长时间、大范围的失衡不仅使人才培养面临结构性难题，并将继续给人口和社会的可持续发展带来严峻挑战和严重的负面影响，引起各方面的深切关注。

表 2-3 我国人口性别比

年　份	1980	1995	2000	2005
性别比	107.4	115.6	116.9	118.58

2.2.3 人口对环境的影响

在一定的环境空间，可容纳的人口是有限的。在可预见的期间内，利用本地资源及其他资源和智力、技术等条件，在保证符合社会文化准则的物质生活水平下，该国或地区能持续供养的人口数量是联合国教科文组织对环境人口容量的定义。国际人口生态学界给环境人口容量下的定义是：在不损害生物圈或不耗尽可合理利用的不可再生资源的条件下，世界资源在长期稳定状态基础上能供养人口数量的大小。这一定义强调的是环境人口容量以不破坏生态环境的平衡与稳定，保证资源的永续利用为前提。

反映人口过程的自然变动指标是人口出生率、死亡率和自然增长率。人口自然增长率与出生率和死亡率存在如下关系：

$$\text{自然增长率} = \text{出生率} - \text{死亡率}$$

反映人口过程、人口自然增长规律的指标还有指数增长率、倍增期等。指数增长率是指在一段时期内人口数量以固定百分率增长。倍增期是表示在固定增长率下人口增长一倍所需的时间。

人口倍增期计算公式：

$$T_{\rm d} = 0.7/r \tag{2-1}$$

式中 $T_{\rm d}$——倍增期；

r——年增长率。

如果人口年增长率 r 为 1%，按上式计算，70 年人口增长一倍；r 为 2%，则 35 年人口就会增长一倍。

人口增长增加了人类活动，人类活动必然引起自然环境的变化，而且随着人口的增长和生产规模扩大，引起环境的变化也越来越大，这是不可避免的。但是，人类活动引起自然变化，却不一定要破坏自然。原生自然生态系统对人而言不一定是最理想的。人类运用自己的智慧，通过劳动、按照生态规律，可以建设比原有自然生态系统有更高生产力的人工生态系统。这里，人类破坏大自然的旧有平衡，建立有益于人类生存和发展的新的自然平衡，这是世界的进步。但是，人口激增，人类活动违背生态规律和经济规律，超过了人口容量，则会给环境带来不良影响，甚至造成严重的污染和破坏。

人口增长对环境影响的过程十分复杂，既有人口增长直接作用于环境的过程，也有通过多种途径间接作用于环境的过程。

1. 人口增长对环境资源的压力

人口增长对环境资源产生巨大压力，导致环境资源的开发与利用处于一种超负荷状态。

(1) 人口急剧增长,耕地不断减少

中国人口数量占世界总人口的22%,但中国耕地面积仅占世界总耕地面积的7%,人均耕地资源少,这必然会加大土地利用强度,对土地施加更大的压力。需要指出的是,在一定的技术发展水平下,土地的持续生产能力也有一定的限度。中国现在的复种指数,在全世界是最高的。对土地压力的无限制增大,使其生态平衡变得很脆弱,其后果是显而易见的。生态平衡失调,水土流失加重、土地沙漠蔓延、土层日见瘠薄、土壤肥力递减。更严重的是随之而来的自然灾害频繁发生。掠夺性地开发自然资源,必然会遭到自然界的报复。

(2) 人口增长使森林资源承受过重的需求压力

中国人均占有的林木蓄积量很低,为了满足人口增长和经济建设的需要,林业部门生产任务过重,长期以来采伐量居高不下,加之采取的"由近及远"的不合理的集中采伐方式,已造成开发林严重过伐,资源枯竭。只重视和追求森林资源的物质性经济价值,忽视森林生态性的功能价值将导致一系列严重的环境、社会和经济后果。

(3) 庞大的人口对矿产资源造成沉重的压力

中国矿产资源总量虽然很丰富,但人均量很少,在总体上,矿产资源人均占有量不足世界平均水平的一半,居世界第80位。在人均矿产消费较低的情况下,由于人口基数大,已使中国在很低的发展水平上就成为了一个矿产消费大国。这种对矿产资源的沉重需求压力,不仅造成资源供给的长期紧张局面,也诱发出严重的生态环境问题。规模巨大的采矿业和原材料加工业都是三废的"生产大户",是水体、大气、土地的重要污染源。

(4) 人口激增对水资源施加了更大压力

1949年以来,我国人口从5亿增加到13亿多,相当于人均水资源占有量减少一半。同时,随着人民生活水平的提高,城市人口的膨胀和经济发展,人均用水量、生活用水量和生产用水量大大增加,导致大范围的缺水现象。人口急剧增长不断扩大对耕地的需求,"围湖造田"现象就是在这一动因下产生的。它严重地破坏了地表水资源。据统计,由于围湖造田,使我国湖泊的数量由2 800个减少到2 350个,减少了16%,湖泊面积减少11%。

(5) 人口增长直接导致能源需求量的增长对环境的压力也随之增大

我国能源结构以煤为主,世界各国能源消费水平有很大差距。据能源经济学者分析,现代化社会人口平均最低限度的能源消费量为1 615 kg标准煤,而美、英、德、法等国能源消费量平均每年每人为6 700 kg,超过最低限度4倍以上,美国超过7~8倍。这些发达国家人口只占世界人口的10%,而能源消费已达世界总能耗的 40%。中国人口平均能耗仅有620 kg,仅为最低限度的 2/5。资料表明,现代化社会每人每年平均最低能耗 1 615 kg 标准煤中,衣 108 kg,食 323 kg,住 323 kg,行 215 kg,其他 646 kg。目前,我国按人口平均能源消费量为每人每年 0.8~0.9 吨标准煤。我国每年新增人口 1 500 万人,能源需求量要增加 1 350 万吨标准煤。这种逐年增长的能源消耗大大地超过了生产供给能力,同时,使得中国目前严重的煤烟型大气污染加剧。

2. 人口增长对就业带来的压力

人口急剧增长,加重了就业的困难。我国劳动年龄人口规模庞大,就业形势严峻,据预测,到 2016 年,15 岁至 64 岁劳动年龄人口将达到峰值 10.1 亿人;15 岁至 59 岁劳动年龄人口将于 2013 年达到峰值 9.32 亿人。贫困人口结构趋于多元化,促进社会均衡发展的任务十分艰巨。到 2005 年底,全国农村没有解决温饱的贫困人口尚有 2 365 万人,刚刚越过温饱线但还不稳定的低收入人口有 4 067万人。

特别在我国的农村,人口增长的数量早已远远超出了农业生产对劳动力的需求界限,导致大量农村人口涌入城市和乡镇企业。农村人口过剩使流动迁移人口持续增加,对公共资源配置构成巨大挑战,2005 年我国流动人口多达 1.47 亿,未来十几年,我国在城镇化进程中还要转移相当规模的农村人口。乡镇企业吸收农村剩余劳动力就业,使广大农民脱贫致富。但是,乡镇企业也给农村的生态环境带来一系列问题。由于乡镇企业的上马带有一定的盲目性,布局不合理,大多资金不足,生产技术落后,设备陈旧,管理不善,多数没有环境保护设施,生产过程中产生的三废基本上未经处理就直接排放到环境之中,严重破坏农业生态环境。例如乡镇小造纸业对环境的污染问题一直没有得到很好解决,在一般情况下,乡镇小造纸厂每生产 1 吨纸所排放的污染物与国有大企业相比,废水排放量为 3 倍,有机污染物为 4 倍,而悬浮物高达 14 倍。

3. 人口增长对城市建设的压力

全球城市人口正在以每年数千万的速率增加,世界观察所发布的《2007 世界状况:我们城市的未来》报告显示,世界快速城市化,2008 年世界将跨进一个无形却又具有重要意义的里程碑:全球约半数人——近 32 亿将居住在城市里。每年全世界城市及其郊区的人口增长超过 5 000 万。1950 年人口超过百万的城市只有纽约和东京,而今天在中国就有 30 个。

城市无计划蔓延正在对人类健康和环境质量造成巨大危害,致使许多国家的社会、生态和经济处于不稳定状态。今天 30 亿城市居民中就有 10 亿人居住在贫民窟,那里的人们不一定能够得到至关重要的必需品,如清洁饮用水、附近的厕所和能够长期居住的房屋。估计每年有 160 万城市居民因缺少清洁饮用水和卫生设施而死亡。总之,城市无计划蔓延酿成苦果。

人口增长对城市基础设施带来很大压力,使得城市环境建设和环境保护面临更大的困难。城市人口自身的增长和大量农村人口涌入城市加剧城市基础设施的负荷,严重影响了城市环境质量的改善。我国城市建设速度不断加快,但仍赶不上人口增长的需求,城市基础设施的人均占有水平难以提高。为此,主要的资金不得不用在基础设施的建设上,而城市环境建设就不得不拖后进行。同时,由于城市人口的过分集中加剧了城市的环境污染,一些大城市开始出现了所谓的"城市病"。"城市病"的主要症状有:城市气候的改变和大气污染;过分集中在城市中的工业企业造成的水体污染;严重干扰人们生活的噪声污染;大量的城市固体废弃物的污染。

2.2.4 控制人口增长,保护生态环境

从人口与环境的关系的分析可以看出环境是人口容量的限制条件。由于地球上的陆地是有限的,地球上的生物生产量及各种资源也是有限的,因此,地球上居住和生存的人口数量必然是有限的,存在一个适度人口容量问题。为了控制环境的恶化,必须积极而坚定地推行中国的人口政策。

1. 人口政策是加快人口因素转变的决定性因素

回顾中国人口发展的历史,人口倍增,人口再生产形式出现过两次重大转变:第一次是从高出生率、高死亡率、低自然增长率转变为高出生率、低死亡率、高自然增长率;第二次是从高出生率、低死亡率、高自然增长率转变为低出生率、低死亡率、低自然增长率。

在这两次重要的转变中,人口政策起着重要的作用。经专家分析:人口政策对降低总和生育率的作用最大,约占 80%,政府的计划生育政策对加快人口转变过程起到决定性作用。

2. 计划生育是中国的基本国策

20 世纪 80 年代初以来,我国政府已多次郑重宣布计划生育是中国的一项基本国策。其基本做法是:坚持国家指导和群众自愿相结合的原则,把计划生育工作纳入社会和经济发展计划,宣传教育作为工作的中心环节,在加强宣传教育的同时,采取一定的经济、行政的奖惩措施。

由于坚定地推行计划生育政策,我国人口过快增长的势头得到了控制,促进了社会的稳定和持续发展。我国人口数 2005 年 11 月达到 13 亿,比国外提出 2000 年就会达到 13 亿以上的预测时间推迟了 5 年。

3. 提高人口素质

中国人口政策立足于两点:"控制人口数量,提高人口素质",控制人口数量

对减轻人口对生态环境的压力有显著的作用；而提高人口素质对转化人口压力、减少生态环境破坏、实现生态环境良性循环同样具有举足轻重的作用。

提高人口素质中的一个重要问题是提高人口的资源、环境素质，即提高人类开发利用和保护资源、环境的知识、技能及人类的生态环境意识。特别是改进劳动者利用自然的知识和技能，这不仅有助于减少资源的盲目开发和破坏性的利用，而且会把大量的过剩劳动力转化为改善和建设环境的人力资源。由于中国所面临的人口和环境压力，我们在相当长的时期内将无足够的资源支撑一个相当于发达国家资源消耗水平和消费方式的经济体系，只能谋求适度的经济增长和消费增长，谋求一种低消耗、高资源利用率的生产和生活方式，使公众理智上赞同控制人口，赞同不损害资源和环境，并在日常生活中形成保护资源环境的行为习惯。其次是促使公众树立新的、符合生态环境保护要求的价值观念和道德规范，使人口控制和环境保护真正成为全民有意识的、自觉的行动。

4. 保持计划生育事业持续健康发展

“十五”期间，一些地区不同程度地出现生育水平反弹的苗头，计划生育率降低，早婚率、早育率升高，名人、富人及流动人口等超生问题严重。

2006 年国家人口计生委提出新阶段统筹解决中国人口问题的总体思路：坚持以人为本，推进制度创新，优先投资于人的全面发展，建立健全统筹解决人口问题的宏观调控体制，进一步完善人口和计划生育公共管理服务体系，稳定低生育水平，提高人口素质，改善人口结构，引导人口合理分布，保障人口安全，促进人口大国向人力资本强国转变，促进人口与经济社会资源环境协调和可持续发展。

2006 年，党中央、国务院作出了《关于全面加强人口和计划生育工作统筹解决人口问题的决定》。指出解决好人口问题是科学发展观的本质要求，促进人口与经济社会协调发展是构建社会主义和谐社会的重要内容，提高全体人民的生活水平是全面建设小康社会的出发点和落脚点。提出了新阶段统筹解决人口问题的五项战略任务，即稳定低生育水平、提高出生人口素质、治理出生人口性别比偏高问题、完善流动人口管理服务、应对人口老龄化。人口数量问题是最主要的矛盾，直接影响到人口素质、结构、分布等问题。稳定低生育水平，是解决其他人口问题的基础。强调人口和计划生育是政府履行社会管理和公共服务职能的重要组成部分，要从财政、基础设施、人力、科技等方面加大投入，确保人口和计划生育事业持续健康发展。

贯彻落实《决定》具体办法是完善人口和计划生育工作的法制体系、利益导向政策体系、管理服务体系、科技创新体系和稳定增长的投入保障体系。

2.3 土地资源的利用和保护

土地是地球陆地表层，土地资源是三大地质资源(矿产资源、水资源、土地资源)之一，是农业的基本生产资料，是工业生产和城市活动的主要场所，也是人类生活和生产的物质基础，是人类生产活动最基本的资源和劳动对象。它是极其宝贵的自然资源，也是人类赖以生存和发展的物质基础和环境条件。人类对土地的利用程度反映了人类文明的发展，但同时也造成对土地资源的直接破坏，这主要表现为不合理垦殖引起的水土流失、土地沙漠化、土地次生盐碱化及土壤污染等，而其中水土流失尤为严重，乃当今世界面临的又一个严重危机。据估计，世界耕地的表土流失量约为 230 亿吨/年。

2.3.1 土地资源

土地是一个综合性的科学概念，是由地质、地貌、气候、植被、土壤、水文、生物以及人类活动等多种因素相互作用形成的高度综合的自然经济复合生态系统。

土地的基本属性是位置固定、面积有限和不可代替。在目前的经济技术条件下，人类活动一般都是在土地上进行的，一定面积土地上创造的价值，反映了开发利用这块土地的水平和程度。位置固定是指每块土地所处的经纬度都是固定的，不能移动，只能就地利用；面积有限指非经漫长的地质过程，土地面积不会有明显的增减；不可代替指土地无论作为人类生活的基地，还是作为生产资料或动植物的栖息地，一般都不能用其他物质来代替，当然随着科学技术的发展，不可代替这个概念会有变化。

2.3.2 人口、粮食和耕地

人类主要靠吃植物为生，虽然也吃肉类，但被吃的动物是靠吃植物生存的，所以人类实际上是间接地在吃着植物。一个人每天需从植物那里获得 2 200 千卡❶的能量才能维持正常的生存，一年约需 8×10^{5} 千卡。估计全球植物每年生产的能量约为 660×10^{15} 千卡，科学家根据地球绿色植物每年产生的有机物计算，地球能养活 8 000 亿人口。

现在的世界人口是 60 多亿，距离 8 000 亿还很远，似乎没必要为人口的增

❶ 1 千卡$=4.18\times10^{3}$ 焦。

加而忧心忡忡。但是地球上的植物不可能全部变为食物供人类利用,有不少植物是根本无法利用的,能利用的绿色植物只占 1/10,而且还要供养其他动物,能为人类享用的那部分绿色植物又只占其中的 1/10,即仅能养活 80 亿人口(十分之一原理)。预计到 2025 年,人类即可达到 82 亿——地球承受的极点。

近两个世纪以来,全球人口以空前的速度增长,随着人口的增长,人类对粮食的需求日益增加。据世界粮农组织的调查报告表明:目前世界上有 4 亿多人的饮食严重不足,在发展中国家,每年有 1 500 万～2 000 万人直接死于营养不良,其中有 3/4 是儿童。世界粮食增长赶不上人口增长的速度,今后仍将有大批的人不得不处于饥饿和营养不良的状态。

造成粮食短缺的另一个重要原因是地球上粮食生产与人口分布的密度极不均匀。如粮食生产比较丰富的美国、加拿大、澳大利亚等国,人口密度比较小。而粮食生产不多的国家或地区,如印度、孟加拉国及非洲等人口密度又很大。

造成粮食短缺还有一个原因是世界可耕地面积有限而且分布不均。其中最肥沃又便于耕种的土地均已开垦,剩下的如要开垦则需要大量的投资。众所周知,地球表面水域占 3/4,陆地仅占 1/4。陆地的总面积只有 1.35 亿平方公里,但有一半的土地暂时还不能供人类利用(其中 10%为终年积雪,4%为冻土,20%为沙漠,还有 16%为陡坡山地)。在有限的土地资源上生活的人却越来越多。

随着人口的增长和工业、城市、交通占地的不断增加,耕地面积不断缩小。虽然人们通过改革耕作技术和增加农业投资等措施可以提高单位面积产量,但光靠增产是有限度的,降低土地资源压力的关键还是控制人口的增长。

2.3.3 我国的土地资源

1. 我国土地资源概况

我国土地辽阔,总面积约 960 万平方公里,概括起来我国土地资源有如下特点。

(1) 土地类型多样

从南北看,我国北起寒温带,南至热带,南北长达 5 500 km,跨越 49 个纬度,其中中温带至热带的面积约占总土地面积的 72%,湿润区域土地占 52.6%,热量条件良好。从东西看,我国东起太平洋西岸,西达欧亚大陆中部,东西长达 5 200 km,跨越 62 个经度,其中湿润、半湿润区土地面积占 52.6%。从地形高度看,从平均海拔 50 m 以下的东部平原,逐级上升到西部海拔 4 000 m 以上的青藏高原。由于地域辽阔,水热条件的不同和复杂的地形、地质条件组合的差异,形成我国多种多样的土地类型,这为农林牧副渔和其他各业利用土地提供了多样化的条件。

(2) 山地面积大

我国山地面积约633.7万平方公里，占土地总面积的66%，其中西北、西南地区的山地还是主要的牧场。山地资源丰富多彩，开发潜力大。但是山地土层薄，坡度大，如利用不当，自然资源与生态环境易遭破坏。

(3) 农用土地资源比重小

我国土地总面积很大，居世界第三位。但按现有技术经济条件，可以被农林牧副渔各业和城乡建设利用的土地资源仅627万平方公里，占总面积的2/3。其余1/3的土地是难以被农业利用的沙漠、戈壁、冰川、石山、高寒荒漠地带。耕地质量差，退化严重。全国66%的耕地分布在山地、丘陵和高原地区，只有34%的耕地分布在平原、盆地。耕地总体质量不高，与发达国家或农业发达国家相比，粮食单产相差150～200 kg。全国还有9 100万亩耕地坡度在25°以上，长期耕作不利于水土保持，需逐步退耕。

(4) 耕地后备资源严重不足，耕地利用率低

我国拥有宜耕荒地资源2.04亿亩，按照60%的垦殖率计，可开垦耕地1.22亿亩。主要集中在人口相对稀少，干旱少雨的部分地区，给土地的开发利用带来了很大的难度。后备资源中山地多，平地少，质量好的少，中等和劣地多，大多数后备土地只能开垦作为林果、林木或经济作物用地，开垦难度较大，所需投入也较大。而且由于生态保护的要求，耕地后备资源开发受到严格限制，今后通过后备资源开发补充耕地已十分有限。

2. 我国土地资源存在的主要问题

我国目前土地开发利用中主要存在两个方面的问题：一是大面积土地质量退化，包括植被破坏，造成水土流失、草原退级、土地沙漠化、盐碱化、耕地肥力下降、土地污染等；二是土地浪费，优良耕地减少。

(1) 植被破坏与水土流失

经过治理，我国水土流失面积已由1990年的367万平方公里下降到2002年的356万平方公里，但要彻底治理仍需半个世纪。其中水蚀面积165万平方公里，风蚀面积191万平方公里。每年造成大量土壤流失，氮、磷、钾等营养物质被冲走。中国水土流失主要分布在长江上游的云、贵、川、渝、鄂和黄河中游地区的晋、陕、甘、蒙、宁，总体分布上由东向西递增。如黄河中游黄土高原地区总面积64万平方公里，水土流失面积43.4万平方公里，其中严重水土流失区21.2万平方公里，局部水土流失区20.0万平方公里，轻微水土流失区2.2万平方公里。在全国水土流失总面积减少的同时，西部一些地区水蚀和风蚀面积有所扩展。主要是因为西部地区原生植被稀疏，降雨量偏少，年年干旱，导致一些流域

水量减少，人工种植的林草成活率不高和原生植被枯死；草地严重放牧，造成沙化、退化和碱化，加剧了风蚀程度。乱砍滥伐、乱垦滥挖，内陆河流域不合理的开发，破坏原生植被，以及一些开发建设项目忽视水土保持，造成新的人为水土流失。

水土流失影响到国民经济发展的各个方面，主要是破坏土壤肥力，危害农业生产，同时也危害水利、交通、工矿企业。一是跑水、跑土、跑肥，许多水土流失地区每年损失土层的厚度约 0.2～1 cm，严重流失的地方甚至达 2 cm，使肥沃的表土层变薄，农作物产量下降。二是大量泥沙流入河川，造成河床抬高、水库淤积、工程效益和通航能力降低。由于河道堵塞引起下雨时河水暴涨暴落，又会使下游泛滥成灾、淹没村庄、冲毁大片耕地，造成重大损失。黄河多年来年平均输沙量达 16 亿吨，每年约有 4 亿吨泥沙淤积在下游河道，河床的抬高速率达 10 cm/年左右，现在下游许多地段河床高出地面 3～6 m，最高地段达 12 m，危及 12 万平方公里的人民生命财产，严重影响社会安定及国民经济的正常发展。

(2) 草原退化与土地沙化在扩展

世界各大洲约有 1/3 以上的土地属干旱区。沙漠蔓延已波及 150 个国家和地区。世界每年约有 2 100 万公顷的农田由于沙化而严重减产，土地沙化正日益引起人们的焦虑。土地沙化是指由于植被遭到破坏，地面失去覆盖后，在干旱和多风的条件下，出现风沙活动和类似沙漠景观的现象——沙尘暴。目前，全球荒漠化土地面积为 3 600 万平方公里，而且正以每年 5 万到 7 万平方公里的速度扩展。土地沙化在我国西北、华北北部和东北西部地区最为严重。据调查，“三北”地区沙化土地面积约 17.6 万平方公里，其中历史上早已形成的有 12 万平方公里；此外还有约 15.8 万平方公里的土地有发生沙化的危险。

土地沙化以后，生产力下降，甚至生产力完全丧失，环境更趋恶化。一些地方的农田和村庄被流沙所吞没。据初步统计，从 20 世纪 50 年代到 70 年代末，沙化土地平均每年扩展1 500平方公里，到 20 世纪 80 年代每年达 2 100 平方公里。近年来防沙治沙工作取得一定成效，荒漠化和沙化持续扩展的趋势得到初步遏制，沙化面积由 1995 年至 1999 年的年均扩展 3 436 平方公里转变为 2000 年至 2004 年的年均净减少 1 283 平方公里。据中国地质环境信息网 2004 年 11 月的报道，潜在沙漠化危险的土地有 15.8 万平方公里，在湿润地带的风沙化土地有 1.9 万平方公里。受沙漠化影响的人口达 5 000 余万人，有近 400 万公顷的旱农田和 500 万公顷的草场受其影响。全国现有荒漠化土地 263.6 万平方公里，占国土面积的 27.46%，有沙化土地 173.97 万平方公里，占国土面积的 18.1%，每年因土地沙化造成的直接经济损失超过 540 亿元人民币。因此，我国面临的土地资源被侵蚀的形势也是严峻的。

(3) 土地次生盐渍化面积较大

在土壤学中一般把表层含有0.6%～2%以上易溶盐的土壤叫做盐土。土壤胶体中钠离子占阳离子总量20%以上叫碱土。统称盐碱土或盐渍土。由于人类不合理的农业措施而发生的盐渍化称次生盐渍化,由此形成的盐渍土称次生盐渍土。盐渍化严重时植物很难成活,土地就成了不毛之地。我国土地次生盐渍化面积较大,面积已达2 000多万公顷,经过多年治理,发展趋势已得到一定程度的控制,但大水漫灌、新开垦荒地引起的次生盐渍化问题仍普遍存在。

(4) 耕地肥力下降

肥力下降是指土壤的结构变坏,养分减少,地力下降。造成土壤有机质含量降低的主要原因是许多地区对耕地实行掠夺式经营,广种薄收,只用不养或重用轻养。据全国第二次土壤普查1 403个县的资料汇总表明,土壤无障碍因素的耕地只占耕地总面积的15.3%;土壤有机质低于0.6%的耕地占10.6%;耕地总面积的59%缺磷,23%缺钾,14%磷钾俱缺;耕层浅的占26%;土壤黏板结的占12%。有相当一部分耕地由于有机肥投入不足,化肥使用不平衡,造成耕地退化,耕层变浅,耕性变差,保水、保肥能力下降。中低产田面积大,约占耕地面积的71.3%。

(5) 土壤污染问题日益加重

土壤污染问题是近二三十年出现的新问题。随着工农业生产的发展,特别是乡镇企业的发展,有毒、有害的三废进入土壤的数量逐年增加,受污染的土地越来越多。目前全国受污染的耕地约有1.5亿亩,污水灌溉污染耕地3 250万亩,固体废弃物堆存占地和毁田200万亩,合计约占我国耕地总面积的1/10以上。不同程度遭受农药污染的农田面积已达0.3亿公顷。大气污染(以酸雨和氟污染为主)的农田面积约530万公顷。因农田污染每年损失粮食120亿公斤,至2005年每年因灾害引起的粮食减产量约400亿公斤。土壤污染造成有害物质在农作物中积累,并通过食物链进入人体,引发各种疾病,最终危害人体健康。土壤污染直接影响土壤生态系统的结构和功能,最终将对生态安全构成威胁。

(6) 耕地面积不断减少

随着工业现代化、城市化的发展,城乡建设用地逐年扩大,占用了大量耕地,耕地面积不断减少的趋势持续存在,耕地保护形势十分严峻。1996年10月31日,全国耕地面积为19.51亿亩,2002年10月31日,全国耕种的耕地面积为18.89亿亩,而到2006年10月31日,全国耕地总面积下降到18.27亿亩。这意味着,我国目前人均耕地只有1.39亩,仅相当于世界人均耕地3.75亩的37%,如不控制将会继续减少。新增建设用地是耕地减少的重要原因。为了保障经济建设和社会发展的需要,不得不占用一些耕地。但是,一些地方为了眼前利益,通过未批先建、以租代征等方式违法、违规占用大量耕地甚至基本农田，使耕地保有量一度处于失控状态。现有耕地面积刚刚能保障全国人民的吃饭问题，而人口又在不断增加，因此，必须采取措施保持耕地“十一五”不少于18亿亩，这条红线决不能失守。

3. 土地资源保护措施

要实现保护土地资源的目标，除了采取加强法制、人才培养和科学研究等措施外，还应采取下列管理和技术措施。

(1) 搞好土地资源的调查规划，加强土地资源的宏观控制

做好土地资源调查，一方面对土地的数量、质量和分布进行全面、综合考察，同时根据不同目的对土地资源质量作出鉴定、评价，为土地资源的合理开发、利用与保护提供科学的依据。

(2) 保护耕地，严格控制城乡建设用地

健全市场经济机制下的土地管理法规，实行建设占地指标控制和有偿使用办法，严格审批制度，征收土地税和土地使用费，运用经济、行政、法律的综合措施，把城乡建设用地管起来。

(3) 积极治理已退化的土地

① 搞好水土保持工作　实行预防与治理相结合，以预防为主；治坡与治沟相结合，以治坡为主；生物措施与工程措施相结合，以生物措施为主；因地制宜，综合治理。

② 对沙化土地的治理　沙化防治关键是调整生产方向，易沙化的土地应以牧为主，严禁滥垦草原，加强草场建设，控制载畜量。禁止过度放牧，以保护草场和其他植被。沙区林业要用于防风固沙、禁止采伐。防治的重点在经济发达、自然条件较好、治理容易、农牧业生产潜力大的地区。

③ 对土壤次生盐渍化的治理　可分别采用水利改良、生物改良和化学改良措施。主要是靠建立完善的灌溉系统，实行科学的灌溉制度，采用先进的灌溉技术。

(4) 土地污染的防治

土地污染防治应贯彻以防为主、防治结合的方针。主要措施是控制和治理污染源；加强土地污染管理，按照国家规定的污水灌溉标准实行科学的污水灌溉；合理使用化肥；推广高效、低毒、低残留量的农药；提倡生物防治，采取综合措施防治病虫害；要特别加强乡镇企业污染的防治；对采矿破坏的土地进行整治复用。

(5) 提高单产，走集约经营的道路

我国人口众多，土地资源有限，因此要走提高单位面积产量、集约经营的道路。

加强农田基本建设，改造中低产田，改进农业技术，增加各种技术、物质和劳力的投入量，遵循生产与建设、利用和保护相结合的原则，不断提高农用土地的质量。

建立农林牧副渔各业综合经营的制度，纠正只重视耕地利用，忽视林地、草场、水面利用的倾向，对这些土地应努力实行集约经营，提高单产。鼓励按生态规律综合发展农林牧副渔业，提倡各种农产品的开发、综合利用，既提高土地利用率的生产力，又同时改善农业生态环境。

2.4 能源利用与保护

2.4.1 能源的分类

人们从不同角度对能源进行了多种多样的分类，如一次能源和二次能源，常规能源和新能源，可再生能源和不可再生能源等等。

- 能源
  - 一次能源
    - 常规能源
      - 再生能源　水力
      - 非再生能源　煤炭、石油、天然气、核裂变能
    - 新能源
      - 再生能源　太阳能、生物质能、风能、海洋能、地热能
      - 非再生能源　核聚变能
  - 二次能源
    - 电力、煤气、焦炭、
    - 蒸汽、热水，
    - 以及汽油、煤油、柴油、重油等石油制品

一次能源是指从自然界直接取得，而不改变其基本形态的能源，有时也称初级能源。

二次能源是经过加工，转换成另一种形态的能源。

常规能源是指当前被广泛利用的一次能源，新能源是目前尚未广泛利用而正在积极研究以便推广利用的一次能源。

可再生的能源是能够不断得到补充供使用的一次能源；不可再生能源是须经地质年代才能形成而短期内无法再生的一次能源，但它们又是人类目前主要利用的能源。

2.4.2 世界及我国的能源消耗

1. 当前世界能源消耗的特点

(1) 能源主要来自一次不可再生能源即石油、煤、天然气及常规核燃料等。

20世纪70年代和80年代末以前，世界在一次能源消耗结构中，石油比例最大，占40%以上，其次是煤，占20%以上，再次是天然气，占10%以上。

(2) 近年来一次能源消耗结构发生较大变化即由以石油为主的一次能源消耗，转变为以煤为主的能源消耗，并且天然气的消耗比重明显上升。我国煤储量为世界第三，开采量为世界第一，在能源结构中一直是以煤为主的国家。

(3) 能源消耗水平差异甚大。占世界人口1/4的工业化国家，消耗世界能源的3/4，其中，占世界人口5%的美国，能源消耗却占世界的25%。发展中国家能源消耗普遍较低。占世界人口15%的印度，却只消耗世界能源的1.5%，中国的人均能源消耗不到世界人均能耗的1/3。

(4) 世界能耗在继续增长。虽然，自1972年以来工业化国家的能耗强度(指能源消耗与国民生产总值之比)有所下降，但是，由于人口增长和发展中国家能耗的需求，世界平均能耗强度仍在继续上升。能源消耗指数从1980年到1989年增长了17.8%，达103.3亿吨标准煤。

2. 世界及我国各种能源

(1) 石油

石油是一种采、运、销都比较方便、用途广泛的化石燃料，为目前世界上用量极大的一种能源。1980年已探明世界石油储量相当于1 280亿吨标准煤，其中中东是石油储量极其丰富的地区。按目前的产量增长率消耗下去，全世界的石油储量大约在2015—2035年便消耗掉80%。20世纪90年代我国石油探明储量为70亿吨，占世界第八位。到2000年底，我国石油剩余可采储量为24.6亿吨，仅占世界剩余可采储量(1 402.8亿吨)的1.8%。2002年我国石油资源最终可采储量约为130亿～150亿吨，仅占世界石油可采储量(4 563亿吨)3%左右。按每平方公里国土的平均资源比较，我国石油可采资源量的丰度值约为世界平均值的57%，剩余可采储量丰度值仅为世界平均值的37%，与世界石油资源量相比，我国具有技术和经济意义石油资源量相对不足。

(2) 天然气

天然气是蕴藏在地层内的可燃性气体，主要是低分子量的烷烃混合物，分干天然气和油天然气。干天然气主要成分是甲烷，油天然气含有较多的丙烷、丁烷和戊烷。全世界天然气的总储量相当于3 580万吨标准煤以上。海湾地区拥有巨大的天然气储藏量，据2005年初的估计，该地区天然气储藏总量达71.92万亿立方米，约占全世界天然气总储藏量的40%。按目前的消耗速度，天然气可维持40～80年，我国天然气目前储量不多，居世界第16位。

(3) 煤

在2000年后，成为世界主要能源的化石燃料是煤。根据目前资源总量全世界煤可供应200～300年。美国是储量最丰富的国家，占世界可开采量的1/3。我国煤产量也很大，而且埋藏不深，品种齐全。我国煤储量达2万亿多吨，探明储量约6 000亿吨，居世界第三位，开采量居第一位。

(4) 非化石燃料

除化石燃料外，还有许多非化石燃料能源，如生物质能、太阳能、水能、风能、地热能、海洋能、核变能等等。

① 生物质能：指的是木材、有机废物及其他生物体能作为能源加以利用。目前，生物质能约占世界总能源15%，我国有很丰富的生物质能，每年可为农村提供8 860万吨生物质能。

② 太阳能：这是最重要可再生能源，地球上的自然生态系统得以正常运转所需要的能量全部来自太阳，化石能源也是一种过去储存下来的太阳能。我国有丰富的太阳能资源，全国2/3地区太阳能年辐射量在0.6 MJ/cm^2 以上，全年日照时数一般在2 000 h以上，很适合太阳能的利用。

③ 水能：这里的水能主要指水电。水电在已开发的可再生能源中，其比重仅次于薪材，占总能源的6%～7%。目前已开发的水电占全球总电力的20%以上，并以年增长4%的速度发展。2000年世界水电总资源为22亿千瓦，但目前仅有17%被开发利用。在未开发利用的水电资源中，发展中国家占2/3。我国水利资源储量居世界第一。理论储量为6.8亿千瓦，但目前开发的仅占可开发的9.1%，有巨大的水电发展潜力。2005年全国水电装机已经突破了1亿千瓦，达到1.08亿千瓦。到2010年水电装机达到1.65亿千瓦，届时将占整个发电装机的23.9%；预计在2020年，水电装机达到2.46亿千瓦，届时水电装机将达到25.9%。

④ 风能：风能直接来自太阳能。太阳传给地球的辐射能约2%转化成风能。与太阳能一样，风能也是取之不尽的清洁能源。我国属季风气候国家，风能实效不稳定，储量也较低，风能资源约为1.6万亿千瓦，其中可开发利用约为1 600亿千瓦。

2.4.3 能源利用对环境的影响

任何一种能源的开发和利用都会给环境造成一定的影响。例如：水能开发利用可能造成地面沉降、地震、上下游生态系统显著变化、地区性疾病（如血吸虫病）蔓延、土壤盐碱化、野生动植物灭绝、水质发生变化等等；地热能开发利用可能引起地面下沉，使地下水或地表水受到氯化物、硫酸盐、碳酸盐、二氧化硅的污染，水质发生变化等等；在诸多的能源中以不可再生能源引起环境影响最为严重和显著，它们在开采、运输、加工、利用等环节都会对环境产生严重影响。它们给环境带来的问题主要有以下几方面。

1. 城市大气污染

一次能源利用过程中，产生大量的 CO、SO_2、NO_x、TSP 及多种芳烃化合物，已对一些国家的城市造成了十分严重的污染，不仅导致生态的破坏，而且损害人体健康。我国由于大气污染造成的损失每年达 120 亿元。一次能源开采、运输和加工过程中的不良影响，会造成更为严重的损失。以采煤而言，世界每采 1 万吨煤，受伤人数为 15～30 人，破坏土地 200 公顷(露天矿)，排出矿坑废水达 10 万吨。

2. 矿物燃料的燃烧，产生温室效应和酸雨污染

CO_2 在大气中的积累，使大气的温度上升，将对全球许多国家的经济、社会产生严重影响。SO_2、NO_x 等污染物通过大气传输，在一定条件下形成大面积酸雨，对生态系统和经济建设造成重大损失，还导致地区气候改变，造成难以估量的后果。

3. 核废料问题

发展核能技术，尽管在反应堆方面已有了安全保障，但是，世界范围内民用核能计划的实施，已产生了上千吨的核废料。这些核废料的最终处理问题并没有完全解决。这些废料在数百万年里仍将保持着有危害的放射性。

2.4.4 未来的能源利用

1. 未来的能源利用政策

面对当代的能源危机和由于能源利用产生的环境问题，要解决好能源利用、环境保护以及社会发展的三者关系，未来的能源政策概括为：可再生能源是未来能源的基础；提高能源利用效率是能源利用的关键；节能是缓解能源供求矛盾，减少环境污染的重要途径。

2. 利用生态学原理解决未来能源

生态学的基本原理和理论思想是自然保护的理论基础，利用生态学原理来解决能源问题的基本思想有以下几个方面。

(1) 控制人口，减少能源消耗。自然生态系统规律揭示了任何物种发展过快或对能量消耗过多，势必引起该生态系统的崩溃。人口增长过快，同样也加速了能源消耗，特别是缩短了化石燃料的消耗时间。因此，控制人口增长和能源的个人消耗，可以起到使人类生态系统能耗与环境供给协调的作用。

(2) 太阳能是重要的能源。自然生态系统所需的全部能量均来自于太阳能，即使目前使用的化石能源也是一种过去储存的太阳能，太阳能的利用具有一

定的优越性：一是用之不尽的可再生能源；二是一种清洁能源，环境污染少，既无有毒气体排出，也无可能影响地球气候的 CO_2 排出。

(3) 多渠道解决能源平衡。生态学告诉我们，稳定的食物网，其能量流动是多通道的，对于人口异常集中，生产高度发展和生活追求高标准的现代人类社会，更不可能有任何一种能源可以独自满足这个庞大的能量需求，而需要多种能源同时并用。不但要直接利用太阳能，而且也要间接利用诸如水电、风能、潮汐能、生物质能、地热能等可再生能源。同时加快发展气体能源和核能。

(4) 加快核电建设步伐。核电不产生促使大气变暖的二氧化碳，对大气环境污染很小。核电占 70%以上的法国，已证明了这点。世界发展核电较多的国家，发电成本均可做到不高于且多数低于燃煤发电，在市场上也有竞争能力。2005 年核电占我国电力装机容量的比重不到 2%，而世界的平均比例是 17%。到 2020 年我国核电装机容量将达到 4%。发展核电最主要要解决两个问题：一是安全，必须确保运行安全；二是发电成本，必须能竞争过煤电。

(5) 充分利用能源并减少浪费。任何生态系统中能源的利用是充分的并没有丝毫浪费。提高能源利用效率减少浪费是未来能源利用的关键。我国能源利用率约 30%，发达国家为 40%以上，美国为 57%。因此，能源的利用具有极大的"能效"潜力。如热电厂的余热可以为其他工业和居民区使用，使热利用率提高，如若排入环境，不仅是浪费，而且能引起热污染。

2.4.5 中国能源的供需现状、存在的问题和发展战略

1978 年至 2000 年，我国靠能源翻一番支撑国民经济翻了两番，这是巨大的成就。我们国家的能源消费不断增长，1992 年以前，我们的生产多于消费，但是到了 20 世纪末 21 世纪初，消费逐渐多于生产，我国成了能源不能完全自给的国家。目前能源自给率大约在 93%，有 7%的对外依存度，这 7%主要是石油。1985 年石油净出口 3 540 万吨，1993 年开始转为净进口，2005 年净进口达到 1.4 亿吨，占了我国石油总需求的 40%以上。

到 2020 年，GDP 要比 2000 年翻两番，但绝不能靠能源也翻两番来支撑这个发展，必须降低能源消耗增长的速度，要尽可能把能源消耗控制在翻一番多一点。2000 年全国能源消耗 12.14 亿吨标准煤。据专家估计，在采取各种措施以后，可望到 2020 年 GDP 翻两番时，只用 29 亿吨到 33 亿吨来支撑。

1. 中国能源存在三大问题

(1) 人均能源资源少，供需有差距，而且矛盾越来越尖锐

我国能源探明可采存储量和世界排名是这样的：煤，1 145 亿吨，占世界的 11%，排名第 3 位；石油，33 亿吨，经过多年开采已经只有 25 亿吨，占世界的

2.3%，排名第11位；天然气3.5万亿立方米，占世界的2.5%，排名第20位。但是，我国人口众多，能源矿产人均储量低：煤，世界人均160吨，我国人均90吨，占世界人均的56%；石油，世界人均23吨，我国只有2.5吨，占世界人均的11%；天然气就更低了，世界人均天然气23 200立方米，我国只有1 080立方米，占世界人均的4.6%。

我国是世界能源大国，一次能源的生产和消费都位居世界前列，但人均消费水平并不高。以标准煤为例，我国2000年消费12.14亿吨，居世界第二位（第一是美国，为31.24亿吨），但是我们人均才消费0.96吨，比美国（11.08）、日本（5.8）、俄罗斯（5.32）都低。

（2）能耗强度高、效率低、浪费大

近年来，我们国家在不断提高能源利用率，2004年与1990年相比，全国每万元GDP能耗下降45%，应该说成绩很大。但是由于迅速工业化阶段的产业结构和以煤炭为主的能源结构，以及技术落后和管理不善等原因，我国与先进国家相比还有很大差距。我国GDP占世界GDP的4.8%，可煤和石油的消耗却分别占全世界的31%和7.5%，单位GDP能耗仍然偏高。居家住房，现有的400亿平方米建筑中，99%属于高能耗建筑，新建筑也仍然有95%属于高能耗建筑，单位建筑面积的能耗为发达国家的2到3倍，每年多消耗几亿吨标准煤。我国的发电、冶金、建材、化工、交通等产业消耗全部一次能源的80%左右，这几个行业单位产品能耗平均高于国际先进水平的20%到30%。2000年能源系统总效率为10%，约为发达国家的1/2。资源开采回收率只有32%，能源使用效率只有33.4%，都比国际水平低10%左右。"十五"期间（2001—2005年）GDP增长与能源消费增长之比仍然高达1∶1。如果GDP要翻两番，那么能源消耗也要翻两番，长此以往无法承受。能耗问题的严重性必须引起足够的重视。

（3）结构不良，污染严重

我国能源的结构长期以来是以煤为主，煤炭曾经在全部能耗中几乎占到100%，后来慢慢有所下降，至2006年占68.8%；石油在能耗中的比重慢慢增加，从1952年的1.3%到了今天的20%。天然气也在增加。水电和核电是我们的发展方向，至2005年合起来也只占到6.8%。与世界能源结构大不一样。世界能源结构是石油第一，煤占的比例相对小一些。这种以煤为主的能源结构导致了大量污染物的排放，我国二氧化碳和二氧化硫排放量分别为世界第二和第一。

2. 解决中国能源问题的四大基本战略

（1）大力节能，提高能源利用效率，控制需求总量

国家明确提出了单位GDP能耗降低的总体目标是：2010年降20%，2020

年降50%。节能的根本就是要靠调整产业结构，立法管理节能和技术节能。工业、服务业，在“十五”期间的投资增速分别是35%和28%，煤炭、油气、铁路、有色采矿等投资增速达到38%到87%。我们国家目前处于加速工业化阶段，2003年能耗高的第二产业在GDP中的比重高达53%，第二产业在GDP中的比重高意味着节能潜力很大，要在技术和管理上采取有力的节能措施，通过实施十大节能工程——燃煤工业锅炉(窑炉)改造工程，区域热电联产工程，余热、余压(余能)利用工程，节约和替代石油工程，电机系统节能工程，能量系统优化(系统节能)工程，建筑节能工程，绿色照明工程，政府机构节能工程，节能监测和服务体系建设工程，来逐步实现“十一五”节能总目标：单位GDP能耗降低20%，节约2.4亿吨标准煤。

(2) 多元发展，改善能源结构

我国除了要把节约能源放在第一位外，还应改善能源结构。到2020年，煤炭在总能源中的比重降低到60%或者还要少一点，而石油保持在20%，天然气保持在8%～9%，水电占7%～8%，核电占2.4%～2.8%，水电外的可再生能源超过1%。首先，要提高天然气和水电在能源构成中的比重。中国天然气资源丰富，已经探明的储量仅为资源量的6.5%；我国水电资源蕴藏量为6.76亿千瓦，居世界第一位，其中可开发的容量为3.78亿千瓦，占全世界16.7%，但开发利用率不到25%。其次，要大力发展可再生能源。中国可再生能源资源非常丰富，水电也属于可再生能源，另外还有风能、太阳能、生物质能、地热、海洋能、潮汐能等。

发展可再生能源是国际趋势，世界各国都在为“后石油时代”及早做准备。瑞典早就在为“无油世界”做准备，确立了农林业是能源生产者的“能源农业”概念；巴西提出2006年底以前完全摆脱石油进口；美国政府和企业各投资50%大力发展农林生物液体燃料，计划到2050年要替代25%的中东进口油。我国也必须尽早抓这方面的开发研究。

要大力发展核能。我国核电发展已经由“适度发展”进入“加快推进核电发展”的阶段。至2005年底，总投资达到260亿，建造了两座百万千瓦级压水堆核电站，自主建设比例达到70%，核电发电量523亿千瓦时。更长远的考虑，除了建核裂变电站，将来还应建热核聚变电站。现在，美国、欧盟、俄罗斯、中国、日本、韩国等国家和地区要一起建一个热核聚变实验堆，21世纪后半期将有望投产，开始为人类的能源发展做贡献。核电前景是非常广阔的。

传统核电站的原理是核裂变。核裂变是一个原子核分裂成几个原子核的变化。只有一些质量非常大的原子核像铀、钍等才能发生核裂变。这些原子的原子核在吸收一个中子以后会分裂成两个或更多个质量较小的原子核，同时放出两个到三个中子和很大的能量，又能使别的原子核接着发生核裂变，使过程持续进行下去，这种过程称作链式反应。原子核在发生核裂变时，释放出的巨大的能量称为原子核能，俗称原子能。1 克铀 235 完全发生核裂变后放出的能量相当于燃烧 2.5 吨煤所产生的能量。

核聚变的过程与核裂变相反，是几个原子核聚合成一个原子核的过程。只有较轻的原子核才能发生核聚变，比如氢的同位素氘、氚等。核聚变也会放出巨大的能量，而且比核裂变放出的能量更大。太阳内部连续进行着氢聚变成氦过程，它的光和热就是由核聚变产生的。核聚变电站主要有两个方面的优势。第一是燃料上，聚变电站用的是氢元素的同位素氘或者是氚，氘在海水中大量存在，一升的海水可以提炼约 30 毫克的氘，这些氘经核聚变产生的能量相当于 300 升汽油燃烧所放出的能量。海水中的氘若都用来产生核聚变的能量，足够人类使用数亿年乃至几十亿年，可以说取之不尽、用之不竭。第二是核聚变电站比较安全，核聚变产生的将是清洁的无污染的能源。核聚变电站不存在长寿命核废料的泄漏危险。核聚变产生物是中子和氦，中子是我们需要的能量所在，氦则是无害的惰性气体。但核聚变所需要的技术太难。人类目前掌握的技术还不足以很快使得核聚变能和平地加以应用，还需要不断进行研究开发。核聚变电站理论上是百利而无一害的。

(3) 加强国内资源勘探，适当利用国外资源

目前，我们国家资源勘探水平低，石油探明储量 33 亿吨，但是，根据成油地质学原理推测，中国石油的蕴藏量应在 150 亿吨，甚至 200 亿吨以上，我们国家沉积盆地面积比美国大，预计石油蕴藏量比美国要大，而中国石油探井数只是美国的 8%，探明储量仅为美国的 23%。我们国家的其他资源，如煤炭、天然气等，探明储量都占实际蕴藏量的很小比例，所以要加强勘探。在积极开发和利用国内资源的同时，还必须适当利用国外资源，以满足不断增长的需求。

(4) 大力推进煤的洁净化技术，减少污染

到 2020 年，我国煤炭消耗在全部能源消耗中的比重会下降，但是总的消耗量还是很大。因此必须推进煤的洁净化技术，减少污染。要加强超临界发电技术和燃煤污染物排放控制技术的研究；发展煤气化的技术、分离和净化的技术，开展整体煤气化联合循环发电示范工程；开发以发电、液体燃料合成为主要目标的多联产技术，并进一步研究煤气化-发电-制氢-液体燃料和化学品合成等过程的合理结合。

3. 我国能源可持续发展的前景

通过实施有效的节能措施，我国能源是完全可以实现可持续发展的。就电力结构而言，粗略地估算，到 2050 年，煤电所占比例将降至 50%以下，而其他电

力，包括水电、核电、天然气电、新能源发电，将占到50%以上。而在交通能源结构中，替代油、电动力会占相当比重。

要实现中国能源的可持续发展，应在科学发展观的统领下，实现以下四个方面的转变：

(1) 从“高资源消耗、高污染排放、低经济效益”的“两高一低”的发展模式，转变为“资源消耗少、环境污染小、经济效益高”的“两低一高”的模式。

(2) 从以牺牲环境为代价追求经济增长的粗放型经济，转变为经济增长与环境保护协同增效的“绿色经济”。

(3) 从对资源掠夺式开发、对生态环境破坏严重的“生态侵略型经济”，向人与自然和谐发展的“和谐型经济”转变。

(4) 通过进行大规模的生态建设，修复受损的生态环境，从“生态赤字”向“生态盈余”转变。走不同于西方国家的、非传统的现代化发展模式，构成六大体系：低度消耗资源的生产体系，适度消费的生活体系，经济持续稳定增长、经济效益不断提高的经济体系，保证社会效益与社会公平的社会体系，不断创新、充分吸收新技术、新工艺、新方法的实用技术体系，与世界市场紧密联系的、更加开放的国际经济体系。

发展是硬道理，节约也是硬道理，它要靠政府主导、法律强制和全民参与。要使节约成为我们的法规、制度和习惯。中国是一个人口大国，也是一个人口密度大的大国，是人均资源比较低的发展中国家，尤其是解决能源问题上中国人必须创造属于自己的独特的发展道路。

4. 节能范例 IRP/DSM 方法及其应用

20世纪80年代中期，国外兴起新一代的电力规划方法，称为综合资源规划(Integrated Resources Planning，简称 IRP)方法，在这规划中，需求侧管理(Demand Side Management，简称 DSM)是其重要的组成部分。到20世纪90年代，IRP已趋成熟，形成了一套完整的理论方法和应用模型，并得到大力的推广应用。IRP方法是把电力供应侧和需求侧各种形式的资源都作为规划的整体内容来进行未来电力供需规划，供应侧的资源如新建电厂，改建和扩建老厂，外购电(包括自备电厂和余热发电)，提高发电、输电和配电的效率等，需求侧的资源如照明、空调、电动机、风机、水泵、电加热设备、冰蓄冷、集中供热等。其目的是有效充分地利用供需双方的资源，使电力需求分配更趋合理，提高需求侧各种资源的效率，使供需双方都能从中获得满意的经济效益，从而提高了全社会的整体效益。

我国 IRP/DSM 研究及应用工作始于20世纪90年代初，到目前全国已有深圳、上海、江苏、福建、江西、北京、辽宁、黑龙江等省市及大庆油田、胜利油田和上海石化等企业开展过研究，也取得了一些成效。上海市组织电力部门、工业部门、统计部门的有关人员，在清华大学的参与下，开展了上海市级电力系统 IRP/DSM 的研究，在需求侧的资源方面，重点调查了照明、风机、电动机、水泵、空调、电加热设备和余热发电等用电状况以及未来技术改造的途径，调查的范围涉及工业、商业服务业和居民生活。在供应侧，由电力公司提供现有发电装机容量和未来发展规划。在大量的数据调查基础上，采用成本效益分析方法，经过计算求得了未来通过技术改造后所能获得的节电潜力和可避免峰荷容量，以及实施 IRP 后所带来的经济效益。预测到 2010 年，实施 DSM 项目后可减少新增装机容量 24.5 亿千瓦，相当于节省新增投资 200 亿元，节电潜力为 61 000 亿千瓦时，可避免峰荷容量 20.3 亿千瓦，用户、社会和电力公司将从中得到更大的效益。对全市工业系统的五大高耗电行业，即冶金、机电、化工、建材和自来水行业的电动机、风机和水泵的用电状况和节电潜力进行了调查和分析，同样采用成本效益分析方法，对 2010 年通过节电技术改造和设备的更新，所能达到的节电潜力和实现可避免峰荷装机容量进行了计算，得出这五大行业的电动机、风机和水泵实施 DSM 项目后的节电潜力，占新增电量的 11.7%。

IRP/DSM 方法不仅可用于电力系统，也可以用于连续生产、供应和消费的系统，例如，煤气、热力、自来水等方面，通过降低运行费用，少建电厂或缓建电厂，减少环保压力，达到提高效率、节省投资和保护环境的目的。

3 大气污染及其防治

3.1 大气结构与组成

3.1.1 大气结构

地球是宇宙中存在着生命体的一个星球。地球上生命的存在，特别是人类的存在，是因为地球具备了生命存在的环境，而大气就是必不可少的环境要素之一。

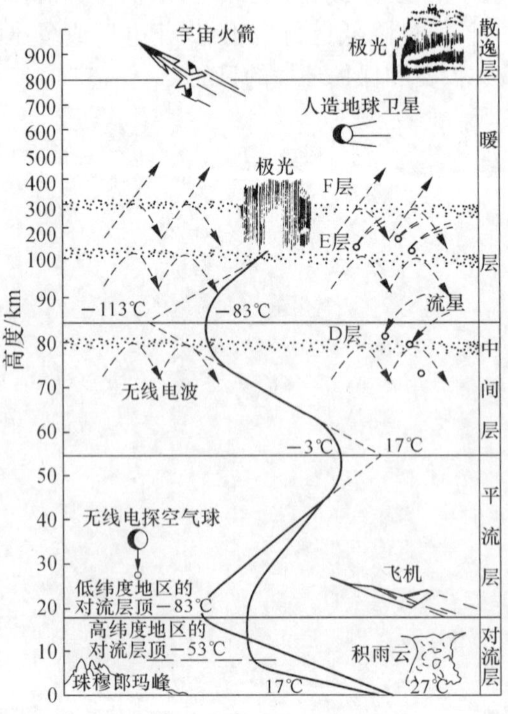

图 3-1 大气垂直方向的分层

地球表面覆盖着多种气体组成的大气，称为大气层。一般是将随地球旋转的大气层叫做大气圈。

大气的总质量为 5 200 万亿吨，相当于地球质量的百万分之一。大气圈中空气质量垂直分布是不均匀的，总体上随高度的增加空气密度逐渐变小，其中 50% 集中在距地球表面5 km以下，75%在 10 km 以下，90% 在 30 km 以下。在 1 000～1 400 km 以上的高空，气体已非常稀薄，因此，通常是把从地球表面到1 000～1 400 km 的气层作为大气圈的厚度。

大气的垂直方向上的温度、组成与物理性质也是不均匀的。根据大气温度垂直分布的特点，在结构上可将大气圈分为五个气层，见图 3-1。

1. 对流层

对流层是大气圈中最近地面的一层，其厚度从赤道向两极减少，低纬度地区为17～18 km，高纬度地区为8～9 km，平均厚度约为12 km。对流层集中了占大气总质量75%的空气和几乎全部的水蒸气量，是天气变化最复杂的层次。对流层具有如下两个特点。

（1）气温随高度增加而降低　由于对流层的大气不能直接吸收太阳辐射的能量，但能吸收地面反射的能量而使大气增温，因而靠近地面的空气温度高，远离地面的空气温度低，高度每增加100 m，气温约下降0.65℃。对流层顶温度为－53～－83℃。

（2）空气具有强烈的对流运动　近地层的空气接受地面的热辐射后温度升高，与高空冷空气发生垂直方向的对流，构成了对流层空气的强烈的对流运动。

对流层中存在着极其复杂的气象条件，各种天气现象也都出现在这一层，因而在该层中有时形成污染物易于扩散的条件，有时又会形成污染物不易扩散的条件。人类活动排放的污染物主要是在对流层中聚集，大气污染主要也是在这一层发生。因而对流层的状况对人类生活影响最大，与人类关系最密切，是进行研究的主要对象。

2. 平流层

对流层层顶之上的大气为平流层，其上界伸展到约55 km处。

平流层内温度垂直分布的特点是在平流层下层，即30～35 km以下，温度随高度升高变化很小；30～35 km以上，温度随高度的增加而升高，到平流层顶升至－3℃。这一方面是由于它受地面辐射影响小，另一方面也是由于在15～35 km范围内，存在20 km的臭氧层。臭氧可直接吸收太阳的紫外线辐射，并且发生放热反应，造成了气温的增加。

臭氧层的存在对地面免受太阳紫外辐射和宇宙辐射起着很好的防护作用，否则，地面上所有的生命将会由于这种强烈的辐射而致死；同时又对地球起保温作用。平流层内的空气基本无垂直对流运动，主要是平流运动，污染物一旦进入则很难扩散。

3. 中间层

平流层顶至85 km处范围内的大气称为中间层。由于该层中没有臭氧这一类可直接吸收太阳辐射能量的组分，因此其温度垂直分布的特点是气温随着高度的增加而迅速降低，其顶部气温可低于－83～－113℃。中间层底部的空气通过热传导接受了平流层传递的热量，因而温度最高。这种温度分布下高上低的特点，使得空气再次出现强烈的垂直对流运动。

4. 暖层

暖层(又称热成层)位于85～800 km的高度之间。这一层空气密度很小,气体在宇宙射线作用下处于电离状态,因此又称为电离层。由于电离后的氧能强烈地吸收太阳的短波辐射,使空气迅速升温,因此气温的分布是随高度的增加而增加,其顶部可达750～1 500 K。电离层能反射无线电波,对全球的无线距离通讯极为重要。

5. 散逸层

暖层顶以上的大气统称为散逸层,也称为外层大气。该层大气极为稀薄,密度几乎与太空密度相同。气温高,分子运动速度快。有的高速运动的粒子能克服地球引力的作用逃逸到太空中去,所以称其为散逸层。

如果按空气组成成分划分大气团层结构,又可将大气层分为均质层及非均质层。

(1) 均质层　其顶部高度可达90 km,包括了对流层、平流层和中间层,在均质层中,大气中的主要成分氧和氮的比例保持不变,只有水汽及微量成分的组成有较大的变动,因此,均质层的主要特点为大气成分是均匀的。

(2) 非均质层　在均质层以上范围大气统称为非均质层。其特点是气体的组成随高度的增加有很大的变化。非均质层主要包括了暖层和散逸层。

3.1.2 大气的组成

大气是由多种成分组成的混合气体,该混合气体的组成通常认为应包括如下几部分。

1. 干洁空气

干洁空气(干燥清洁空气)的主要成分为氮、氧和氩,它们在空气的总容积中约占99.96%。此外还有少量的其他成分,如二氧化碳、氖、氦、氪、氙、氢、臭氧等。以上各组分在空气总容积中所占的容积百分数见表3-1。

表3-1　干洁空气的组成

气体类别	含量(容积百分数)/%	气体类别	含量(容积百分数)/%
氮(N_2)	78.09	氪(Kr)	1.0×10^{-4}
氧(O_2)	20.95	甲烷(CH_4)	1.5×10^{-4}
氩(Ar)	0.93	一氧化二氮(N_2O)	0.5×10^{-4}
二氧化碳(CO_2)	0.03	氙(Xe)	0.08×10^{-4}
氖(Ne)	18×10^{-4}	氢(H_2)	0.5×10^{-4}
氦(He)	5.24×10^{-4}	臭氧(O_3)	$(0.01\sim0.04)\times10^{-4}$

由于空气的垂直运动、水平运动以及分子扩散，干洁空气中各组分的比例，在地球表面直到 90～100 km 的各个地方几乎是不变的，可看作为大气中的恒定组成。干洁空气的平均相对分子质量为 28.966，在标准状态下（273.15 K，1.01×10^5 Pa）密度为 1.293 kg/m^3。

2. 水汽

大气中的水汽含量，随时间、地域、气象条件的不同而变化很大，在干旱地区可低到 0.02%，而在温湿地带可高达 6%。大气中的水汽含量虽然不大，但对天气变化却起着重要的作用，因而也是大气中重要组分之一。

3. 悬浮微粒

悬浮微粒是指由于自然因素而生成的颗粒物，如岩石的风化、火山爆发、宇宙落物以及海水溅沫等。无论是它的含量、种类，还是化学成分都是变化的。

以上为大气的自然组成，或称为大气的本底。根据这个组成可以很容易地判定大气中的外来污染物。若大气中某个组分的含量远远超过上述标准含量时，或自然大气中本来不存在的物质在大气中出现时，即可判定它们是大气的外来污染物。在上述各个组分中，一般不把水分含量的变化视为外来污染物。

3.2 主要大气污染物及其来源

3.2.1 大气污染

在大气中，大气外来污染物的存在并最终构成大气污染是有一定条件的。按照国际标准化组织（ISO）作出的定义：大气污染最通常是指由于人类活动和自然过程引起某种物质进入大气中，呈现出足够的浓度，达到了足够的时间并因此危害了人体的舒适、健康和福利或危害了环境的现象。

上述定义指明造成大气污染的原因是人类的活动和自然过程。而人类活动不仅包括生产活动也包括生活活动，但生产活动是造成大气污染的主要原因。自然过程包括火山活动、山林火灾、海啸、土壤和岩石的风化以及大气圈的空气运动等。上述所说的原因导致一些非自然大气组分如硫氧化物、氮氧化物等进入大气，或使一些组分的含量大大超过自然大气中该组分的含量，如碳氧化物、颗粒物等。

“定义”还指明了形成大气污染的必要条件，即污染物在大气中要含有足够的浓度，并在此浓度下对受体作用足够的时间，对受体及环境产生了危害，造成了后果，称之为大气污染。如果大气中的污染物质浓度较低，由于大气本身的自净作用，经过一段时间后自动消除，是不会造成大气污染的。

按污染的范围，大气污染可分为四类：

(1) 局部地区大气污染，如某个工厂烟囱排气所造成的直接影响；

(2) 区域性大气污染，如厂矿或其附近地区的污染，或整个城市的大气污染；

(3) 广域性大气污染，指更广大地区或更广大地域的大气污染，在大城市及大工业带可能出现这种污染；

(4) 全球性大气污染，指跨国界乃至涉及整个地球大气层的污染，如酸雨、温室效应、臭氧层破坏等。

3.2.2 主要的大气污染物

排入大气的污染物种类很多，依据不同的原则，可将其进行分类。根据污染物的存在形态，可将其分为颗粒污染物和气态污染物。

1. 颗粒污染物

进入大气的固体粒子和液体粒子均属于颗粒污染物，对颗粒污染物可作如下的分类。

(1) 尘粒

尘粒一般是指粒径大于 75 μm 的颗粒物。这类颗粒物由于粒径较大，在气体分散介质中具有一定的沉降速度，因而易于沉降到地面。

(2) 粉尘

在固体物料的输送、粉碎、分级、研磨、装卸等机械过程中产生的颗粒物，或由于岩石、土壤的风化等自然过程中产生的颗粒物，悬浮于大气中称为粉尘，其粒径一般小于 75 μm。在这类颗粒物中，粒径大于 10 μm 的，靠重力作用能在短时间内沉降到地面，称为降尘。

(3) 飘尘

能长期飘浮的悬浮物质称为飘尘，其粒径主要是小于 10 μm 的微粒 (PM_{10})，其中粒径≤2.5 μm的可吸入颗粒物又称为 $PM_{2.5}$。$PM_{2.5}$颗粒小，含有大量有毒有害物质，能穿透肺泡溶入血液，而且不易沉降，能长期在大气中存在，传送距离较远，导致污染范围扩大，同时还能为化学反应提供载体，又有极强的消光性，能影响大气能见度，因而对人的健康和大气环境质量影响很大。

(4) 烟尘

在燃料的燃烧、高温熔融和化学反应等过程中所形成的颗粒物，飘浮于大气中称为烟尘。烟尘的粒子粒径很小，一般均小于 1 μm。它包括了因升华、焙烧、氧化等过程形成的烟气，也包括了燃料不完全燃烧所造成的黑烟以及由于蒸气的凝结所形成的烟雾。

(5) 雾尘

小液体粒子悬浮于大气中的悬浮体的总称。这种小液体粒子一般是由于蒸气的凝结、液体的喷雾、雾化以及化学过程所形成，粒子粒径小于 100 μm。水雾、酸雾、碱雾、油雾等都属于雾尘。

(6) 煤尘

燃烧过程中未被燃烧的煤粉尘，大、中型煤码头的煤扬尘以及露天煤矿的煤扬尘等。

2. 气态污染物

以气体形态进入大气的污染物称为气态污染物。气态污染物种类极多，常见的有五种类型。

(1) 含硫化合物　主要指 SO_2、SO_3 和 H_2S 等，其中以 SO_2 的数量最大，危害也最大，是影响大气质量的最主要的气态污染物。

(2) 含氮化合物　含氮化合物种类很多，其中最主要的是 NO、NO_2、NH_3 等。

(3) 碳氧化合物　污染大气的碳氧化合物主要是 CO 和 CO_2。

(4) 碳氢化合物　此处主要是指有机废气。有机废气中的许多组分构成了对大气的污染，如烃、醇、酮、酯、胺等。

(5) 卤素化合物　对大气构成污染的卤素化合物主要是含氯化合物及含氟化合物，如 HCl、HF、SiF_4 等。

依照与污染源的关系，可将其分为一次污染物与二次污染物。若大气污染是从污染源直接排出的原始物质，进入大气后其性态没有发生变化，则称其为一次污染物；若由污染源排出的一次污染物与大气中原有成分，或几种一次污染物之间，发生了一系列的化学变化或光化学反应，形成了与原污染物性质不同的新污染物，则所形成的新污染物称为二次污染物，如硫酸烟雾和光化学烟雾，其毒性一般比一次污染物还强。主要气态污染物和由其所生成的二次污染物种类见表 3-2。

表 3-2　气态大气污染物的种类

污染物	一次污染物	二次污染物
含硫化合物	SO_2、H_2S	SO_3、H_2SO_4、MSO_4
碳的氧化物	CO、CO_2	无
含氮化合物	NO、NH_3	NO_2、HNO_3、MNO_3、O_3
碳氢化合物	C_mH_n	醛、酮、过氧乙酰基硝酸酯
卤素化合物	HF、HCl	无
颗粒物	重金属元素、多环芳烃	H_2SO_4、SO_4^{2-}、NO_3^-

注：M代表金属离子

二次污染物中危害最大,也是受到人们普遍重视的是化学烟雾。化学烟雾主要有如下类型:

(1) 硫酸型烟雾 也称为伦敦型烟雾,主要指大气中的硫化物在水雾、含有重金属的飘尘或氮氧化物存在时,发生一系列化学或光化学反应而生成硫酸雾或硫酸盐气溶胶。这种污染多发生在冬季,气温较低,湿度较高和日光较弱的气象条件下。

(2) 光化学烟雾 也称为洛杉矶烟雾,含有氮氧化物和碳氢化合物等一次污染物的大气,在阳光照射下发生光化学反应而产生二次污染物,这种由一次污染物和二次污染物的混合物所形成的烟雾污染现象,称为光化学烟雾。

硫酸型烟雾从化学上看是属于还原型污染物,又称为还原型烟雾;而光化学烟雾是高浓度氧化剂的混合物,因此又称为氧化型烟雾。这两种烟雾在许多方面具有相反的化学行为,但有可能交替发生,如有的城市夏季是以光化学烟雾为主,冬季以硫酸型烟雾为主。

3.2.3 主要大气污染物的来源

根据大气污染的定义,大气污染物主要来源于自然过程和人类活动。大气污染物的排放源及排放量的情况如表 3-3 所示。

表 3-3 地球上自然过程及人类活动的排放源及排放量

污染物名称	自然排放		人类活动排放		大气中背景浓度/(L·L^{-1})
	排放源	排放量/(t·a^{-1})	排放源	排放量/(t·a^{-1})	
SO_3	火山活动	未估计	煤和油的燃烧	1.46×10^{8}	2×10^{-8}
H_2S	火山活动、沼泽中的生物作用	1×10^{8}	化学过程污水处理	3×10^{6}	2×10^{-8}
CO	森林火灾、海洋、萜烯反应	3.3×10^{7}	机动车和其他燃烧过程排气	3.04×10^{8}	1×10^{-5}
$NO-NO_2$	土壤中的细菌作用	NO:4.3×10^{8} NO_2:6.58×10^{8}	燃烧过程	5.3×10^{7}	NO:$(2\sim20)\times10^{-8}$ NO_2:$(5\sim40)\times10^{-8}$
NH_3	生物腐烂	1.16×10^{9}	废物处理	4×10^{6}	$(6\sim20)\times10^{-9}$
N_2O	土壤中生物作用	5.9×10^{8}	无	无	2.5×10^{-5}
C_mH_n	生物作用	CH_4:1.6×10^{9} 萜烯:2×10^{8}	燃烧和化学过程	8.8×10^{7}	CH_4:1.5×10^{-6} 非 $CH_4<1\times10^{-9}$
CO_2	生物腐烂海洋释放	10^{12}	燃烧过程	1.4×10^{19}	3.2×10^{-4}

由自然过程排放污染物所造成的大气污染，多为暂时的和局部的，人类活动排放污染物是造成大气污染的主要根源。因此，我们对大气污染所作的研究，针对的主要是人为造成的大气污染问题。

1. 大气污染源的分类

关于污染源的含义，目前还没有一个通用的确切定义。按一般理解，它含有“污染物发生源”的意思，如火力发电厂排放 SO_2，成为 SO_2 的发生源，因此就将发电厂称为污染源。它的另一个含义是“污染物来源”，如燃烧对大气造成了污染，则表明污染源于燃料燃烧。通常我们所说的污染源，其含义指的是前者。

为了满足污染调查、环境评价、污染物治理等不同方面的需要，对人工源进行了多种分类。下面简述一下人工源的分类。

(1) 按污染源存在形式

固定污染源——排放污染物的装置、处所位置固定，如火力发电厂、烟囱、炉灶等。

移动污染源——排放污染物的装置、处所位置是移动的，如汽车、火车、轮船等。

(2) 按污染物的排放形式

点源——集中在一点或在可当作一点的小范围内排放污染物，如烟囱。

线源——沿着一条线排放污染物。

面源——在一个大范围内排放污染物。

(3) 按污染物排放空间

高架源——在距地面一定高度上排放污染物，如烟囱。

地面源——在地面上排放污染物。

(4) 按污染物排放的时间

连续源——连续排放污染物，如火力发电厂的排烟。

间断源——间歇排放污染物，如某些间歇生产过程的排气。

瞬时源——无规律的短时间排放污染物，如事故排放。

(5) 按污染发生类型

工业污染源——主要包括工业用燃料燃烧排放的废气及工业生产过程的排气等。

农业污染源——农用燃料燃烧的废气，某些有机氯农药对大气的污染，施用的氮肥分解产生的 NO_x。

生活污染源——民用炉灶及取暖锅炉燃煤排放污染物，焚烧城市垃圾的废气，城市垃圾在堆放过程中由于厌氧分解排放出二次污染物。

交通污染源——交通运输工具燃烧燃料排放污染物。

2. 大气污染物的来源

造成大气污染的污染物，从产生源来看，主要来自以下几个方面。

(1) 燃料燃烧

火力发电厂、钢铁厂、炼焦厂等工矿企业的燃料燃烧，各种工业窑炉的燃料燃烧以及各种民用炉灶、取暖锅炉的燃料燃烧均向大气排放出大量污染物。燃烧排气中的污染物组分与能源消费结构有密切关系，发达国家，能源以石油为主，大气污染物主要是一氧化碳、二氧化硫、氮氧化物和有机化合物。我国能源以煤为主，主要大气污染物是颗粒物和二氧化硫。

(2) 工业生产过程

化工厂、石油炼制厂、焦化厂、水泥厂等各种类型的工业企业，在原材料及产品的运输、粉碎以及由各种原料制成成品的过程中，都会有大量的污染物排入大气中，由于工艺、流程、原材料及操作管理条件和水平的不同，所排放污染物的种类、数量、组成、性质等差异很大。这类污染物主要有粉尘、碳氢化合物、含硫化合物、含氮化合物以及卤素化合物等多种污染物。

(3) 农业生产过程

农业生产过程对大气的污染主要来自农药和化肥的使用。有些有机氯农药如 DDT，施用后能在水面悬浮，并同水分子一起蒸发而进入大气；氮肥在施用后，可直接从土壤表面挥发进入大气；而以有机氮或无机氮进入土壤内的氮肥，在土壤微生物作用下可转化为氮氧化物进入大气，从而增加了大气中氮氧化物的含量。此外，稻田释放的甲烷，也会对大气造成污染。

(4) 交通运输

各种机动车辆、飞机、轮船等均排放有害废物到大气中。由于交通运输工具主要以燃油为主，因此主要的污染物是碳氢化合物、一氧化碳、二氧化碳、微粒、氮氧化物、含铅污染物等。排放到大气中的这些污染物，在阳光照射下，有些还经光化学反应，生成光化学烟雾，因此它也是二次污染物的主要来源之一。

对不同的国家，由于燃料结构的不同，生产水平、生产规模以及生产管理方法的不同，上述几个大气污染物的主要来源也不相同。我国燃料构成是以燃煤为主，煤炭消耗约占能源消费的 70%，因此煤的燃烧成为我国大气污染物的主要来源，同时也形成了我国煤烟型大气污染的特点。据估算，全国烟尘排放量的 70%、二氧化硫排放量的 90%、氮氧化物排放的 67%、二氧化碳排放量的 70% 都来自于煤炭燃烧。虽然随着交通运输等事业的发展，这种状况会有所改变，但我国的资源特点和经济发展水平决定了以煤为主的能源结构长期保持，因此，控制煤烟型的大气污染，将是我国大气污染防治的主要任务。

3.3 污染物在大气中的迁移和扩散

一个地区的大气污染程度与污染源参数、气象条件和下垫面状况有关。

源参数　源参数是指污染源排放污染物的数量、组成、排放方式、排放源的密集程度及位置等。它是影响大气污染的重要因素，它决定了进入大气的污染物的量和所涉及的范围。

气象条件　大气污染物自污染物排出后，在到达受体之前，在大气中要经过气象因子作用而引起的输送和扩散稀释，要经过物理或化学变化等过程。在这许多变化过程中，气象条件将决定大气对污染物的稀释扩散速率和迁移转化的途径。在大气污染监测工作中，常常发现在相同源参数的同一个污染源的下风向，在不同时刻监测到的污染物浓度不同，彼此间可以相差几倍到几十倍。源参数不变的同一污染源，在有利于扩散稀释的气象条件下，可以不造成多大的污染，而在不利于污染物扩散的气象条件下，就会造成严重的大气污染。世界上发生的一些著名的大气污染事件都是在特定的气象条件下发生的，即当地的气象条件不利于污染物的扩散稀释。

大气污染气象学就是研究污染物在气象因子作用下，在大气中输送和扩散稀释规律的科学，是气象学在环境方面的分支与应用。掌握了这些规律就能主动避开不利于污染物扩散稀释的气象条件，就能充分利用有利的气象条件降低污染物的浓度，减轻污染。同时，掌握了这些规律，也有利于区域性综合治理措施的制定、环境规划及环境影响预评价等工作的进行。

下垫面状况　下垫面状况是指大气底层接触面的性质、地形及建筑物的构成情况。下垫面的状况不同会影响到气流的运动，同时也直接影响当地的气象条件，因此同样会对大气污染物的扩散造成影响。

3.3.1 大气污染物的扩散与气象因子的关系

影响大气中污染物扩散的主要气象因素有风、湍流和温度层结。

1. 风和大气湍流的影响

大气运动包括了有规则的平直的水平运动和不规则的、紊乱的湍流运动，实际的大气运动就是这两种运动的叠加。

(1) 风

空气的水平运动称为风。描述风的两个要素为风向和风速，风在不同时刻都有着相应的风向和风速。

风对污染物的扩散有两个作用。第一个作用是整体的输送作用，风向决定了污染物迁移运动的方向。污染物总是由上风方被输送到下风方，在污染源的下风向，污染总要重一些。第二个作用是对污染物的冲淡稀释作用，对污染物的稀释程度主要取决于风速。风速越大，单位时间与烟气混合的清洁空气量越大，冲淡稀释的作用就越好。一般来说，大气中污染物的浓度与污染物的总排量成正比，而与风速成反比。

(2) 大气湍流

大气除了整体水平运动以外，还存在着不同于主流方向的各种不同尺度的次生运动或旋涡运动，我们把这种极不规则的大气运动称作湍流。根据湍流形成的原因可分为两种湍流：一种是机械湍流，主要取决于风速梯度和地面粗糙度；另一种是热力湍流，与大气的热力因子如大气的垂直稳定有关。大气湍流就是这两种湍流综合作用的结果。大气湍流以近地层大气表现最为突出。其表现为风速的时强时弱、风向的不停摆动，并由此引起温度、湿度以及污染物浓度等气象属性的随机变化。

大气的湍流运动造成湍流场中各部分之间的强烈混合。当污染物由污染源排入大气中时，高浓度污染物由于湍流，不断与周围空气混合，同时又无规则地分散到其他方向，使污染物不断地被稀释、冲淡。

风和湍流是决定污染物在大气中扩散状况的最直接的因子，也是最本质的因子，是决定污染物扩散快慢的决定性因素，风速愈大，湍流愈强，污染物扩散稀释的速率就愈快。凡是有利于增大风速、增强湍流的气象条件，都有利于污染物的稀释扩散，否则，就会使污染加重。

2. 大气的温度层结

大气的温度层结是指大气的气温在垂直方向上的分布，即指在地表上方不同高度大气的温度情况。大气的湍流状况在很大程度上取决于近地层大气的垂直温度分布，因而大气的温度层结直接影响着大气的稳定程度，稳定的大气将不利于污染物的扩散。对大气湍流的测量比相应垂直温度的测量要困难得多，因此常用温度层结作为大气湍流状况的指标，从而判断污染物的扩散情况。

(1) 气温垂直递减率

大气中的某些组分可以吸收太阳的辐射能量，使大气增温。地表也可以吸收太阳的辐射能量，使地表增温，增温后的地表又会向近地层大气释放出辐射能。由于近地层大气吸收地表辐射能的能力比直接吸收太阳辐射能的能力强，因此，地面成了近地层大气增温的主要热源，这样，在正常的气象条件下(即标准大气状况下)，近地层的气体温度总要比其上层气体温度高。因此，对流层内，气温垂直变化的总趋势，是随高度的增加而逐渐降低。气温垂直变化的这种情况，用气温垂直递减率 γ 来表示。

气温垂直递减率的含义是：在垂直于地球表面方向上，高度每增加 100 m 的气温变化值。在正常的气象条件下，对流层内不同高度上的 γ 值不同，其平均值约为 0.65℃/100 m。

由于近地层实际大气的情况非常复杂，各种气象条件都可影响到气温的垂直分布，因此实际大气的气温垂直分布因时因地而异。总括起来有下述三种情况：

① 气温随高度的增加而降低，其温度垂直分布与标准大气相同，此时 $\gamma>0$。

② 高度增加，气温保持不变，符合这样特点的气层为等温层，此时 $\gamma=0$。

③ 气温随高度的增加而上升，其温度垂直分布与标准大气相反。这种现象称为温度逆增，简称逆温。出现逆温的气层叫逆温层，此时 $\gamma<0$。

实际大气的气温垂直分布情况见图 3-2。

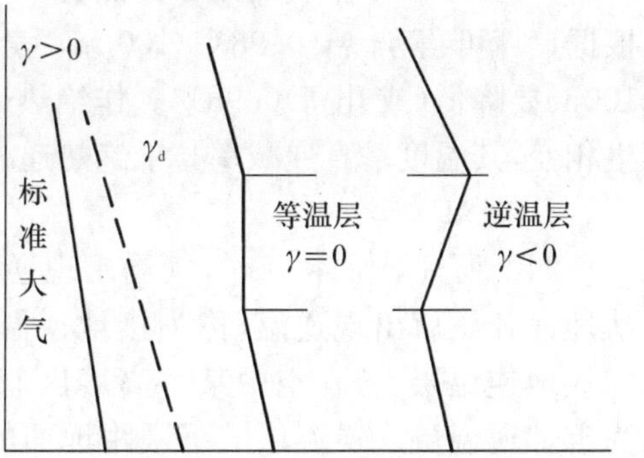

图 3-2　大气的温度层结

逆温层的出现将阻止气团的上升运动，使逆温层以下的污染物不能穿过逆温层，只能在其下方扩散，因此可能造成高浓度污染。很多空气污染事件都发生在有逆温的静风的条件下，故对逆温现象必须予以高度重视。

(2) 气温的干绝热递减率

空气团在大气中的升降过程可以看作绝热过程，因为在此过程中，气团与其周围大气的热量交换很少，可以忽略。这样，当一个干空气团或未饱和湿空气团在大气中绝热上升时，因周围气压的降低而膨胀，一部分内能用于反抗外压力作膨胀功，气团温度下降；反之，气团绝热下降时，温度升高。气团在大气中作绝热上升或下降时的温度变化情况，用干绝热递减率来描述。由热力学第一定律可推出大气绝热过程方程

$$\frac{\mathrm{d}T}{T}=\frac{R}{c_p}\times\frac{\mathrm{d}p}{p} \tag{3-1}$$

或

$$\frac{T}{T_0}=\left(\frac{p}{p_0}\right)^{\frac{R}{c_p}} \tag{3-2}$$

式中　T_0、T——气块移动前后的温度，K；

p、p_0——气块移动前后的压力，Pa；

c_p——空气的定压比热容，J·kg^{-1}·K^{-1}；

R——空气的气体常数，J·kg^{-1}·K^{-1}。

干空气团或未饱和的湿空气团绝热上升或下降单位高度(通常取 100 m)时,温度降低或升高的数值叫干绝热递减率,用 $\gamma_d = \left(\frac{dT_i}{dz}\right)_d$ 表示。

利用式(3-2)和气压与高度的关系式可得

$$\gamma_d = \frac{g}{c_p} \tag{3-3}$$

式中 g ——重力加速度,$g=9.81\ m \cdot s^{-2}$;

c_p ——干空气的定压比热容,$0.996\ J \cdot kg^{-1} \cdot K^{-1}$。

根据计算可得 $\gamma_d = 0.98℃/100\ m$,表明干空气在大气中绝热上升(或下降)100 m要降低(或升高)0.98℃。作绝热运动的湿空气块,如果在运动过程中未发生相变,其温度垂直递减率与干绝热递减率相同。

3. 逆温

如上所述,当 $\gamma<0$ 时,气温出现逆温,逆温分为接地逆温与上层逆温。若从地面开始就出现逆温,称为接地逆温,这时把从地面到某一高度的气层,称为接地逆温层;若在空中某一高度区间出现逆温,称其为上层逆温,该气层称为上部逆温层。逆温层的下限距地面的高度称为逆温高度,逆温层上、下限的高度差称为逆温厚度,上、下限间的温差称为逆温强度。逆温层的不同类型见图 3-3。

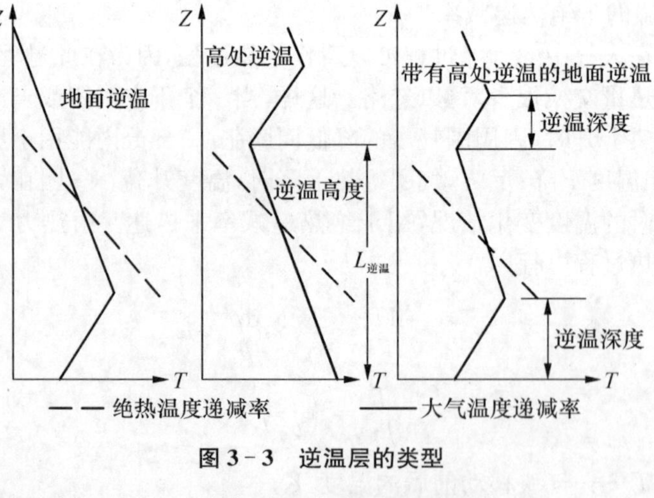

图 3-3 逆温层的类型

根据逆温层形成的原因,可将逆温分为以下几种类型。

(1) 辐射逆温 在大陆区常年可见的一种逆温,一般出现在晴朗、少云、风小的夜间。此时地面由于强烈的辐射损失而迅速冷却,近地层大气也随之冷却,而上层大气冷却较慢，出现了从地面起上高下低的温度分布，形成接地逆温。这种逆温是由于地面辐射形成的，因而称为辐射逆温。随日出，逆温会逐渐消失。辐射逆温的生消情况如图 3－4 所示。

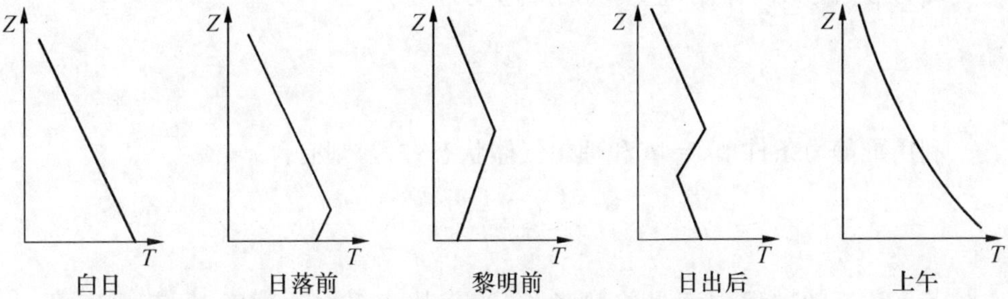

图 3－4　辐射逆温的生消过程

（2）下沉逆温　当高压区内某一气层（团）发生大规模下沉时，由于气压的增大以及气层向水平方向的扩散，气层厚度减小，气层顶部下沉的距离较底部长，因而气层顶部绝热温升高，下部温度低，形成逆温。这种由于气团下沉所形成的逆温称为下沉逆温。

下沉逆温持续时间长、范围宽、厚度大，特别是在冬季，若与辐射逆温结合在一起，会形成很厚的逆温层，对高架污染源的排放影响很大。

（3）地形逆温　这种逆温是由于局部地区的地形而形成的。这种逆温常发生在盆地、谷地中，日落后由于山坡散热，近坡面上的大气温度变得比盆地、谷地同高度处的气温低。坡面上的冷气沿坡滑向谷底，而谷底的暖气浪被抬升，从而形成逆温。

（4）锋面逆温　在对流层中，冷暖空气相遇时，暖空气密度小，会爬升到冷空气的上面去，形成倾斜的过渡区，称为锋面。锋面处冷暖空气温差较大，即可在冷气团范围内的不同高度处形成逆温，称为锋面逆温。

（5）平流逆温　当暖空气平流到冷空气上面时，会形成下低上高的温度分布而形成逆温，这种逆温称作平流逆温。

4. 大气稳定度

大气稳定度是空气团在垂直方向稳定程度的一种度量。当气层中的气团受到对流冲击的作用，产生了向上或向下的运动，那么当外力消失后，该气团继续运动的趋势，将存在着三种可能的情况：①该气团的运动速度逐渐减少，并有返回原来高度的趋势。这种情况表明此时的气层对该气团是稳定的。②该气团仍继续上升或下降，并且速度不断增加，运动的结果是气团逐渐远离原来的高度。这表明此时的气层是不稳定的。③气团被推到某一高度，就停留在那一高度保持不动。这表明该气层是中性的。

(1) 大气稳定度的判别

可用气块法来判别大气稳定度。单位体积的一个空气块，受到浮力 ρg 及本身的重力 $\rho_i g$ 的共同作用，空气块的加速度为

$$a = \frac{\rho - \rho_i}{\rho} g \tag{3-4}$$

利用准静力条件 $p_i = p$ 和理想气体状态方程，则有

$$a = \frac{T_i - T}{T} g \tag{3-5}$$

若气块运动过程中满足绝热条件，当气块上升 ΔZ 高度时，其温度 $T_i = T_{i0} - \gamma_d \Delta Z$；而同样高度的周围空气温度 $T = T_0 - \gamma \Delta Z$。因为起始温度相当，即 $T_0 = T_{i0}$，则有

$$a = g \frac{\gamma - \gamma_d}{T} \Delta Z \tag{3-6}$$

由上式可见，$(\gamma - \gamma_d)$ 的符号表明气块加速度 a 与气块位移 ΔZ 的方向是否一致，也就是说大气是否稳定。

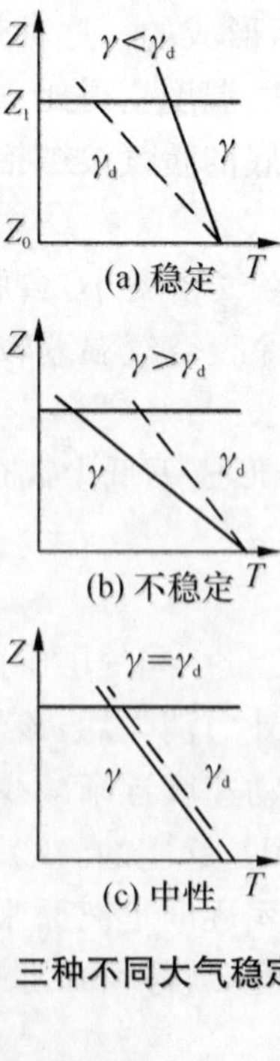

图 3-5 三种不同大气稳定度的情况

当 $\gamma > \gamma_d$ 时，气块加速度 a 与气块位移 ΔZ 的方向一致，气块运动将加速进行，大气不稳定。

当 $\gamma < \gamma_d$ 时，气块加速度 a 与气块位移 ΔZ 的方向不一致，气块运动受到抑制，大气稳定。

当 $\gamma = \gamma_d$ 时，气块加速度 $a=0$，气块处于平衡状态，大气是中性的。

当大气处于稳定状态时，湍流受到限制，大气不易产生对流，因而大气对污染物的扩散能力很弱。如逆温条件下的大气层均处于稳定状态或强稳定状态，污染物极不易扩散，会引起高浓度污染。当大气处于不稳定状态时，空气对流很少有阻碍，湍流可以充分发展，对大气中的污染物扩散稀释能力就很强(图3-5)。

(2) 大气稳定与污染物扩散的关系

大气稳定度对烟流扩散有很大的影响，通过对这种影响的分析，可以更直观地看出大气稳定度与污染物扩散的关系。图3-6表示的是不同温度层结下典型的烟流形状。

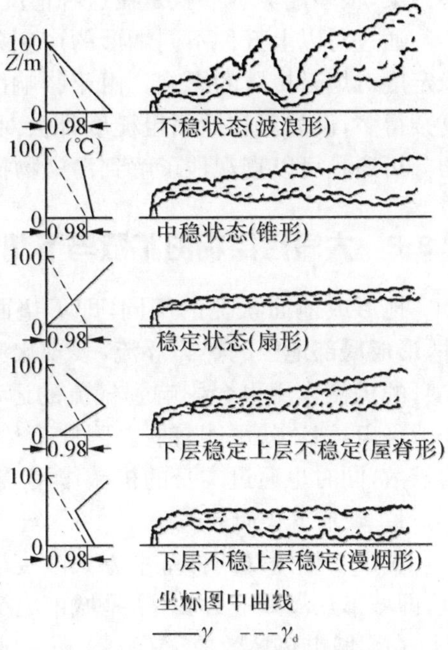

图3-6 大气稳定度与烟形

① 波浪形 又称蛇形。烟流排放轨迹是弯弯曲曲的，并在上下左右各方向上波动翻腾，在波动翻腾中烟流很快扩散。此时大气状况为 $\gamma>\gamma_d$，大气处于不稳定状态。由于对流强烈，污染物扩散快，因此地面最大浓度落地点距离烟囱较近且浓度较大。这种情况多发生在晴朗的白天。

② 锥形 烟气沿主导风向呈锥形流动，横向和竖直方向的扩散速度差不多，因而烟形愈扩愈大形成锥形。这种烟形扩散速度比波浪形低，大气状况为 $\gamma=\gamma_d$，处于中性或弱稳定状态，污染物落地浓度低于波浪形，但污染距离长。这种状况多发生在多云的白天或冬季的夜晚。

③ 扇形 又称平展形。在垂直方向上烟流扩散很小，沿水平方向缓慢扩散，烟流从烟源处呈现扇形展开。此时的大气状况为 $\gamma<\gamma_d$，即在烟源出口的一层大气处于逆温，因此污染情况随烟源有效源高的不同而不同。这种烟云对地面污染较轻，且可传送到较远的地方。但若遇到山峰、高层建筑物的阻挡，则可出现下沉现象，造成严重污染。在晴朗天气的夜间或清晨常出现这种烟形。

④ 屋脊形 又称爬升形，排出的烟流呈屋脊形扩散。在排烟出口上方 $\gamma>\gamma_d$，大气处于不稳定状态；排烟口下方 $\gamma<\gamma_d$，大气处于稳定状态，气层为逆温层，因此，排出的烟流只能向上扩散，而不能向下扩散。这种烟形对地面不会造成很大的污染。这种烟形一般出现在日落前后，持续时间较短。

⑤ 漫烟形 又称熏蒸形。在存在着辐射逆温的情况下，日出后由于地面增温，低层空气被加热，使逆温从地面上逐渐破坏。当不稳定大气发展到烟流的下缘，而上部仍处于稳定状态时，就出现这种烟形，此时排出口上方仍存在逆温 $\gamma<\gamma_d$，大气稳定，犹如上面盖了一层顶盖，阻止了烟气的向上扩散；而排出口下方，逆温已遭破坏，大气不稳定 $\gamma>\gamma_d$，造成烟气大量下沉，发生熏烟情况。这种

情况多发生在日出以后，持续时间较短，对排出口下风向的附近地面会造成强烈的污染，很多烟雾事件就是在这种情况下形成的。

通过对以上五种不同烟形的产生条件的分析，粗略了解了温度层结与大气稳定度对烟云扩散的影响。由于影响因素很多，实际烟形要比以上的典型烟形复杂得多，例如风和地面粗糙度都会对烟形及污染物扩散造成影响。但从以上的分析还是可以直观地了解到污染物扩散与大气稳定与否的密切关系。

3.3.2 大气污染物的扩散与下垫面的关系

地形或地面状况的不同，即下垫面情况的不同，会影响到该地区的气象条件，形成局部地区的热力环流，表现出独特的局地气象特征。除此之外，下垫面本身的机械作用也会影响到气流的运动，如下垫面粗糙，湍流就可能较强，下垫光滑平坦，湍流就可能较弱。因此下垫面通过影响该地的气象条件影响着污染的扩散，同时也通过本身的机械作用，影响着污染物的扩散。

1. 城市下垫面的影响

城市下垫面以两种基本方式改变着局地的气象特征：一个是城市的热力效应，即城市热岛效应；另一个是城市粗糙地面的动力效应。

(1) 城市热岛效应

城市是人口、工业高度集中的地区，由于人的活动和工业生产，使城市温度比周围郊区温度高，这一现象被称之为城市热岛效应。由于城区气温比农村高，特别是低层空气温度比四周郊区气温高，于是城市地区热空气上升，并在高空向四周辐散，而四周郊区较冷的空气流来补充，形成了城市特有的热力环流——热岛环流。这种现象在夜间、在晴朗平稳的天气下，表现得最为明显，见图 3-7。

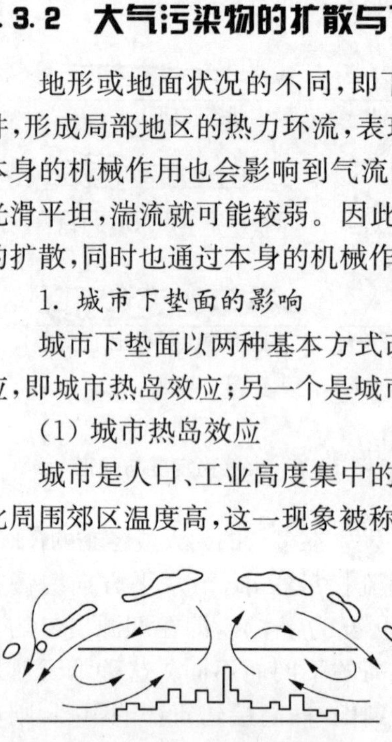

图 3-7 城市热岛环流图

由于热岛环流的存在，城市郊区工厂所排放的污染物，可由低层吹向市区，使市区污染物浓度升高。因此，在城市四周布置工业区时，要考虑热岛环流存在这一特点。

城市热岛使城乡近地层的温度层结也有了很大的不同。在夜晚，这种差异表现得尤为明显。白天，城乡的近地气温都较高，而夜晚，乡村由于地面辐射较强，冷却较快，因而形成接地逆温层。而城市近地气层，由于受城市热源影响，温度较高。当乡村空气流到温暖的城市上空时，与城市暖空气形成城市热岛混合层，混合层上方才是逆温层，因此城市较少出现接地逆温，见图 3-8。这种温度层结的差异，形成了不同的大气污染日变化特征。在郊区的夜晚，逆温层的垂直扩散微弱，高架源对地面污染很轻；而在城市，混合层内垂直扩散较强，处在混合层内的低矮源，会对城市地面造成较大的污染（图 3－9）。

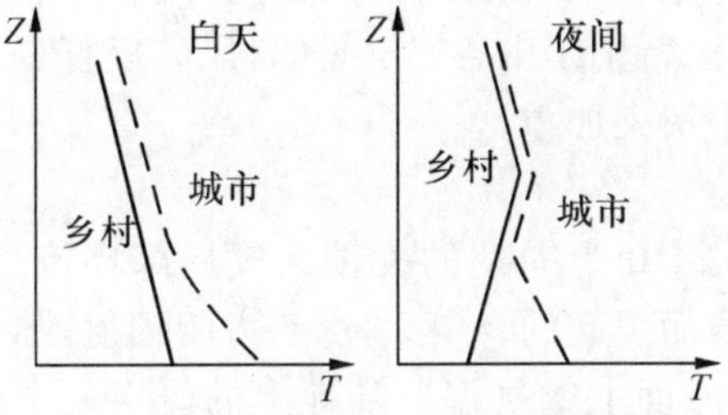

图 3－8　乡村、城市典型温度层结

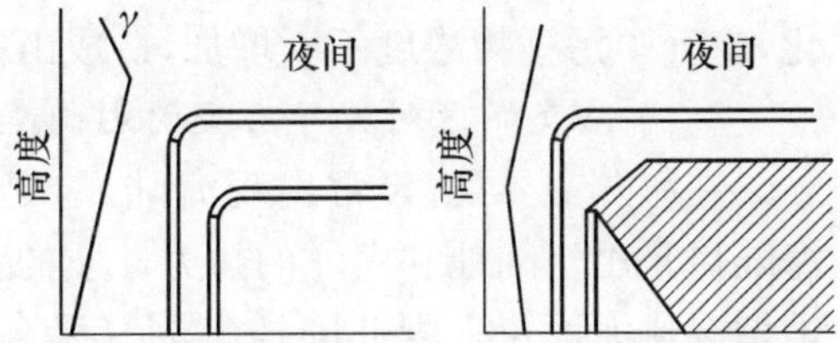

图 3－9　城乡温度层结的差异对污染的影响

（2）动力效应

城市下垫面粗糙度大，对气流产生了阻挡作用，使得气流的速度与方向变得很复杂，而且还会形成小尺度的涡流，造成较强的机械湍流。

城市热岛使城市上空大气趋于不稳定，增加了热力湍流，而粗糙的下垫面又增强了机械湍流，这就使得城区的湍流程度比郊区高 30%～50%。

2．山区下垫面的影响

山区地形复杂，日照不均匀，使得各处近地层大气的增热与冷却的速度不同，因而形成山区特有的局地热力环流，它们对大气污染物的扩散影响很大。

（1）过山气流

气流过山时，在山坡迎风面造成上升气流，山脚处形成反向旋涡；背风面造成下沉气流，山脚处形成回流区。污染源在山坡上风侧时，对迎风坡会造成污染，而在背风侧，污染物会被下沉气流带至地面，或在回流区内回旋积累，无法扩散出去，很容易造成高浓度污染。

（2）山风和谷风

晴朗的白天，阳光使山坡首先受热，受热的山坡把热量传递给其上的空气，这一部分空气的温度比同高度谷底上空的空气高，空气密度小，于是就上升，谷底较冷的空气来补充，形成从山谷流向山坡的风，称为“谷风”。夜晚的情况正好相反，由于山坡地辐射冷却快，其上方空气相应冷却得比同一高度谷底上空的空气快。贴近山坡的冷而重的空气顺坡滑向谷底，形成“山风”，见图 3－10。

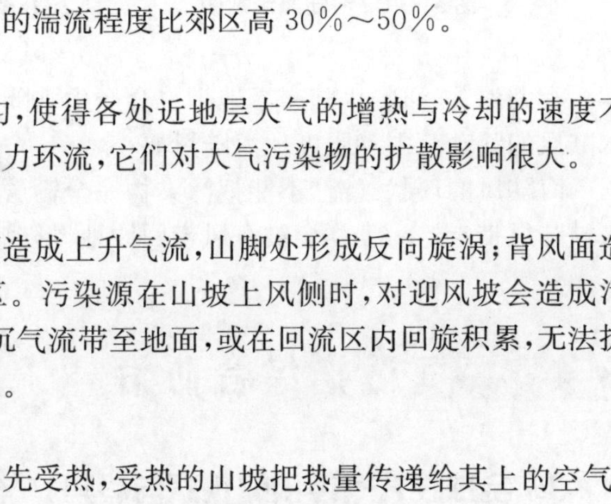

图 3－10　山谷风示意图

“山风”可将污染物带至地面，或聚集谷底、低地，形成厚而强的逆温层，而且由于地形的阻挡，污染物难以向外扩散，形成严重的局地污染。

山谷风对污染物输送有明显的影响。吹谷风时排放的污染物向外流出，若不久转为山风，被污染的空气又被带回谷内。特别是山谷风交替时，风向反复变化，空气中污染物浓度不断增加，造成山谷中污染加重。

3. 水陆交界区对大气污染的影响

在海陆交界处，经常出现海陆风，是以 24 h 为周期的一种大气局部环流。海陆风是由于陆地和海洋的热力性质的差异而引起的。白天，由于太阳辐射，陆地增温比海面快。因此陆地上的气温高于海面上的气温。陆地上的暖空气上升，并在上层流向海洋。而下层海面上的空气则由海洋流向陆地，形成海风。而在夜间，陆地散热快，海洋散热慢，形成和白天相反的热力环流，上层空气由海洋吹向陆地，而下层空气由陆地吹向海洋，即为陆风，见图 3-11。

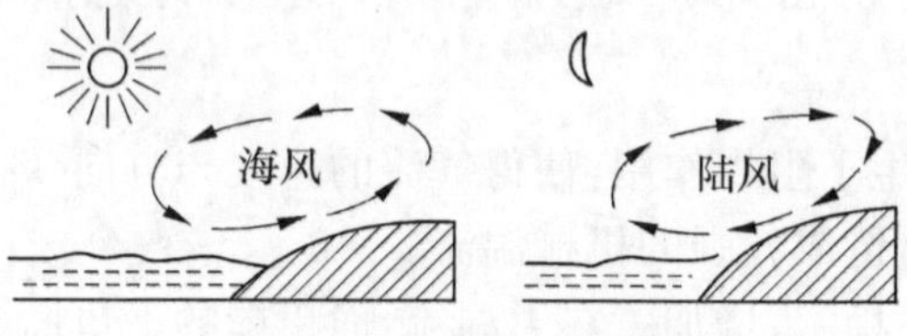

图 3-11 海陆风示意图

在湖泊、江河的水陆交界地带也会产生水陆风局地环流，称为“水陆风”。但水陆风的活动范围和强度比海陆风要小。

海陆风的环状气流，不能把污染物完全输送、扩散出去，当海陆风转换时，原来被陆风带走的污染物会被海风带回原地，形成重复污染。

3.4 大气污染综合防治

3.4.1 全球性大气污染的现状与趋势

目前，困扰世界的全球性大气污染问题主要有三个，即酸雨、温室效应和臭氧层破坏。

1. 酸雨

(1) 酸雨的产生

酸雨又称为酸沉降，它是指 pH 值小于 5.6 的天然降水(湿沉降，包括雨、雪、霜、雾、露、雹等)和酸性气体及颗粒物的沉降(干沉降)。

90%以上的酸雨是由化石燃料燃烧产生的 SO_2 和 NO_x 排到大气中后转化而来的。有关资料报道，欧美地区的酸雨中，硫酸和硝酸的比例为 2∶1；我国酸性降水中，硝酸根和硫酸根离子浓度比例已由 2000 年的 0.15∶1 发展为 2004 年的 0.20∶1。酸雨的发展与燃料消费数量、能源结构、技术水平以及人口增长均有关系。

酸雨的产生是一个非常复杂的化学过程。SO_2 通过光化学氧化和催化氧化两种途径转化形成硫酸，其反应过程简述如下：

SO_2 吸收太阳的紫外线，活化成 SO_2^*，即

$$SO_2 \xrightarrow{\text{紫外线}} SO_2^* \tag{3-7}$$

O_2 或 O_3 与 SO_2^* 反应：

$$2SO_2^* + O_2 \longrightarrow 2SO_3 \tag{3-8}$$

或

$$SO_2^* + O_3 \longrightarrow SO_3 + O_2 \tag{3-9}$$

SO_2 也能在大气中固体颗粒物所含的铁、锰等金属盐的催化下氧化成 SO_3：

$$2SO_2 + O_2 \xrightarrow{\text{Fe、Mn 盐}} 2SO_3 \tag{3-10}$$

SO_3 与大气中的水分结合，即得硫酸：

$$SO_3 + H_2O \longrightarrow H_2SO_4 \tag{3-11}$$

SO_2 也可直接溶解在潮湿大气中的水分中形成亚硫酸或硫酸：

$$SO_2 + H_2O \longrightarrow H_2SO_3 \tag{3-12}$$

$$2H_2SO_3 + O_2 \longrightarrow 2H_2SO_4 \tag{3-13}$$

NO_x 在空气湿度较高的条件下，在大气中固体颗粒物所含的铁、锰等金属盐的催化下氧化成硝酸：

$$4NO_2 + 2H_2O + O_2 \longrightarrow 4HNO_3 \tag{3-14}$$

(2) 酸雨的危害

随着人口的剧烈增长和生产的发展，化石燃料的消耗不断增加，酸雨问题的严重性逐渐显露出来。20 世纪五六十年代以前，酸雨只在局部地区出现。50—60 年代，北欧地区受到欧洲中部工业区酸性排气的影响，出现了酸雨。60 年代末到 80 年代初，酸雨范围由北欧扩大至中欧，同时北美也出现大面积的酸雨区。80 年代以来，在世界各地相继出现了酸雨，如亚洲的中国、日本、韩国、东南亚各国，南美的巴西、委内瑞拉，非洲的尼日利亚、象牙海岸等都受到了酸雨的危害。

酸雨危害范围不断加大，危害程度也不断加深。酸雨沉降到土壤中，提高了

土壤的酸度，北欧、美国、加拿大已出现明显土壤酸化现象；酸雨破坏水体生态系统，危害鱼类的生存，美国、加拿大、北欧诸国已有大量湖泊酸化，水生生物濒临绝迹；酸雨毁坏森林和草原，使树木枯死，农作物减产，全欧洲 1.1 亿公顷的森林，有 5 000 万公顷受酸雨危害而变得脆弱和枯萎；酸雨能腐蚀建筑材料、金属结构、油漆等，一些露天的价值连城的历史遗迹和艺术瑰宝因酸雨腐蚀而面目全非；酸雨使地面水和地下水变酸，水中金属含量增高，损害人体健康。

在我国，三分之一国土面积受到酸雨影响，主要分布于长江以南、青藏高原以东地区及四川盆地，华中、华南、西南及华东地区仍是酸雨污染严重的区域。2005 年全国开展酸雨监测的 696 个城市中，357 个城市出现酸雨，占 51.3%。降水酸度最低值由 2000 年的 4.1 下降至 2004 年的 3.05，酸雨频率大于 40%的城市比例由 2000 年的 52%上升至 2005 年的 63.9%。

2. 温室效应与气候变化

(1) 温室效应与温室气体

大气层中的某些微量组分，能使太阳的短波辐射透过，加热地面，而地面增温后所放出的热辐射，却被这些组分吸收，使大气增温，这种现象称为温室效应。这些能使地球大气增温的微量组分，称为温室气体。主要的温室气体有 CO_2、CH_4、N_2O、CFC(氟氯烷烃)等。20 世纪 80 年代研究结果表明，人为造成的各种温室气体对全球的温室效应所起作用的比例不同，其中 CO_2 的作用占 55%、CFC 占 24%、CH_4 占 15%、N_2O 占 6%，因此 CO_2 的增加是造成全球变暖的主要原因。

(2) 温室效应产生的影响

大气中的 CO_2 及其他温室气体浓度的增加，引起全球气候变暖，研究表明，如果大气中 CO_2 浓度增加 1 倍，全球温度将上升(3±1.5)℃。近一百年来，全球地面平均气温增加了 0.3～0.6℃。20 世纪 80 年代成为 20 世纪最热的 10 年，1988 年的全球平均气温比 1949—1979 年的多年平均值高 0.34℃，比 20 世纪初高了 0.59℃。

气候的变暖引起了海平面的上升。当前，世界大洋温度正以每年 0.1℃的速度上升，全球海平面，在过去的百年里平均上升了 14.4 cm，我国沿海的平面也平均上升了 11.5 cm，据预测到 2100 年，全球海平面将平均再上升 50 cm。海平面的升高将严重威胁低地势岛屿和沿海地区人民的生活和财产安全，会使居住在沿海地区约占全球 50%人口受到严重影响。气候的变暖还会引发干旱、洪水、暴风雪、森林大火等灾害，对人类的生存环境构成强大冲击；气候的变暖会使全球的温度带向高纬度移动，对许多地区的工农业生产和人们的日常生活产生威胁；气候的变暖会加剧传染性疾病的传播，产生新的传染病，并使传统的传染性疾病也卷土重来；气候的变暖会影响陆地生态系统中动植物的生理和区域的生物多样性。

3. 臭氧层破坏

在大气圈约 25 km 高空的平流层底部，有一个臭氧浓度相对较高的小圈层，即为臭氧层。臭氧层中臭氧浓度很低，最高浓度仅 1×10^{-5} $L\cdot L^{-1}$，若把其集中起来并校正到标准状态，平均厚度仅为 0.3 cm。臭氧在大气中分布得不均匀，低纬度较少，高纬度较多。就是这样一个臭氧层，却吸收了 99%的来自太阳的高强度紫外线，保护了人类和生物免遭紫外辐射的伤害。

自 1958 年对臭氧层进行观察以来，发现高空臭氧层有减少的趋势。70 年代后，减少加剧，全球臭氧都呈减少趋势，冬季减少率大于夏季。1985 年，英国科学家首次报道南极上空自 1975 年以来，在 9—10 月臭氧总浓度减少 30%以上，也就是形成所谓的臭氧空洞。1987 年 10 月，南极上空的臭氧浓度降到 1957—1978 年间的一半，臭氧空洞的面积则扩大到足以覆盖整个欧洲大陆。此后，臭氧浓度的下降速度加快，有时甚至减少到只剩 30%。2000 年南极臭氧空洞的持续时间超过了 100 天，是南极臭氧空洞发现以来的最长记录，而且面积增大到几乎相当于三个澳大利亚国土面积，监测数据表明南极上空的臭氧损耗状况仍在恶化中。观测研究表明，除赤道地区外，臭氧浓度减少在全球范围内发生，臭氧浓度的减少因纬度不同而有差异，从低纬到高纬臭氧损耗加剧。自 1979 年以来，我国大气臭氧总量逐年减少，年平均递减率为 0.077%～0.75%。

臭氧层损耗原因，目前还存在着不同的认识，但比较一致的看法认为：人类活动排入大气的某些化学物质与臭氧发生作用，导致了臭氧的损耗。这些物质主要有 N_2O、CCl_4、CH_4、哈龙（溴氟烷烃）以及氟利昂（CFCs）等。破坏作用最大的为哈龙和氟利昂（CFCs），哈龙和氟利昂在短波紫外线 UV－C（波长小于 290 nm）的照射下分解释放出 Br 和 Cl 自由基，参与对臭氧的消耗。如氯原子自由基的反应为：

$$CCl_2F_2 \xrightarrow{\text{紫外线}} CClF_2^{\cdot} + Cl^{\cdot} \quad (3-15)$$

$$CCl_3F \xrightarrow{\text{紫外线}} CCl_2F^{\cdot} + Cl^{\cdot} \quad (3-16)$$

$$Cl^{\cdot} + O_3 \longrightarrow ClO^{\cdot} + O_2 \quad (3-17)$$

$$ClO^{\cdot} + O \longrightarrow Cl^{\cdot} + O_2 \quad (3-18)$$

据估算，一个 Cl 原子自由基可以破坏多达 10^4～10^5 个臭氧分子，Br 原子自由基对臭氧的破坏能力是 Cl 原子的 30～60 倍。而且，Cl 原子自由基和 Br 原子自由基之间还存在协同作用,两者同时存在时的破坏能力要大于两者简单的加和。哈龙和氟利昂具有很长的寿命,一旦进入大气很难去除,对臭氧层的破坏会持续很长的时间。

研究表明,平流层臭氧浓度减少1%,紫外线辐射量将增加2%,基细胞癌、鳞状细胞癌和非黑素皮肤癌的发病率将分别上升2.0%、3.5%和2.3%,白内障发病率将增加0.2%~1.6%,并且使人的免疫系统遭到破坏,降低对疾病的抵抗能力。还会使农作物减产、海洋生态平衡破坏,加速建筑、喷涂、包装和电线电缆材料,尤其是聚合物材料的降解和老化。

3.4.2 我国大气污染现状及危害

1. 大气污染现状

我国是世界上大气污染最严重的国家之一,特别是在工业、人口集中的城市,污染程度更为严重。1989年联合国环境规划署和世界卫生组织根据60个国家连续监测15年的总结报告中,列举了世界上 SO_2 含量最高的10个大城市中,我国就占据了3个:沈阳第二,西安第七,北京第九。2004年在全国监测的342个城市中,46 %的城市大气颗粒物劣于二级标准,25.7%的城市大气 SO_2 劣于二级标准,达标城市的人口占统计城市人口的33.1%,暴露未达标大气中的城市人口占统计城市人口的66.9%,出现酸雨的城市占统计城市的56.5%。

自我国改革开放以来,经济取得高速发展,但这种发展并未摆脱传统的高投入、高消耗、高污染的增长模式。由于工业生产技术落后,能源利用率低,使得我国的生产产品的能耗,远远高于发达国家水平。与世界相比,我国单位产值能耗比世界平均水平高2.4倍,是德国的4.97倍、日本的4.43倍、美国的2.1倍、印度的1.65倍。大气污染物排放强度仍然很高,NO_x 排放强度是日本的27.7倍、德国的16.6倍、美国的61倍;SO_2 排放强度是日本的68.7倍、德国的26.4倍、美国的60倍。

我国以燃煤为主,大气污染是以烟尘和 SO_2 为主的煤烟型污染。据估算,全国烟尘排放量的70%、SO_2 排放量的90%、NO_x 排放量的67%、CO_2 排放量的70% 都来自于煤炭燃烧。预测表明,我国国内生产总值每增加1%,废气排放量增长0.55%。2000年,全国工业废气排放总量 1.38×10^{10} m^3,其中燃料燃烧废气占59.3%,生产工艺废气占40.7%。工业废气的排放是我国大气污染的主要来源。2005年,全国烟尘排放量达到1 182万吨,比2001年增长11.6%,工业粉尘排放量达到911万吨,比2001年下降8%。2005年 SO_2 排放量达到2 549万吨,超过了环境容量的一倍以上,比2001年增加30.9%。据预测,到

2010年和2020年，我国煤炭需求总量将分别达到24.5亿吨和29亿吨，全国燃煤产生的SO_2将分别达到3 500多万吨和4 350多万吨，烟尘、粉尘的产生量也将大幅增加，这对环境造成了巨大压力。

综上所述可以看出，我国大气污染加剧的趋势尚未被有效控制，主要污染物的排放量在世界上名列前茅，大气污染状况十分严重。

2. 大气污染造成明显的危害

人为活动所造成的大气污染对人的健康形成很大威胁。毒气大量泄漏以及烟雾事件的发生对人体健康造成了急性危害，直接导致人的死亡和使人群健康受损。大气污染的加剧导致了呼吸系统疾病和癌症发病率的增高。

可吸入颗粒物PM_{10}及细颗粒物$PM_{2.5}$能够经呼吸进入支气管、肺部并产生沉积，引起支气管炎症、尤其是慢性阻塞性肺病；穿过肺泡而进入血液，是心血管疾病、肺心病的主要诱因之一；还是细菌、病毒、重金属和有机化合物等有毒有害成分的载体，具有致癌和促癌作用。SO_2生成酸雾，对人的眼结膜、鼻腔和呼吸道黏膜具有急性刺激作用，可引起支气管收缩、呼吸道阻力增加，进入肺部组织严重时可能引起肺部炎症和肺水肿。NO侵入呼吸道深部的细支气管和肺泡，生成亚硝酸、硝酸，腐蚀和刺激肺组织，可引起闭塞性细支气管炎和肺水肿，并且可能穿过肺泡进入血液，影响循环系统，NO也是形成光化学烟雾的重要物质。强氧化性的光化学烟雾可引起眼睛红肿、呼吸困难、头痛、胸闷气短等呼吸系统和心血管系统症状，对患有心脏病和肺部疾病的人群影响更为明显。

大气污染与呼吸、循环系统疾病关系最密切。自1990年以来这两类疾病死亡率一直高居城市居民死因排序前四位。2003年排在前四位的是恶性肿瘤、脑血管病、呼吸系统疾病和心脏病，死亡构成比分别占21.98%、18.15%、16.73%和16.43%，四项合计高达73.3%。

世界银行对中国环境污染的一项研究表明，1997年中国大气污染引起约17.8万人过早死亡，大气污染致病造成的工作日损失达740万/年。WHO对全球3 211个城市的研究表明，2000年全球室外空气可吸入颗粒物污染引起的早死人数约为79.9万人。

大气污染物对地球生物圈也造成了很大的危害。世界各地出现的大面积的酸雨，就是由于大气中SO_2和NO_x所引起的，造成了森林大面积的死亡和枯萎，土壤酸化，水体水质变酸，水生生物灭绝。此外，大气污染已对植物的生长产生了慢性危害，使生长萎缩，产量下降，品质变坏。

大气污染还对全球的环境造成很大影响，温室气体的过量排放，造成了温室效应的增强，使地球气候变暖，海平面升高；消耗臭氧层物质的排放，使臭氧层破坏，地面紫外辐照增强。这些都给人类的经济发展以及生命和财产带来严重的危害。

3.4.3 综合防治的对策与措施

1. 加强城镇规划,搞好环境功能分区

加强城镇总体规划和环境保护规划工作。在城乡规划及选择厂址时应充分分析、研究地形及气象条件对大气污染物扩散能力的影响,并综合考虑生产规模性质,回收利用技术及净化处理设备效率等因素,做出合理规划布局或调整不合理的工业布局。应合理进行功能分区,划分明确的功能类别,对不同的功能区要有各自明确的环境目标,按功能区进行总量控制,以最少的投入,获得最大的环境效益。

2. 减少污染排放,实行全过程控制

过去由于技术设备的落后、产业结构的不合理以及管理的不完善,大量的资源不是转化为产品,而是变为三废排入环境,这就导致了污染物排放量很大;另外,由于只是末端治理,解决不了全过程的污染排放问题,因此应实行全过程控制,以提高资源利用率和减少污染物的产生量与排放量。实行清洁生产(即源消减法)可体现两个全过程控制:一个是从原料到成品的全过程控制,即“清洁的原料、清洁的生产过程、清洁的产品”,另一个是从产品进入市场到使用价值丧失这个全过程控制。通过清洁生产,不但可以提高原料、能源利用率,还可通过原料控制,综合利用,净化处理手段,将污染消灭在生产过程中,有效地减少污染物的排放量。

3. 节约能源

节能是解决大气污染防治的核心问题,通过减少能源的消耗,可有效减少大气污染物的排放量。具体措施包括改善燃料结构,使用清洁能源,如发展城市煤气,选择含硫较少的煤炭作为民用燃料,发展与推广型煤等;应改造落后的燃烧方式、燃烧设备,提高燃烧的热效率;实行集中供热,既可有效地控制污染,又可改善供热效果等。

4. 污染源治理

这是防止大气污染的必不可少的措施,实践证明,即使是采用了源消减及综合利用措施,也无法避免废气的排放。通过末端净化治理,使污染源的排放达到规定的排放标准,对防治大气污染也是一个积极而有效的措施。

5. 合理利用大气的自净能力,增加烟囱高度

烟囱越高,烟气上升越强。又由于高空风速大,有利于污染物的扩散稀释,减少地面污染,同时可改善燃料燃烧状态。

6. 绿化

充分利用植物的净化功能。植物本身除有调节气候、吸尘、降噪的功能外，还吸收大气中的有害污染物，减少对人的危害，同时，绿化可以使大气的自净作用增强。如每公顷阔叶林，在生长季节每天可吸收近 1 000 kg 二氧化碳，释放 750 kg 氧气；每公顷森林每昼夜可滞留粉尘 32～68 吨；每千克柳杉叶（干重）每天可吸收二氧化硫 3 克。因此，有计划地植树造林，开展绿化的大气污染综合防治具有长效性能和多功能的保护措施。

7. 加强管理

我国的环境问题，在很大程度上是由于管理不善造成的，为了保证大气污染综合防治的各项措施能有效地实行，除必须有先进的科学技术手段作保证外，加强管理也是关键问题之一。加强环境管理应在政府统一领导下完善环境立法，引入经济控制手段，加强统一监督管理的职能，并由各行业主管部门各负其责，企业法人承担污染防治责任。

3.5 治理技术简介

3.5.1 颗粒污染物的治理技术

从废气中将颗粒物分离出来并加以捕集、回收的过程称为除尘。实现上述过程的设备装置称为除尘器。

1. 除尘装置的分类与除尘原理

依照除尘器除尘的主要机制可将其分为机械式除尘器、过滤式除尘器、湿式除尘器、静电除尘器等四类。

根据在除尘过程中是否使用水或其他液体可分为：湿式除尘器、干式除尘器。

近年来，为提高对微粒的捕集效率，还出现了综合几种除尘机制的新型除尘器。如声凝聚器、热凝聚器、高梯度磁分离器等，但目前大多仍处于试验阶段，还有些新型除尘器由于性能、经济效果等方面原因不能推广应用，因此本书仍以介绍常用除尘装置为主。

(1) 机械式除尘器

机械式除尘器是通过质量力的作用达到除尘目的的除尘装置。质量力包括重力、惯性力和离心力，主要除尘器形式为重力沉降室、惯性除尘器和旋风除尘器等。

① 重力沉降室除尘原理　重力沉降室是利用粉尘与气体的密度不同，使含尘气体中尘粒依靠自身的重力从气流中自然沉降下来，达到净化目的的一种装置。常见的重力沉降室有水平气流沉降室、单层重力沉降室和多层重力沉降室。图 3－12 即为重力沉降室的结构示意图，含尘气流通过横断面比管道大得多的沉降室时，流速大大降低，气流中大而重的尘粒，在随气流流出沉降室之前，由于重力的作用，缓慢下落至沉降室底部而被消除。

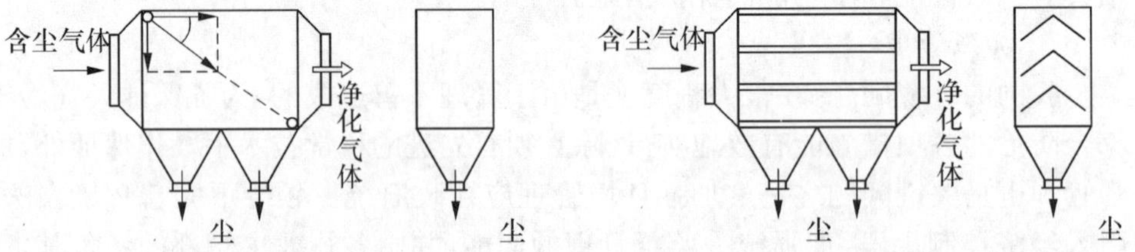

(a) 单层重力沉降室　　(b) 多层重力沉降室

图 3－12　重力沉降室示意图

重力沉降室是各种除尘器中最简单的一种，投资少、阻力损失小（一般为 50～130 Pa）、维护管理方便。但只能捕集粒径较大的尘粒，只对 50 μm 以上的尘粒具有较好的捕集作用，因此除尘效率低，只能作为初级除尘手段。

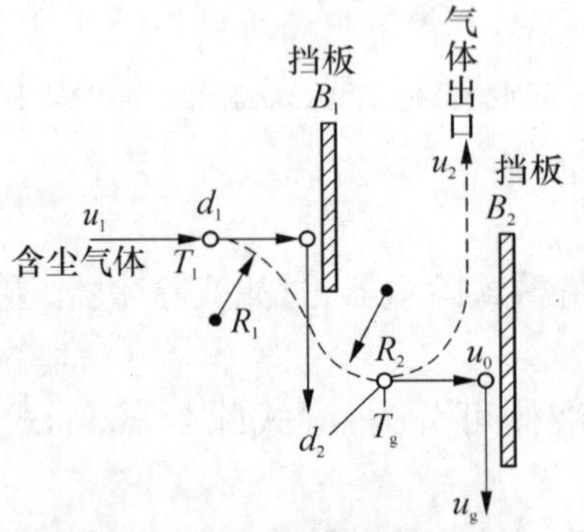

图 3－13　惯性除尘器除尘原理示意图

② 惯性除尘器的除尘原理　利用粉尘与气体在运动中的惯性力不同，使粉尘从气流中分离出来的方法称为惯性力除尘，常用方法是使含尘气流冲击在挡板上，气流方向发生急剧改变，气流中的尘粒惯性较大，不能随气流急剧转弯，便从气流中分离出来。

图 3－13 表示的是含尘气流冲击在挡板上时尘粒分离的机理，当含尘气流冲击到挡板 B_1 上时，气流方向发生改变，绕过挡板 B_1。气流中粒径较大的尘粒 d_1，由于惯性较大，不能随气流转弯，受自身重力作用落下，首先被分离出来。气流继续流动时受挡板 B_2 的阻挡，方向再次发生改变，被气流携带的较小尘粒 d_2 借助离心力的作用撞击在挡板上而落下。显然，惯性力除尘器除利用了惯性力作用外，还利用了离心力和重力的作用。

一般情况下，惯性除尘器中的气流速度越高，气流方向转变角愈大，气流转换方向次数愈多，则对粉尘的净化效率愈高，但压力损失也会愈大。

惯性除尘器适于非黏性，非纤维粉尘的去除，设备结构简单，阻力较小，但其分离效率较低，约为50%～70%。只能捕集10～20 μm以上的粗尘粒，故只能用于多级除尘中的第一级除尘。

③ 离心式除尘器的工作原理　使含尘气流沿某一定方向作连续的旋转运动，粒子在随气流旋转中获得离心力，使粒子从气流中分离出来的装置为离心式除尘器，也称为旋风除尘器。旋风除尘器具有结构简单、体积小、造价低、维护管理方便、耐高温等优点。

图3-14为旋风除尘器的结构示意图，普通旋风除尘器是由进气管、排气管、圆筒体、圆锥体和灰斗组成。利用图3-14中所示的气流流动状况，可以说明旋风除尘器的除尘原理。

在机械式除尘器中，离心力除尘器是效率最高的一种。它适用于非黏性及非纤维性粉尘的去除，对大于5 μm以上的颗粒具有较高的去除效率，属于中效除尘器，且可用于高温烟气的净化，因此是应用广泛的一种除尘器。它多应用于锅炉烟气除尘、多级除尘及预除尘，它的主要缺点是对细小尘粒(<5 μm)的去除效率较低。

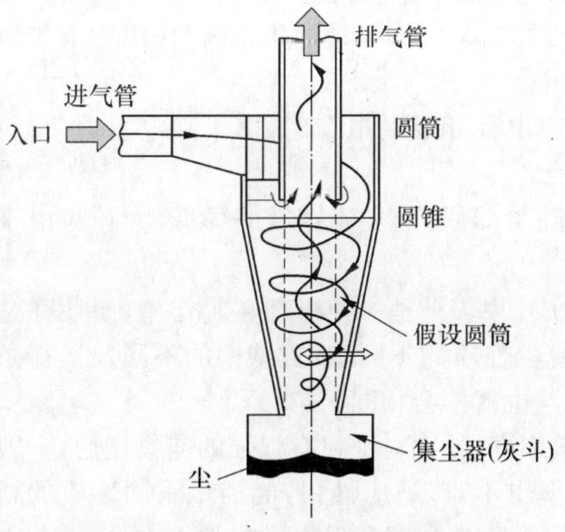

图3-14　旋风除尘器工作原理示意图

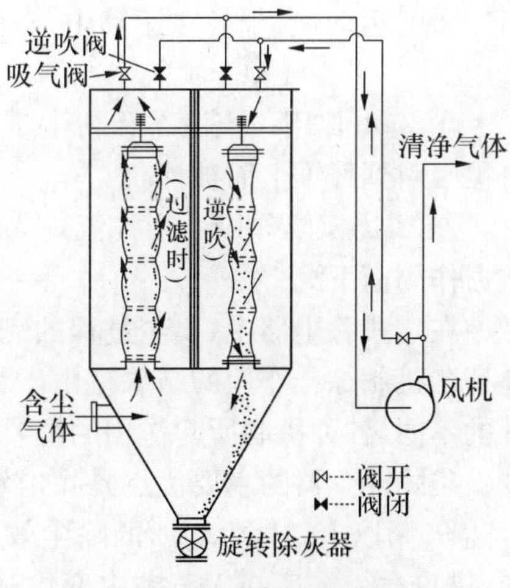

图3-15　逆气流吹风清灰袋式除尘器工作示意图

(2) 过滤式除尘器的滤尘原理

过滤式除尘是使含尘气体通过多孔滤料，把气体中的尘粒截留下来，使气体得到净化的方法。按滤尘方式有内部过滤与外部过滤之分。内部过滤是把松散多孔的滤料填充在框架内作为过滤层，尘粒是在滤层内部被捕集，如颗粒层过滤器就属于这类过滤器。外部过滤是用纤维织物、滤纸等作为滤料，通过滤料的表面捕集尘粒，故称为外部过滤。这种除尘方式的最典型的装置是袋式除尘器，它是过滤式除尘器中应用最广泛的一种，如图 3-15 所示。

用棉、毛、有机纤维、无机纤维的纱线织成滤布，用此滤布做成的滤袋是袋式除尘器中最主要的滤尘部件，滤袋的捕尘是通过以下的机制完成的。

① 筛分作用　由于滤料是由经纬线纺织而成，因此当尘粒粒径大于经纬线间孔隙时，会被滤料拦截，从气流中筛分出来；由于粉尘在滤料上沉积后，堵塞了纤维间的孔眼，使允许通过的粉尘粒径变小，筛分作用加强。这种由于最初的粉尘沉积而形成的粉尘层称为粉尘初层，实际上，含尘气体的筛分过滤主要依靠粉尘层进行，粉尘层的存在是保证高除尘效率的关键因素。随着粉尘层的增厚，除尘效率不断提高，但气流通过阻力也不断加大，当粉尘积累到一定厚度后，要进行清灰，以减少通过阻力。

② 惯性碰撞作用　由于纤维间的孔隙远大于粉尘的粒径，因此单纯依靠织物的孔隙截留粉尘粒子的效率很低。但当含尘气流绕流流过滤料纤维时，气流中的尘粒可以由于惯性作用碰撞到纤维上而被捕集。

③ 扩散作用　气流中粒径小于 1 μm 的小尘粒，会由于气流分子的热运动而作布朗运动，当尘粒在运动中与纤维接触时，即可被捕集，这种作用称为扩散作用。

④ 静电作用　当滤布和粉尘带有电性相反的电荷时，由于静电引力，尘粒可被吸引到纤维上而被捕获。

⑤ 重力沉降作用　当气流进入除尘器后，因气流速度的降低，大颗粒由于重力作用而下沉。

在袋式除尘器中，集尘过程的完成，并非只是一种机理在起作用，而往往是上述各机制综合作用的结果。由于粉尘性质的不同，装置结构的不同及运行条件的不同，各种机制所起作用的重要性也就不会相同。

袋式除尘器的主要优点是除尘效率高，特别对细粉有很强的捕集作用，一般可达 90%以上，达到 99%的除尘效率也不难；适应性强，能捕集不同性质的粉尘，进口含尘浓度在大范围内变化时，对除尘效率和阻力影响都不大；风量范围大，可由每小时数百立方米到每小时数百万立方米；便于回收干料，不存在水污染治理和泥浆处理问题。袋式除尘器不适于处理含油、含水胶黏结性粉尘，烟气温度不能低于露点，否则会产生结露，堵塞滤袋；耐温和耐腐蚀性能与滤料有关，目前常用的滤料(如涤纶绒布)一般适用于 120～130℃范围，而玻璃纤维等滤料可耐 250℃左右。

(3) 湿式除尘原理

湿式除尘也称为洗涤除尘，该方法是用液体(一般为水)洗涤含尘气体，使尘粒与液膜、液滴或气泡碰撞而被吸附，凝集变大，尘粒随液体排出，气体得到净化。

湿式除尘原理可以有效地去除气流中直径在 0.1～20μm 的液滴或固体颗粒，由于洗涤液对多种气态污染物具有吸收作用，因此还能同时脱除气体中的气态有害物质，对高温气体还能起到降温作用，这是其他类型除尘器所无法做到的，某些洗涤器也可以单独充当吸收器使用。

湿式除尘器主要通过以下作用捕获尘粒。

① 惯性碰撞　气流在流动中碰到液滴，会改变方向，绕过液滴流动，但尘粒由于惯性仍会保持原有的运动方向，当与液滴撞击时，会被液滴捕获。

② 扩散作用　细小的尘粒，受气流分子热运动的影响，也作着不规则的运动，在运动中当尘粒与液滴等接触即被捕获。

③ 凝聚作用　烟气中的水分和一些气态有机物，常在温度降低时凝结在尘粒表面，增湿后的尘粒会互相凝聚成大粒子，被液滴、液膜等捕集。

④ 黏附　含尘气流中的尘粒，与液滴、液膜等接触会直接被黏附。

在工程上使用的湿式除尘器类型很多，总体上可分为低能和高能两类。低能湿式除尘器的压力损失为 200～1 500 Pa，包括喷淋塔和旋风洗涤器等，在一般运行条件下的耗水量（液气比）为 0.5～3.0 L/m^3，对 10 μm 以上颗粒的净化效率可达 90%～95%；高能湿式除尘器的压力损失为 2 500～9 000Pa，净化效率可达 99.5%以上，如文丘里洗涤器等。图 3－16 即为喷淋洗涤装置的示意图。

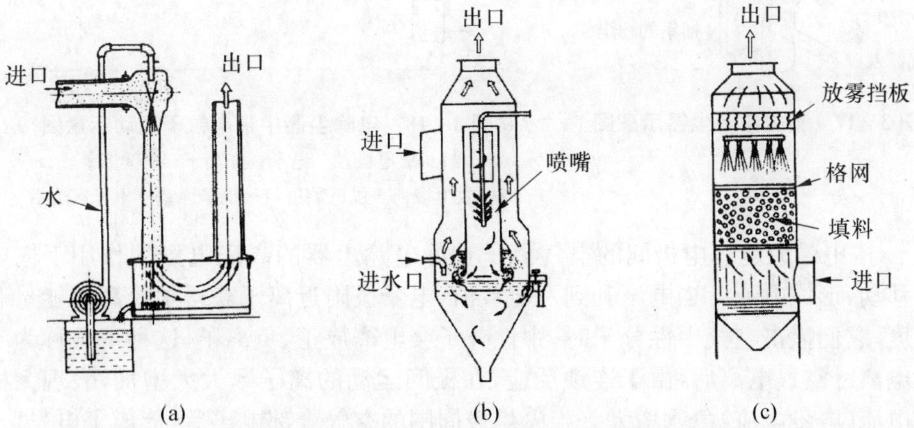

图 3－16　喷淋式浸式除尘器

(a)喷射式除尘器；(b)湿式旋风除尘器；(c)填料塔

湿式除尘器结构简单、造价低、占地面积小、操作维修方便、除尘效率高，适宜于净化非纤维性和不与水发生化学作用的各种粉尘，在处理高温、易燃、易爆气体时安全性好，在除尘的同时还可去除气体中的有害物。湿式除尘器的不足是用水量大，易产生腐蚀性液体，产生的废液或泥浆需进行处理，并可能造成二次污染。在寒冷地区和季节，易结冰。

(4) 静电除尘原理

静电除尘是利用高压电场产生的静电力(库仑力)的作用实现固体粒子或液体粒子与气流分离的方法。

常用除尘器有管式与板式两大类型，由放电电极与集尘极组成，图 3-17 即为管式电除尘器的示意图。图 3-17 所示的放电电极为用一重锤绷直的细金属线，与直流高压电源相接；金属圆管的管壁为集尘极，与地相接。含尘气体进入除尘器后，通过以下三个阶段实现尘气分离。

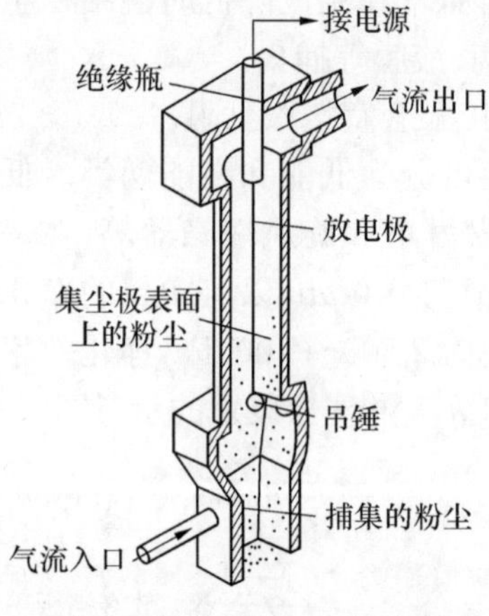

图 3-17 管式电除尘器示意图

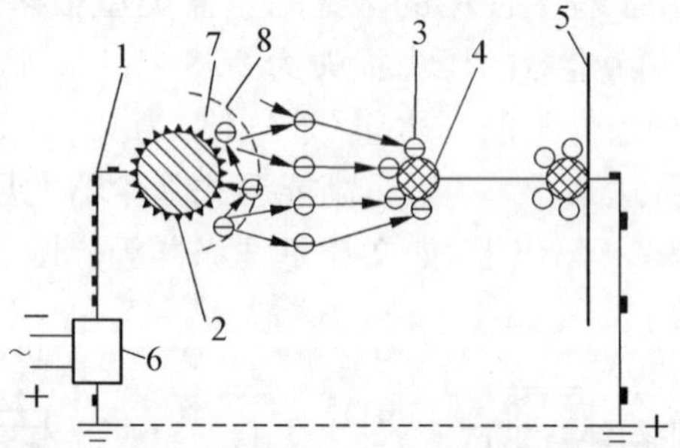

图 3-18 电除尘器中带电粒子运动示意图

1—放电极；2—电子；3—离子；4—尘粒；5—收尘极；6—供电装置；7—电晕区；8—电晕区边沿

① 电晕放电　电极间的空气离子在静电除尘器的高压电场的作用下向电极移动，形成电流。当电压升到一定数值，电晕极附近离子获得了较高的能量和速度，它们撞击空气中性分子时，中性分子会电离成正、负离子，这种现象称为空气电离。空气电离后，由于连锁反应，在极间运动的离子数大大增加，表现为极间电流(电晕电流)急剧增大。当电晕极周围的空气全部电离后，形成了电晕区，此时在电晕极周围可以看见一圈蓝色的光环，这个光环称为电晕放电。如果在电晕极上加的是负电压，则产生的是负电晕；反之，则产生正电晕。工业用的电除尘器采用稳定性强的负电晕极，空气调节的小型电除尘器采用臭氧产生量少的正电晕极。

② 粒子荷电　在放电电极附近的气体中的电晕区内，正离子立即被电晕极表面吸引而失去电荷；自由电子和负离子则因电场力的驱使和扩散作用，向集尘电极迁移。在迁移过程中，中性气体分子很容易捕获这些电子或阴离子形成负气体离子，当这些带负电荷的粒子与气流中的尘粒相撞并附着其上时，就使尘粒带上了负电荷，实现了粉尘粒子的荷电。

③ 粒子沉降　荷电粉尘在电场中受库仑力的作用被驱往集尘极，经过一定时间到达集尘极表面，尘粒上的电荷便与集尘极上的电荷中和，尘粒放出电荷后沉积在集尘极表面。

④ 粒子清除　集尘极表面上的粉尘沉积到一定厚度时，用机械振打等方法，使其脱离集尘极表面，沉落到灰斗中。

图 3－18 即为说明上述过程的电除尘器的除尘原理图。

电除尘器是一种高效除尘器，与其他类型除尘器相比，主要优点是：①除尘性能好（对细微粉尘及雾状液滴捕集性能优异）；②除尘效率高（除尘效率最高可达 99.99%，对于<0.1 μm的粉尘粒子，仍有较高的去除效率）；③处理气体量大（每台设备每小时可处理 105～106 m^3 的烟气）；④适用范围广（可以用于高温、高压的场合，能连续运行，并可完全实现自动化）；⑤能耗低（压力损失一般为 200～500 Pa），运行费用少。因此电除尘器被广泛用于工业除尘。电除尘器的主要缺点是设备庞大，占地面积大，一次性投资费用高，并且不适宜直接净化高浓度含尘气体。

2. 除尘装置的性能比较与选用原则

各种除尘装置的实用性能比较见表 3－4。除尘器的整体性能主要是用三个技术指标（处理气体量、压力损失、除尘效率）和三个经济指标（一次投资、运转管理费用、占地面积及使用寿命）来衡量。

表 3－4　各种除尘装置实用性能比较

类　型	处理的粒度/μm	压力降/Pa	除尘效率/%	设备费用	运转费用
重力除尘	>50	50～130	40～60	小	小
惯性力除尘	20～50	300～800	50～70	小	小
离心力除尘	5～15	800～1 500	85～95	小	中
湿式文丘里除尘	0.1～1.0	4 000～10 000	90～98	小	大
袋式过滤除尘	0.1～1.0	1 000～1 500	95～99	大	中以上
电除尘	0.05～1.0	50～130	90～99.9	中以上	小～大

在评价及选择除尘器时，应根据所要处理气体的颗粒特性、运动条件、标准

要求等，进行技术、经济的全面考虑。理想的除尘器在技术上应满足工艺生产和环境保护的要求，同时在经济上要合理、合算。在选用除尘器时，可按如下顺序考虑各项因素：

(1) 需达到的除尘效率；

(2) 设备运行条件，其中包括含尘气体的性质(温度、压力、黏度等)、颗粒特性(粒度分布、毒性、黏性、吸湿性、电性、可燃性等)以及供水与污水处理的条件；

(3) 经济性主要包括设备、安装、运行和维护的费用及粉尘回收后的价值等；

(4) 占地面积及空间的大小；

(5) 设备操作要求及使用寿命；

(6) 其他因素，如处理有毒、易燃物的安全措施等。

3.5.2 低浓度 SO_2 废气的治理

SO_2 污染的控制方法主要有：采用低硫燃料和清洁替代能源、燃料脱硫、燃烧过程脱硫和烟气脱硫。重金属冶炼厂、硫酸厂等工业尾气中 SO_2 的浓度通常在 2%～40%之间的高浓度，一般采用接触法回收烟气中 SO_2 制硫酸。这里主要介绍低浓度 SO_2 烟气脱硫技术 FGD(Flue Gas Desulfurization)。

目前常用的脱除 SO_2 的方法有抛弃法和回收法两种。抛弃法是将脱硫的生成物作为固体废物抛掉，方法简单、费用低廉，并且同时用于除尘。回收法是将 SO_2 转变成有用的物质回收，成本高，所得副产品存在着应用及销路问题，而且通常需在脱硫系统前配套高效除尘系统。在我国，从国情的长远观点考虑，应以回收法为主。

烟气脱硫方法按脱硫剂是液态还是固态分为湿法和干法两种。湿法脱硫采用液体吸收剂洗涤 SO_2 烟气中的 SO_2，湿法工艺包括氨法、石灰石/石灰法、双碱法、氧化镁法、柠檬酸盐法、钠碱法、海水法等。湿法工艺所用设备简单，操作容易，脱硫效益高，但脱硫后烟气温度较低，不利于烟气的排放扩散。干法脱硫采用固体吸收剂、吸附剂或催化剂除去废气中的 SO_2，干法脱硫工艺包括活性炭法、氧化法、炉内喷钙法、电子束法、非平衡等离子体法、石灰石炉内喷射和钙活化脱硫技术以及金属氧化物吸收法等。干法的优点是脱硫过程无废水、废酸排出，不造成二次污染，并且节水；缺点是效率低，设备庞大。

本节简单介绍氨法、石灰石/石灰法、活性炭法和钠碱法脱硫工艺。

1. 氨法

湿氨法工艺和其他湿法脱硫工艺相比具有特殊的优点，因其碱性强于钙基吸收剂，反应速度快，吸收剂利用率高，脱硫率可达 90%～99%，吸收设备体积可大大减小，并能提供化学肥料硫铵作为含硫和氮的尤其适合于高碱性土壤的农用化肥，还能脱除除 SO_2 外的其他酸性气体（如 SO_3 和 HCl），是一种具有前途的脱除高硫煤 SO_2 烟气的方法。国外于 20 世纪 70 年代初成功开发出湿氨法脱硫工艺，90 年代以后逐渐扩大其应用范围。

用氨水作吸收剂吸收废气中的 SO_2，由于氨易挥发，实际上此法是用氨水与 SO_2 反应后生成的亚硫铵水溶液作为吸收 SO_2 的吸收剂，主要反应如下：

$$(NH_4)_2SO_3 + SO_2 + H_2O \longrightarrow 2NH_4HSO_3 \qquad (3-19)$$

通入氨后的再生反应：

$$NH_4HSO_3 + NH_3 \longrightarrow (NH_4)_2SO_3 \qquad (3-20)$$

对吸收后的混合液用不同方法处理可得到不同的副产物。

若用浓硫酸或浓硝酸等对吸收液进行酸解，所得到的副产物为高浓度 SO_2、$(NH_4)_2SO_4$ 或 NH_4NO_3，该法称为氨-酸法。

若用 NH_3、NH_4HCO_3 等将吸收液中的 NH_4HSO_3 中和为 $(NH_4)_2SO_3$ 后，经分离可副产结晶的 $(NH_4)_2SO_3$，此法不消耗酸称为氨-亚铵法。

若将吸收液用 NH_3 中和，使吸收液中的 NH_4HSO_3 全部变为 $(NH_4)_2SO_3$，再用空气对 $(NH_4)_2SO_3$ 进行氧化，则可得副产品 $(NH_4)_2SO_4$，该法称为氨-硫铵法。

氨法工艺成熟，流程、设备简单、操作方便，副产的 SO_2 可生产液态 SO_2 或硫酸。硫铵可作化肥，尤其我国是一个人口、粮食和化肥大国，化肥生产对硫的需求（SO_2）为 2 000 万吨/年，因此采用氨-硫铵法脱硫，既可治理 SO_2 废气污染，又可合理利用资源，在我国具有广阔的应用前景。

2. 钠碱法

本法是用氢氧化钠或碳酸钠的水溶液作为开始吸收剂，与 SO_2 反应生成的 Na_2SO_3 继续吸收 SO_2，主要吸收反应为：

$$NaOH + SO_2 \longrightarrow NaHSO_3 \qquad (3-21)$$

$$2NaOH + SO_2 \longrightarrow Na_2SO_3 + H_2O \qquad (3-22)$$

$$Na_2SO_3 + SO_2 + H_2O \longrightarrow 2NaHSO_3 \qquad (3-23)$$

生成的吸收液为 Na_2SO_3 和 $NaHSO_3$ 的混合液。用不同的方法处理吸收液，可得不同的副产物。

将吸收液中的 $NaHSO_3$ 用 NaOH 中和，得到 Na_2SO_3。由于 Na_2SO_3 溶解度较 $NaHSO_3$ 低，它则从溶液中结晶出来，经分离可得副产物 Na_2SO_3。析出结晶后的母液作为吸收剂循环使用。该法称为亚硫酸钠法。

若将吸收液中的 $NaHSO_3$ 加热再生,可得到高浓度 SO_2 作为副产物。而得到的 Na_2SO_3 结晶经分离溶解后返回吸收系统循环使用。此法称为亚硫酸钠循环法或威尔曼洛德钠法。

钠碱吸收剂吸收能力大,不易挥发,使吸收系统不存在结垢、堵塞等问题。亚硫酸钠法工艺成熟、简单,吸收效率高,所得副产品纯度高,但耗碱量大,成本高,因此只适于中小气量烟气的治理。而亚硫酸钠循环法可处理大气量烟气,吸收效率可达 90%以上。

3. *石灰石/石灰法*

石灰石/石灰是最早使用的烟气脱硫剂之一,因石灰石价廉易得,目前用作 FGD 的脱硫剂仍然以石灰石为主,占脱硫市场 80%左右的份额。钙法脱硫主要有干法、湿法、半干法三种脱硫方式。

(1) 湿式石灰石-石膏法烟气脱硫技术

湿式石灰石-石膏法烟气脱硫是用含石灰石的浆液洗涤烟气,以中和(脱除)烟气中的 SO_2,形成的产物为石膏。其特点是 SO_2 的脱除率高,效率可达 90%以上,能适应大气量、高浓度 SO_2 烟气的脱硫。湿式石灰石-石膏法脱硫反应的机理如下。

① 气相 $SO_2(g)$ 溶解在水中生成 $SO_2(aq)$,并进一步反应:

$$SO_2(g) \longrightarrow SO_2(aq) \tag{3-24}$$

$$SO_2(aq) + H_2O \longrightarrow H_2SO_3 \tag{3-25}$$

$$H_2SO_3 \longrightarrow H^+ + HSO_3^- \tag{3-26}$$

$$HSO_3^- \longrightarrow H^+ + SO_3^{2-} \tag{3-27}$$

② 产生的 H^+ 促进了 $CaCO_3$ 的溶解,生成 Ca^{2+} 离子:

$$H^+ + CaCO_3 \longrightarrow Ca^{2+} + HCO_3^- \tag{3-28}$$

③ Ca^{2+} 与 SO_3^{2-} 或 HSO_3^- 结合,生成 $CaSO_3$:

$$Ca^{2+} + HSO_3^- + 2H_2O \longrightarrow CaSO_3 \cdot 2H_2O + H^+ \tag{3-29}$$

$$Ca^{2+} + SO_3^{2-} + 2H_2O \longrightarrow CaSO_3 \cdot 2H_2O \tag{3-30}$$

$$H^+ + HCO_3^- \longrightarrow H_2CO_3 \tag{3-31}$$

$$H_2CO_3 \longrightarrow CO_2 + H_2O \tag{3-32}$$

由上述反应机理可见,在 $CaCO_3$ 脱硫系统中,Ca^{2+} 离子的产生和 H^+ 浓度

以及 $CaCO_3$ 的存在有关。美国环保局的实验结果表明，$CaCO_3$ 脱硫的最佳 pH 值为 5.8～6.2。

用石灰石作脱硫吸收剂必须考虑其纯度和活性，脱硫反应的活性主要取决于石灰石粉的粒度和颗粒的比表面积。一般要求石灰石粉 90%通过 325 目筛(44 μm)或 250 目筛(63 μm)，并且 $CaCO_3$ 大于 90%，用含石灰石质量百分数 10%～15%的浆液吸收 SO_2。

吸收液中存在的 $CaSO_3$ 可通过鼓入空气进行强制氧化转化为石膏。

该法所用吸收剂价廉易得，吸收效率高，回收的产物石膏可用作建筑材料，因此成为目前吸收脱硫应用最多的方法，美国、日本 90%的燃煤电厂采用这种技术。该法存在的最主要问题是吸收系统容易结垢、堵塞；另外，由于石灰乳循环量大，使设备体积增大，操作费用增高；水的消耗量大，投资费用占燃煤电厂总费用的 14%～20%。

(2) 喷雾干燥法(Spray Dry Absorption)

喷雾干燥法是将吸收剂石灰浆 $Ca(OH)_2$ 以雾状喷入反应塔内，雾滴在与烟气中 SO_2 进行中和反应的同时被蒸发，生成固体亚硫酸钙和灰的混合物并由静电除尘器捕集。整个过程的主要反应式如下：

$$SO_2(l) + H_2O \longrightarrow H^+ + HSO_3^- \quad (3-33)$$

$$HSO_3^- \longrightarrow H^+ + SO_3^{2-} \quad (3-34)$$

$$Ca^{2+} + SO_3^{2-} \longrightarrow CaSO_3 \quad (3-35)$$

$$CaSO_3 + 0.5\,O_2 \longrightarrow CaSO_4 \quad (3-36)$$

$$CaO + H_2O \longrightarrow Ca(OH)_2 \quad (3-37)$$

$$SO_2 + Ca(OH)_2 + H_2O \longrightarrow CaSO_3 \cdot 0.5\,H_2O + 1.5\,H_2O \quad (3-38)$$

$$CaSO_3 \cdot 0.5\,H_2O + 1.5\,H_2O + O_2 \longrightarrow CaSO_4 \cdot 2H_2O \quad (3-39)$$

上述反应在气-液界面间完成，整个过程的速率由气膜传质控制。当钙硫比(Ca/S)为 1.2～1.5 时能达到 70%的脱硫效率。由于该法使用的吸收剂是湿态的，而副产物是干态的，又被称为半干法。

(3) 石灰石炉内喷射和钙活化脱硫技术

石灰石炉内喷射和钙活化脱硫工艺是将石灰石粉($CaCO_3$ 含量大于 92%，80%的粒度为 42 μm)用气力喷射到锅炉炉膛上部温度为 900～1 250℃的区域，发生 $CaCO_3$ 分解和脱硫反应，未反应的吸收剂再与烟气一起进入位于锅炉后面的增湿活化器，通过喷水使吸收剂活化(生成 $Ca(OH)_2$)，达到进一步脱硫的目的。该工艺包括炉内喷钙和炉后增湿活化两个阶段，发生的主要反应如下。

炉内喷钙阶段：

$$CaCO_3 \longrightarrow CaO + CO_2 \quad (3-40)$$

$$CaO + SO_2 + 0.5\,O_2 \longrightarrow CaSO_4 \quad (3-41)$$

$$CaO + SO_3 \longrightarrow CaSO_4 \quad (3-42)$$

炉后增湿活化阶段：

$$CaO + H_2O \longrightarrow Ca(OH)_2 \quad (3-43)$$

$$SO_2 + Ca(OH)_2 \longrightarrow CaSO_3 + H_2O \quad (3-44)$$

$$CaSO_3 + 0.5\,O_2 \longrightarrow CaSO_4 \quad (3-45)$$

该法是一种干法脱硫工艺，当钙硫比(Ca/S)为 2∶1～2.5∶1 时，系统的脱硫效率可达 75%以上，利用增湿后的脱硫灰再循环使用，脱硫效率有可能达到 90%。

4. 活性炭法

在有氧及水蒸气存在的条件下，用活性炭吸附 SO_2，不仅存在物理吸附，而且存在化学吸附。由于活性炭表面具有催化作用，使吸附的 SO_2 被烟气中的 O_2 氧化为 SO_3，SO_3 再和水蒸气反应生成硫酸。生成的硫酸可用水洗涤下来；或用加热的方法使其分解，生成浓度高的 SO_2，可用于制造硫酸。

物理吸附：

$$SO_2 \longrightarrow SO_2^* \quad (3-46)$$

$$O_2 \longrightarrow O_2^* \quad (3-47)$$

$$H_2O \longrightarrow H_2O^* \quad (3-48)$$

化学吸附：

$$2SO_2^* + O_2^* \longrightarrow 2SO_3^* \quad (3-49)$$

$$SO_3^* + H_2O \longrightarrow H_2SO_4^* \quad (3-50)$$

$$H_2SO_4^* + nH_2O \longrightarrow H_2SO_4 \cdot nH_2O \quad (3-51)$$

总反应：

$$SO_2 + H_2O + 1/2\,O_2 \longrightarrow H_2SO_4 \quad (3-52)$$

活性炭吸附法，虽然不消耗酸、碱等原料，过程简单，又无污水排出，但由于活性炭吸附容量有限,因此对吸附剂要不断再生,操作麻烦。另外为保证吸附率,烟气通过吸附装置的速度不宜过大(一般为 0.3~1.2 m/s)。当处理气量大时,吸附装置体积必须大才能满足要求,因而不适于大气量烟气的处理,而所得副产物硫酸浓度较低,需进行浓缩才能应用,以上这些限制了该法的普遍应用。

3.5.3 氮氧化物的控制

氮氧化物包括 N_2O、NO、N_2O_2、N_2O_3、NO_2、N_2O_4 和 N_2O_5 等,其中对大气产生污染的主要是 NO 和 NO_2,N_2O 也是大气尤其是高层大气的主要污染物之一。在大气中约有3×10^{-10} L·L^{-1}的 N_2O,(1~1.5)$\times10^{-9}$ L·L^{-1}的 NO 和 NO_2,大气中 95%以上的 NO_x 为 NO,NO_2 只占很少量,烟道气中 90%以上的 NO_x 也是 NO。

固定 NO_x 污染源治理方法主要有三种:(1)低氮燃烧;(2)燃料脱氮;(3)废气脱硝。低氮燃烧是通过改进燃烧方式来降低 NO_x 的排放,是一种一级污染预防措施,作为一种简便易行且有效的方法受到了广泛的重视,但缺点是一些控制燃烧过程的技术往往降低热效率,不完全燃烧,导致损失增加,设备规模也随之增大,而且 NO_x 的减少率却有限。燃料脱氮技术不很成熟,有待继续研究。

废气脱硝是目前最重要的 NO_x 治理方法。但 NO_x 的去除相当困难,主要原因是烟道气中 NO_x 的主要成分是浓度为 10^{-6}级的 NO,而 NO 相对来说比较稳定,并且烟道气中还含有浓度高于 NO 的水蒸气、CO_2 和 SO_2。经过多年的研究,国内外研究开发了各种各样的脱硝方法,如表 3-5 所示。本章仅对非选择性催化还原法、选择性还原法和部分吸收法作一个简单的介绍。

表 3-5 排烟脱硝方法分类表

干法	湿法
催化还原法{选择性催化还原法; 非选择性催化还原法}	碱吸收法
	酸吸收法
非催化还原法	生成络盐吸收法
催化分解法	氧化吸收法
吸收法	液相还原法
吸附法	
电子射线照射法	

1. 非选择性催化还原法

非选择性催化还原法是用铂作为催化剂,以氢或甲烷等还原性气体作为还原剂，将烟气中的 NO_x 还原成 N_2，所谓非选择性还原法是指反应时的温度条件，不仅仅控制在只让烟气中的 NO_x 还原成 N_2，而且在反应过程中，还能有一定量的还原剂与烟气中的过剩氧作用，加入甲烷为还原剂时，其主要反应有：

$$4NO + CH_4 \longrightarrow 2N_2 + CO_2 + 2H_2O \tag{3-53}$$

$$4NO_2 + CH_4 \longrightarrow 4NO + CO_2 + 2H_2O \tag{3-54}$$

$$CH_4 + 2O_2 \longrightarrow CO_2 + 2H_2O \tag{3-55}$$

上述三个反应的速度次序是：式(3-54)>式(3-55)>式(3-53)。由此可见，只有当排气中的氧完全耗尽后才能开始 NO 的还原反应。

本法的关键是控制烟气中过剩氧的含量。过剩氧的含量高，CH_4 在未与 NO_2 反应完全之前本身氧化就要多消耗还原剂，产生热量也增多。式(3-55)的反应放热量很大，催化剂层的温度难以控制，此法很难适用于高氧含量烟气的治理。

该法所用的催化剂除用 Pt 等贵金属外，还可使用 Co、Ni、Cu、Cr、Mn 等金属氧化物。

2. 选择性还原法

(1) 选择性催化还原法(Selective Catalytic Reduction)

选择性催化还原法以氨为还原剂，在最适宜的温度范围进行脱氮反应，反应温度与催化剂、还原剂类型、容积速度等有关。

NO_x 在催化剂存在下可被氨还原，其反应如下：

$$4NO + 4NH_3 + O_2 \longrightarrow 4N_2 + 6H_2O \tag{3-56}$$

$$6NO + 4NH_3 \longrightarrow 5N_2 + 6H_2O \tag{3-57}$$

$$6NO_2 + 8NH_3 \longrightarrow 7N_2 + 12H_2O \tag{3-58}$$

SCR 的催化剂目前有三种：贵金属催化剂、金属氧化物催化剂和沸石催化剂。它们各有特点，都有一定程度的应用。在各种金属氧化物催化剂中，以 V_2O_5 为活性物质、WO_3 或 MoO_3 为助剂、TiO_2 为载体的催化剂优势较大，应用较为广泛。以 $V_2O_5-WO_3/TiO_2$ 作催化剂时，式(3-56)的反应在 250～450℃(最好 350～400℃)、过量氧存在下能迅速进行。“选择性”是指氨选择性地与 NO_x 反应而不是被氧气氧化成 N_2、N_2O 或 NO，一氧化碳、烃等其他的还原剂没有发现有这样的性质，因此是氨所特有的。

20 世纪 50 年代末，Engelhard 公司申请了 SCR 反应的催化剂专利；70 年代日本率先实现了 SCR 技术工业化；80 年代中期德国引进了 SCR 技术；90 年代美国也加快了 SCR 技术的推广。氨选择性催化还原法是目前唯一能在高含氧气氛下脱除 NO 的实用方法。

(2) 选择性非催化还原法(Selective Non-Catalytic Reduction)

在 900～1 100℃温度范围内，在无催化剂的作用下，氨或尿素等氨基还原剂可选择性地把烟气中的 NO_x 还原为 N_2 和 H_2O，基本上不与烟气中的氧气作用，据此发展了选择性非催化还原法(SNCR)。其主要反应为：

氨(NH_3)为还原剂时

$$4NH_3 + 6NO \longrightarrow 5N_2 + 6H_2O \tag{3-59}$$

尿素($(NH_2)_2CO$)为还原剂时

$$(NH_2)_2CO \longrightarrow 2NH_2 + CO \tag{3-60}$$

$$NH_2 + NO \longrightarrow N_2 + H_2O \tag{3-61}$$

$$2CO + 2NO \longrightarrow N_2 + 2CO_2 \tag{3-62}$$

实验表明，当温度超过 1 100℃时，NH_3 会被氧化成 NO，反而造成 NO 排放浓度增大。其反应为：

$$4NH_3 + 5O_2 \longrightarrow 4NO + 6H_2O \tag{3-63}$$

而温度低于 900℃时，反应不完全，氨逃逸率高，造成新的污染。可见温度过高或过低都不利于对污染物排放的控制。适宜的温度区间被称作温度窗口，所以，在 SNCR 法的应用中温度窗口的选择是至关重要的。

选择性非催化还原法(SNCR)是一项成熟的技术，在火力发电行业是仅次于 SCR 而被广泛应用的脱硝工艺，具有建设周期短、投资少等优点。1974 年在日本首次投入商业应用，到目前为止，全世界大约有 300 套 SNCR 装置应用于电站锅炉、工业锅炉、市政垃圾焚烧炉和其他燃烧装置。但 SNCR 的 NO 脱除效率低($<50\%$)，而氨的逃逸却较高($>1\times10^{-5}$)，所以目前国外大型电站锅炉单独使用 SNCR 的不多，绝大部分是 SNCR 技术和其他脱硝技术的联合应用。

3. 吸收法

按其所使用的吸收剂不同分为碱液吸收法、熔融盐吸收法、硫酸吸收法等。

(1) 碱液吸收法

该法也可同时去除烟气中的 SO_2。当烟气中 $NO/NO_2=1$ 时，碱液的吸收速度比只有 1%的 NO 时大约快 10 倍。通常采用 30%NaOH 溶液或 10%～15%的碳酸钠溶液作为吸收液，其主要反应为：

$$2MOH + N_2O_3(NO + NO_2) \longrightarrow 2MNO_2 + H_2O \tag{3-64}$$

$$2MOH + 2NO_2 \longrightarrow MNO_2 + MNO_3 + H_2O \qquad (3-65)$$

式中，M 代表 Na^+、K^+、NH_4^+、Ca^{2+}等。

(2) 熔融盐吸收法

以熔融状态的碱金属或碱土金属盐类吸收烟气中的 NO_x 的方法，此法也可同时去除烟气中的 SO_2，其主要反应为：

$$M_2CO_3 + 2NO_2 \longrightarrow MNO_2 + MNO_3 + CO_2 \qquad (3-66)$$

$$2MOH + 4NO \longrightarrow N_2O + 2MNO_2 + H_2O \qquad (3-67)$$

$$4MOH + 6NO \longrightarrow N_2 + 4MNO_2 + 2H_2O \qquad (3-68)$$

式中，M 代表 Li^+、Na^+、K^+、Rb^+、Cs^+、Sr^{2+}、Ba^{2+}等。

(3) 硫酸吸收法

该法可同时去除烟气中 SO_2，基本反应与铅室制硫酸相似。其主要反应为：

$$SO_2 + NO_2 + H_2O \longrightarrow H_2SO_4 + NO \qquad (3-69)$$

$$NO + NO_2 + 2H_2SO_4 \longrightarrow 2NOHSO_4 + H_2O \qquad (3-70)$$

$$2NOHSO_4 + H_2O \longrightarrow 2H_2SO_4 + N_2O_3(NO + NO_2) \qquad (3-71)$$

$$3NO_2 + H_2O \longrightarrow 2HNO_3 + NO \qquad (3-72)$$

$$NO + 1/2\ O_2 \longrightarrow NO_2 \qquad (3-73)$$

脱硝是国际上研究的一个热点，开发研究的方法很多，但许多方法没有得到广泛的工业应用，本章也就不作介绍。

3.5.4 氟化物的控制

随着炼铝工业、磷肥工业、硅酸盐工业和氟化学工业的发展，氟化物的污染变得日趋严重。氟化物治理技术的研究始于 20 世纪 40 年代，因氟化物易溶于水和碱性水溶液，因此多采用湿法吸收的方法去除气体中的氟化物。但湿法工艺流程复杂，20 世纪 50 年代又提出了干法治理氟化物污染的技术。

烟气中的氟化物包括 F_2、HF、NaF 和冰晶石(Na_3AlF_6)的尘粒，其中最主要的是 HF，它的排放量大，毒性也高。F_2 在空气中与水蒸气反应迅速生成 HF。

1. 干法吸收净化含氟化物废气

干法吸收可用石灰石细颗粒，氟化钠粉末作吸收剂，其基本原理是基于下述反应：

$$CaCO_3 + 2HF \longrightarrow CaF_2 + CO_2 + H_2O \quad (3-74)$$

$$NaF + HF \longrightarrow NaHF_2 \quad (3-75)$$

将生成的 $NaHF_2$ 加热分解：

$$NaHF_2 \xrightarrow{\triangle} NaF + HF \quad (3-76)$$

NaF 可循环使用，HF 可以作为产物回收利用。

近年来，美国、德国等利用氧化铝吸收氟化氢，再将吸收氟化氢的氧化铝直接送入电解槽，这样能回收利用氟化物又可省掉水处理设备。

2. 湿法吸收净化含氟废气

湿法吸收可用水、石灰乳、碱液作为吸收剂，吸收反应如下：

$$Ca(OH)_2 + 2HF \longrightarrow CaF_2 + 2H_2O \quad (3-77)$$

$$NaOH + HF \longrightarrow NaF + H_2O \quad (3-78)$$

$$Na_2CO_3 + 2HF \longrightarrow 2NaF + CO_2 + H_2O \quad (3-79)$$

$$NH_3 + HF \longrightarrow NH_4F \quad (3-80)$$

用水作吸收剂时，当废气含元素氟浓度高时，因氟能分解水，反应激烈，应防止爆炸发生。

在碱吸收液中加入矾土（Al_2O_3）可制得冰晶石，反应如下：

$$12NH_4F + Al_2O_3 \xrightarrow{90℃} 2H_3AlF_6 + 12NH_3 + 3H_2O \quad (3-81)$$

$$H_3AlF_6 + 3NaOH \longrightarrow Na_3AlF_6 + 3H_2O \quad (3-82)$$

在 Na_2CO_3 吸收液中加入铝酸钠溶液[由 NaOH：A1(OH)$_3$ 按 1.6：1 配制而成]也可制得冰晶石。

$$6NaF + NaAlO_2 + 2H_2O \longrightarrow Na_3AlF_6 + 4NaOH \quad (3-83)$$

3.5.5 含氯废气的治理净化

工业中另一种常见的有害气体是氯，含氯废气的净化大都采用湿法吸收。

1. 水吸收法

氯和水反应生成次氯酸、氢离子及氯离子。

$$H_2O + Cl_2 \longrightarrow HClO + HCl \quad (3-84)$$

由于氯在水中的溶解度小，因此用水吸收废气中氯的效率较低，而且吸收液的酸度很高，对设备的腐蚀性大。

2. 碱吸收法

常用的碱吸收液有 $Ca(OH)_2$、NaOH、Na_2CO_3 等溶液，其吸收反应如下：

$$2Ca(OH)_2 + 2Cl_2 \longrightarrow CaCl_2 + Ca(OCl)_2 + 2H_2O \tag{3-85}$$

$$2NaOH + Cl_2 \longrightarrow NaCl + NaOCl + H_2O \tag{3-86}$$

$$Na_2CO_3 + Cl_2 \longrightarrow NaCl + NaOCl + CO_2\uparrow \tag{3-87}$$

碱吸收法是目前应用最多的一种方法，只要控制碱度适当，吸收效率相当高。

3.5.6 有机废气的治理净化

化工、绝缘材料及自行车、缝纫机等轻工行业大量使用有机溶剂，其主要成分为苯类、酯类、酮类等，有机溶剂易于挥发产生大量的有害气体，造成大气的污染，目前国内外采用的净化方法有冷凝、直接燃烧、催化燃烧和吸附、吸收等。

现重点介绍一下催化燃烧法和吸收法。

1. 催化燃烧法

当废气中有机蒸气浓度较低时，如直接燃烧，需加热温度到 800～900℃，能耗大，使用催化剂后，燃烧温度可降低到 300℃左右。目前使用的催化剂有贵金属铂、钯和非贵金属的催化剂、稀土钙钛矿型复合氧化物。催化燃烧法具有净化效果好，无后处理问题，且可回收能量，但要求废气中可燃物有足够的含量和连续稳定排放；同时废气中不能有易在催化剂表面沉积，或使催化剂“中毒”的物质。

2. 吸收法

废气通过吸收剂，废气中的有机组分被固定在吸收剂中，然后解吸回收溶剂或将吸收液作为燃料直接燃烧处理。

吸收法工艺流程、设备简单，但选择吸收剂时应注意以下几点：

(1) 吸收剂挥发性小；

(2) 吸收剂对有害组分的溶解性要大；

(3) 吸收剂价廉易得。

例如：某厂采用柴油吸收含二甲苯的废气取得较高的净化效率。

3.5.7 汽车尾气治理

汽车发动机排放的废气中含有 CO、碳氢化合物、NO_x 等多种有害物质，控制汽车尾气中有害物排放浓度的方法有两种：一种方法是改进发动机的燃烧方式，使污染物的产生量减少，称为机内净化；另一种方法是利用装在发动机外部的净化设备，对排出的废气进行净化治理，这种方法称为机外净化。从发展方向上说，机内净化是根本解决问题的途径，也是今后应重点研究的方向。机外净化是采用三效催化转化器来降低汽车尾气中有害物排放浓度。

三效催化转化器的主要原理是利用汽车尾气组分的化学特点来促成反应的进行，尾气中的碳氢化合物和 CO 的还原性较强，而 NO_x 有一定的氧化性，在催化剂的作用下，发生氧化还原反应，碳氢化合物和 CO 氧化成为 CO_2 和 H_2O，NO_x 还原为 N_2。三效催化剂的主要活性组分是铂(Pt)和铑(Rh)，每升催化转化器的用量为 1.4～1.7 g，铂铑比例为 5∶1，铂主要催化氧化反应，铑主要催化还原反应。三效催化的主要反应如下：

$$2CO + O_2 \longrightarrow 2CO_2 \tag{3-88}$$

$$CO + H_2O \longrightarrow CO_2 + H_2 \tag{3-89}$$

$$2C_xH_y + (2x + 1/2y)O_2 \longrightarrow yH_2O + 2xCO_2 \tag{3-90}$$

$$2NO + 2CO \longrightarrow 2CO_2 + N_2 \tag{3-91}$$

$$2NO + 2H_2 \longrightarrow 2H_2O + N_2 \tag{3-92}$$

$$C_xH_y + (2x + 1/2y)NO \longrightarrow 1/2yH_2O + xCO_2 + (x + 1/4y)N_2 \tag{3-93}$$

CO、H_2 和 C_xH_y 是 NO_x 的还原剂，如尾气中氧气过量，这些还原剂首先和氧反应，则 NO_x 的还原反应就不能顺利进行；然而，如果氧浓度不足，CO 和 C_xH_y 就不能完全氧化。因此必须严格控制汽油的喷射量，确保尾气中氧浓度为一定值，保证尾气中 CO、C_xH_y、NO_x 的浓度成一定比例，使这三种有害污染物的排放浓度同时高效地降低。

4 水污染及其防治

水是地球上一切生命赖以生存、人类生活和生产中不可缺少的基本物质之一。由于世界各国工农业的迅速发展，城市人口的剧增，缺水已是当今世界许多国家面临的重大问题。

我国是世界上13个贫水国家之一，人均淡水资源占有量为2 200立方米，仅为世界平均水平的1/4，位于世界121位。水利部对全国669个城市的调查表明，我国有400多个城市缺水，110个城市严重缺水。我国因缺水造成的经济损失每年达100亿人民币以上。据中国工程院《21世纪我国可持续发展水资源战略研究报告》显示，目前我国一般年份全国总缺水量约300～400亿立方米，农田受害面积1～3亿亩，因缺水而造成工矿企业限产甚至停产，城市生活限时供水甚至停水。

防治水污染，保护水资源是当今世界性的问题，更是我国城乡普遍面临的当务之急。

为了有效地控制水体污染，必须全面了解所排污水及污染物的数量、性质和特性，以及受纳水体的水质水量特征和净化规律。这样才能根据污水和水体的情况，制定相应的技术标准，进而采用有效的治理和控制措施来防止水体污染。

水污染控制(治理)工程，也就是采用工程技术措施来防止、减轻或消除水环境的污染，改善和保持水环境质量，保障人体健康，以及有效地保护和合理利用水资源。

4.1 水体污染与自净

4.1.1 水体污染及水体自净作用

1. 水体的概念

水体系河流、湖泊、沼泽、水库、地下水、冰川和海洋等“贮水体”的总称。在环境科学领域中，水体不仅包括水，而且也包括水中的悬浮物、溶解物质、底泥和水生生物等。从自然地理的角度看，水体是指地表被水覆盖的自然综合体。

在水污染研究中，区分“水”和“水体”的概念十分重要。如重金属污染物易于从水中转移到底泥中（生成沉淀，或被吸附和螯合），水中重金属的含量一般都不高，仅着眼于水，似乎未受到污染；但从整个水体来看，则很可能受到较严重的污染。重金属污染由水转向底泥可称为水的自净作用，但从整个水体来看，沉积在底泥中的重金属将成为该水体的一个长期次生污染源，很难治理，它们将逐渐向下游移动，扩大污染面。

2. 水体污染

水体污染是指进入水体的污染物在数量上超过了该物质在水体中的本底含量和水体的环境容量，从而导致水体的物理特征、化学特征和生物特征发生不良变化，破坏了水中固有的生态系统，破坏了水体的功能及其在经济发展和人民生活中的作用。

3. 水体自净作用

自然环境包括水环境对污染物质都具有一定的承受能力，即所谓环境容量。水体能够在其环境容量的范围以内，经过水体的物理、化学和生物的作用，使排入的污染物质的浓度和毒性随着时间的推移在向下游流动的过程中自然降低，称之为水体的自净作用。简单地说，水体受到污染后，逐渐从不洁变清的过程称为水体自净。

水体自净的过程很复杂，按其机理可分为：

(1) 物理过程，其中包括稀释、混合、扩散、挥发、沉淀等过程。在这一系列过程的作用下，使水体中的污染物浓度降低，水体得到净化。物理过程的作用强弱由水体的物理条件如温度、流速、流量以及污染物的物理性质如密度、形态、粒度等决定。

(2) 化学及物理化学过程，通过氧化还原、分解化合、吸附解吸、胶溶凝聚、酸碱中和等过程，使污染物质发生化学性质或形态、价态上的转化，改变了污染物在水体中的迁移能力和毒性大小。影响这一过程的环境因素有酸碱度、氧化还原电势、温度、化学组分等，污染物自身的形态和化学性质也有很大影响。

(3) 生物化学过程，污染物质中的有机物，由于水体中微生物的代谢活动而被分解、氧化并转化为无害、稳定的无机物，从而使其浓度降低。影响生物化学过程的主要是水中的溶解氧含量、温度和营养物质的碳氮比。

通常物理和生物化学过程在水体自净作用中占主要地位。

4. 水环境容量

一定水体所能容纳污染物的最大负荷被称为水环境容量，即某水域所能承担外加的某种污染物的最大允许负荷量。水体对某些污染物的水环境容量可用下式表示：

$$W = V(C_s - C_b) + C \tag{4-1}$$

式中 W——某地面水体对某污染物的水环境容量，kg；

V——该地面水体的体积，m^3；

C_s——地面水体中某污染物的环境标准值(水质目标)，g/L；

C_b——地面水体对某污染物的环境背景值，g/L；

C——地面水体对某污染物的自净能力，kg。

由此可见，水环境容量与水体的自净能力、污染物本身的性质以及水体的用途和功能有密切的关系。

4.1.2 水污染指标

污水和受纳水体的物理、化学、生物等方面的特征是通过水污染指标来表示的。水污染指标又是控制和掌握污水处理设备的处理效果和运行状态的重要依据。

现就一些主要的水污染指标分别简述如下。

1. 生化需氧量(BOD)

生化需氧量(BOD)表示在有氧条件下，好氧微生物氧化分解单位体积水中有机物所消耗的游离氧的数量，常用单位为 mg/L。这是一种间接表示水被有机污染物污染程度的指标，首先是借助微生物来表示，但也不是直接用微生物，而是通过微生物代谢作用所消耗的溶解氧量来表示。

一般有机物在微生物新陈代谢作用下，其降解过程可分为两个阶段：第一阶段是有机物转化为 CO_2、NH_3 和 H_2O 的过程；第二阶段则是 NH_3 进一步在亚硝化细菌和硝化细菌的作用下，转化为亚硝酸盐和硝酸盐，即所谓硝化过程。

NH_3 已是无机物。污水的生化需氧量，一般只指有机物在第一阶段生化反应所需要的氧量。微生物对有机物的降解活动与温度有关，一般最适宜的温度是 15～30℃，所以在测定生化需氧量时必须规定一个标准温度，一般以 20℃作为测定的标准温度。

在 20℃和 BOD 的测定条件(氧充足、不搅动)下，一般有机物 20 天才能够基本完成第一阶段的氧化分解过程(完成全过程的 99%)。这就是说，测定第一阶段的全部生化需氧量，需要 20 天，这在实际工作中是难以做到的。为此又规定一个标准时间，一般以五日作为测定 BOD 的标准时间，而称之为五日生化需氧量，以 BOD_5 表示之。BOD_5 约为 BOD_{20} 的 70%左右。

2. 化学需氧量(COD)

用强氧化剂——重铬酸钾,在酸性条件下能够将有机物氧化为 H_2O 和 CO_2,此时所测出的耗氧量称为化学需氧量。

COD 能够比较精确地表示有机物含量,而且测定需时较短,不受水质限制,因此多作为工业废水的污染指标。重铬酸钾能够比较完全地氧化水中的有机物。它对低碳直链化合物的氧化率为 80%~90%,其缺点是不能像 BOD 那样表示出微生物氧化的有机物量,直接从卫生方面说明问题。此外,它还能氧化一部分还原性物质,因此 COD 值也含有一定的误差。

用另一种氧化剂——高锰酸钾,也能够将有机物加以氧化,测出的耗氧量较 COD 低,称之为耗氧量,以 OC 表示。

成分比较固定的污水,其 BOD_5 值与 COD 值之间能够保持一定的相关关系。而 BOD_5/COD 比值可作为衡量污水是否适宜于采用生物处理法进行处理(即可生化性)的一项指标,其值越高,污水的可生化性越强。

一般来说对于同一水样,$COD > BOD_{20} > BOD_5 > OC$,而 COD 与 BOD_5 值之差可大致地表示不能为微生物降解的有机物量。

3. 总需氧量(TOD)

有机物主要是由碳(C)、氢(H)、氮(N)、硫(S)等元素所组成。当有机物完全被氧化时,C、H、N、S 分别被氧化为 CO_2、H_2O、NO 和 SO_2,此时的需氧量称为总需氧量(TOD)。其测定原理是:水中有机物在燃烧时,消耗了载气中的一部分氧,用电极测定剩余的氧量后,计算出的耗氧量即为总需氧量,单位为 mg/L。

4. 总有机碳(TOC)

总有机碳(TOC)表示的是污水中有机污染物的总含碳量。其测定结果以碳含量表示,单位为 mg/L。总有机碳的测定原理是:水中有机碳在高温燃烧过程中生成 CO_2,经红外气体分析仪测定后,再折算出其中的碳含量。

水质比较稳定的同一污水,其 BOD_5 与 TOC 和 TOD 各值之间也可能存在着一定的相关关系。

5. 悬浮物

悬浮物是通过过滤法测定的,滤后滤膜或滤纸上截留下来的物质即为悬浮固体,它包括部分的胶体物质,单位为 mg/L。

6. 有毒物质

有毒物质是指其达到一定浓度后,对人体健康、水生生物的生长造成危害的物质。由于这类物质的危害较大,因此有毒物质含量是污水排放、水体监测和污水处理中的重要水质指标。有毒物质种类繁多,要检测哪些项目,应视具体情况而定。其中，非重金属的氰化物和砷化物及重金属中的汞、镉、铬、铅，是国际上公认的六大毒物。

7. pH 值

pH 值是反映水的酸碱性强弱的重要指标。它的测定和控制，对维护污水处理设施的正常运行，防止污水处理及输送设备的腐蚀，保护水生生物的生长和水体自净功能都有着重要的实际意义。

8. 大肠菌群数

大肠菌群数是指单位体积水中所含的大肠菌群的数目，单位为个/L，它是常用的细菌学指标。大肠菌群包括大肠菌等几种大量存在于大肠中的细菌，在一般情况下属非致病菌。如在水中检测出大肠菌群，表明水被粪便所污染。由于水致传染病的病菌和病毒检测困难，因此以大肠菌群作为间接指标。如地面水或饮用水中的大肠菌群数符合各自的规定，则可以认为是安全的。

4.2 水体中主要污染物的来源及其危害

水体污染物的种类繁多，可以用不同的方法、标准或根据不同的角度分成不同的类型。从环境保护的角度，水体中的污染物按其物理、化学、生物性质和污染特性一般可分为四大类，即无机无毒物、无机有毒物、有机无毒物和有机有毒物。除此以外，对水体造成污染的还有放射性物质、生物污染物质和热污染等。

4.2.1 无机无毒物

污水中的无机无毒物质，大致可分为三种类型。一是属于砂粒、矿渣一类的颗粒状的物质；二是酸、碱无机盐类；三是氮、磷等植物营养物质。

1. 颗粒状的污染物质

(1) 颗粒状污染物质的来源及特点

砂粒、土粒及矿渣一类的颗粒状的污染物质，是无毒害作用的，一般它们和有机性颗粒状的污染物质混在一起统称悬浮固体。

由于悬浮固体在污水中人是能够看到的，而且它能够使水浑浊，因此，悬浮物是属于感官性的污染指标。

(2) 悬浮物的污染危害

悬浮物是水体的主要污染物之一。水体被悬浮物污染，可能造成以下主要危害：

① 水中的悬浮物大大地降低了光的穿透能力，减少了水的光合作用并妨碍

水体的自净作用；

② 水中的悬浮物对鱼类产生危害，可能堵塞鱼鳃，导致鱼的死亡，如制浆造纸废水中的纸浆危害；

③ 水中的悬浮物又可能是各种污染物的载体，它可能吸附一部分水中的污染物并随水流动迁移。

2. 酸、碱、无机盐类的污染物质

(1) 酸、碱来源

污染水体中酸主要来自矿山排水及许多工业废水。如金属加工酸洗车间、黏胶纤维和酸性造纸等工业部门都可能排放酸性工业废水。雨水淋洗含二氧化硫的空气后，汇入地表水体也能形成酸污染。

水体中的碱主要来源于碱法造纸、化学纤维、制碱、制革及炼油等工业废水。

酸性废水与碱性废水相互中和产生各种盐类，它们与地表物质相互反应，也可能生成无机盐类，因此酸、碱污染必然伴随着无机盐类的污染。

(2) 酸、碱污染物进入水体的危害

酸、碱污染水体，使水体的 pH 值发生变化，破坏自然缓冲作用，消灭或抑制微生物生长，妨碍水体自净，如长期遭受酸、碱污染，水质逐渐恶化，周围土壤酸(碱)化，危害渔业生产。对渔业水体来说，pH 值不得低于 6 或高于 9.2，当 pH 值为 5.5 时，一些鱼类就不能生存或生殖率下降，甚至死亡。农业灌溉用水的 pH 值应在 5.5～8.5 之间。

酸、碱污染物不仅能改变水体的 pH 值，而且可大大增加水中的一般无机盐类和水的硬度，对淡水生物和植物生长不利。世界卫生组织国际饮用水标准规定水中无机盐总量最大值为 500 mg/L，极限值为 1 500 mg/L。对于农业用水，一般以低于 500 mg/L 为好。

酸、碱污染物造成水体的硬度增加对地下水的影响尤为显著。到目前为止还不能够确切地说明水质硬度的提高会对人体健康产生怎样的影响，但是对工业用水的水处理费用的提高是显而易见的。

3. 氮、磷等植物营养物

营养物质是指促使水中植物生长，从而加速水体富营养化的各种物质，主要是指氮、磷。

(1) 水体中植物营养物的来源

天然水体中过量的植物营养物质主要来自于农田施肥、农业废弃物、城市生活污水和某些工业废水。

污水中的氮可分为有机氮和无机氮两类，前者是含氮化合物，如蛋白质、多肽、氨基酸和尿素等，后者则指氨氮、亚硝酸态氮、硝酸态氮等，它们中大部分直接来自污水，但也有一部分是有机氮经微生物分解转化作用而形成的。

城市生活污水中含有丰富的氮、磷，每人每天带到生活污水中有一定数量的氮；由于使用含磷洗涤剂，所以在生活污水中也含有大量的磷。据统计，“十五”期间，我国氮肥产量（折合成 N 100%）从 2 398 万吨增长到 3 510 万吨，增幅达 46.8%；2000 年磷肥消费量为 831.2 万吨，2004 年达到 1 079.1 万吨，平均每年递增 6.7%。施入农田的化肥，只有一部分为农作物吸收。在一般情况下，未被植物利用的氮肥超过 50%，在少数情况下，甚至超过 80%。这样，未被植物吸收利用的化肥绝大部分被农田排水和地表径流带至地下水和地表水中。

在某些工业废水中也含有大量的氮、磷等植物营养物质，表 4-1 所列举的是某些工业废水中氮、磷的含量。

表 4-1　某些工业废水中植物营养物的含量　　单位：mg/L

类　型	总氮	氨氮	磷	钾
洗毛废水	558～997	15～121	—	—
含酚废水	140～180	2～70	3.5～17	8.13
制革废水	37	18.8	7.5	74.6
化工废水	30～76	28～56	0.9～11.2	1～6
造纸废水	20～21.6	6	10	14

(2) 含氮、含磷化合物在水体中的转化

① 含氮化合物在水体中的转化　含氮化合物在水体中转化分两步进行，第一步是含氮化合物如蛋白质、多肽、氨基酸和尿素等有机氮转化为无机氮中的氨氮，第二步则是氨氮的亚硝化和硝化，使无机氮进一步转化。这两步转化反应都是在微生物作用下进行的。

蛋白质是由多种氨基酸分子组成的复杂有机物，含有羧基和氨基，由肽键（R—CONH—R’）连接。蛋白质的降解首先是在细菌分泌的水解酶的催化作用下，进行水解，断开肽键，脱除羧基和氨基而形成 NH_3。这个过程称为氨化。

NH_3 进一步在细菌（亚硝化菌）的作用下，被氧化为亚硝酸：

$$2NH_3 + 3O_2 \xrightarrow{\text{亚硝化菌}} 2HNO_2 + 2H_2O + 6.196 \times 10^5\ J \qquad (4-2)$$

继之亚硝酸在硝化菌的作用下，进一步氧化为硝酸：

$$2HNO_2 + O_2 \xrightarrow{\text{硝化菌}} 2HNO_3 + 2.01 \times 10^5\ J \qquad (4-3)$$

在缺氧的水体中，硝化反应不能进行，相反的却可能在反硝化菌的作用下，产生反硝化作用：

$$2HNO_3 \xrightarrow[-2H_2O]{4H^+} 2HNO_2 \xrightarrow[-2H_2O]{4H^+} (NOH)_2 \xrightarrow[-H_2O]{} N_2O \xrightarrow[-H_2O]{2H^+} N_2\uparrow \quad (4-4)$$

有机氮在水体中的转化过程一般要持续数日，因此，水体中各种形态的氮随时间的变化如图 4-1 所示。

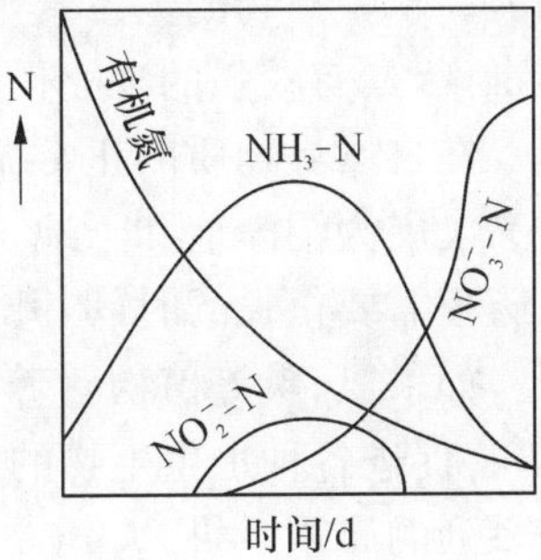

图 4-1　各种形态的氮随时间的变化情况

② 含磷化合物在水体中的转化

水体中所有的无机磷几乎都是以磷酸盐形式存在的，包括正磷酸盐 PO_4^{3-}、HPO_4^{2-}、$H_2PO_4^-$ 和聚合磷酸盐 $P_2O_7^{4-}$、$P_3O_{10}^{5-}$；而有机磷则多以葡萄糖-6-磷酸、2-磷酸-甘油酸等形式存在。

水体中的可溶性磷很容易与 Ca^{2+}、Fe^{3+}、Al^{3+} 等离子生成难溶性沉淀物而沉积于水体底泥中。沉积物中的磷，通过湍流扩散作用再度释放到上层水体中去。或者当沉积物中的可溶性磷大大超过水中磷的浓度时，则可能再次释放到水层中去。

(3) 氮、磷污染危害及水体的富营养化

富营养化(eutraphication)一词最早来源于拉丁语，基本含义是营养盐过剩，主要是指水流缓慢、更新周期长的地表水体，接纳过多的氮、磷、有机碳等营养性物质引起的藻类等浮游生物急剧增殖的水体污染。富营养化的基本过程可简述如下。

含有机污染物污水进入湖泊、海湾，成为异养性生物的营养源，产生新细胞合成，结果向水中放出 CO_2、N 及 P 等。即

$$C_aH_bO_cN_dP_e + (a + 1/4b + 1/2d + 3/2c + 2e - 1/2c)O_2 \longrightarrow aCO_2 + b/2H_2O + dNO_3^- + ePO_4^{3-} \quad (4-5)$$

自养性生物从阳光获取能量，利用 CO_2 及无机磷等无机盐类，通过下列反应合成新的藻类

$$106CO_2 + 16NO_3^- + PO_4^{3-} + 90H_2O + \text{能量} + \text{微量元素} \longrightarrow \underset{\text{(藻类物质)}}{C_{106}H_{180}O_{45}N_{16}P} + 154.5O_2 \quad (4-6)$$

老化衰亡的生物沉于水体底部成为底泥，进行厌氧分解，并放出能再次利用的溶解性有机物和无机物。即

$$C_{106}H_{180}O_{45}N_{16}P \longrightarrow R{-}COOH \longrightarrow$$
$$CO_2 + CH_4 + NH_4^+ + H_2S\uparrow + PO_4^{3-} + H_2O + \text{细菌合成} \quad (4-7)$$

富营养化现象通常表现为藻类以及其他生物的异常繁殖，引起水体透明度和溶解氧降低等不利变化，导致水质变坏，影响湖泊供水、养殖、娱乐等社会服务功能。水生植物的大量繁殖，加速湖泊淤积、沼泽化的过程。藻类代谢产生的藻类毒素，具有较强的独立作用，危害水环境和整个生态系统的安全。

在自然界物质的正常循环过程中，湖泊将由贫营养湖发展为富营养湖，进一步又发展为沼泽地和干地，这是湖泊水体老化的一种自然现象，在自然条件下这一历程需要很长的时间，几年甚至几十万年，但富营养化将大大地促进这一进程。如果氮、磷等植物营养物质大量而连续地进入湖泊、水库及海湾等缓流水体，将促进各种水生生物的活性，刺激它们异常繁殖（主要是藻类），这样就带来一系列的严重后果。

① 藻类在水体中占据的空间越来越大，使鱼类活动的空间越来越少；衰死藻类将沉积塘底。

② 藻类种类逐渐减少，并由以硅藻和绿藻为主转为以蓝藻为主，而蓝藻有多种胶质膜，不适于作鱼饵料，而其中有一些种属是有毒的。

③ 藻类过度生长繁殖，将造成水体中溶解氧的急剧变化，藻类的呼吸作用和死亡的藻类的分解作用消耗大量的氧，有可能在一定时间内使水体处于严重缺氧状态，严重影响鱼类生存。

目前在欧、美及日本，由植物营养物污染而引起的水体富营养化已成为极其严重的问题。例如，位于美国和加拿大边境的五大湖，是有名的最大淡水湖群，附近地区是美国中部最繁华的城市区和工业区。由于大量城市污水流入湖内，已使水体富营养化，尤以伊利湖最为突出。对发生富营养化作用来说，磷的作用远大于氮的作用。

在这里应当着重指出的是硝酸盐对人类健康的危害，硝酸盐本身是无毒的，在水中检出硝酸盐即说明有机物已经分解。但是，现在发现硝酸盐在人胃中可能还原为亚硝酸盐，亚硝酸盐与仲胺作用可生成亚硝胺，而亚硝胺则是致癌、致变异和致畸胎的所谓三致物质。此外，饮用水中硝酸氮过高还会在婴儿体内产生变性血色蛋白症，因此，国家规定饮用水中硝酸氮含量不得超过 10 mg/L。

4.2.2 无机有毒物

无机有毒物质是最为人们所关注的，根据毒性发作的情况，此类污染物可分为两类，一类是毒性作用快，易为人们所注意；另一类则是通过食物在人体内逐渐富集，达到一定浓度后才显示出症状，不易为人们及时发现，但危害一经形成，就可能铸成大祸，如日本发生的水俣病和骨痛病。

1. 非重金属的无机毒性物质

(1) 氰化物

① 水体中氰化物的来源

水体中氰化物主要来源于电镀废水、焦炉和高炉煤气的洗涤冷却水、某些化工厂的含氰废水以及金、银选矿废水等。

在一些电镀液配方中，镀锌液含 NaCN 80～120 g/L，镀铜液含 NaCN 12～18 g/L，镀银液含 NaCN 40～60 g/L。当电镀完毕进行漂洗时，黏附在镀件上的含氰液随漂洗水排出。所以电镀废水的氰含量一般为 20～70 mg/L，经常为 30～35 mg/L。

在焦炉或高炉的生产过程中，煤中的炭与氨或甲烷与氨化合成氰化物，焦化厂粗苯分离水和纯苯分离水含氰一般可达 80 mg/L。

有机氰化物称为腈，是化工产品的原料，如丙烯腈 (C_2H_3CN)是制造合成纤维聚丙烯腈的基本原料。有少数腈类化合物在水中能够离解为氰离子(CN^-)和氰氢酸(HCN)，因此，其毒性与无机氰化物同样强烈。

② 氰化物在水中的自净作用

氰化物排入水体后有较强的自净作用，一般有以下两个途径。

一是氰化物的挥发逸散。氰化物与水体中的 CO_2 作用生成氰化氢气体逸入大气：

$$CN^- + CO_2 + H_2O \longrightarrow HCN\uparrow + HCO_3^- \quad (4-8)$$

研究表明，对一般水质，在缺少微生物净化作用及 pH 值低的条件下，氰化物主要是通过这一途径而得到自净，其数量可达 90%左右。

二是氰化物的氧化分解。氰化物与水中的溶解氧作用生成铵离子和碳酸根：

$$2CN^- + O_2 \longrightarrow 2CNO^- \quad (4-9)$$

$$CNO^- + 2H_2O \longrightarrow NH_4^+ + CO_3^{2-} \quad (4-10)$$

上述过程在蒸馏水中不会发生，但在天然水中能发生，天然水体中存在的微生物催化了这一化学氧化过程。

氰化物的自净速度与起始浓度、曝气状况、生物因子、日照及 pH 值等多种因素有关。在一般天然水体条件下，由于微生物氧化作用所造成的氰自净量约占水体中氰总量的 10%左右。在夏季温度较高，光照良好的最有利条件下，氰自净量可达30%左右，冬季由于阳光弱和气温低，这种净化作用显著降低。

③ 氰化物的污染危害

氰化物是剧毒物质，急性中毒抑制细胞呼吸，造成人体组织严重缺氧，人只要口服0.3～0.5 mg就会致死。氰对许多生物有害，0.1 mg/L就能杀死虫类；0.3 mg/L能杀死水体赖以自净的微生物。农作物对氰化物的耐受程度比水生生物为高，灌溉水中氰含量在0.5 mg/L以下时，不会导致地下水中氰含量超过饮用水标准。

我国饮用水标准规定，氰化物含量不得超过0.05 mg/L，农业灌溉水质标准为不大于0.5 mg/L。

氰化物与金属离子形成配合物可降低氰化物的毒性，但与水质有很大关系。如镍氰化物对鱼的毒性，在pH为6.5时，比pH为8时要高1 000倍。

(2) 砷(As)

砷是常见的污染物之一，对人体毒性作用也比较严重。

工业生产排放含砷废水的有化工、有色冶金、炼焦、火电、造纸、皮革等，其中冶金、化工排放砷量较高。

三价砷的毒性大大高于五价砷。对人体来说，亚砷酸盐的毒性作用比砷酸盐大60倍，因为亚砷酸盐能够和蛋白质中的巯基反应，而三甲基砷的毒性比亚砷酸盐更大。

砷也是累积性中毒的毒物，当饮用水中砷含量大于0.05 mg/L时，就会导致累积。近年来发现砷还是致癌元素，主要导致皮肤癌。

我国饮用水标准规定，砷含量不应大于0.04 mg/L，农田灌溉不超过0.05 mg/L，渔业用水不超过0.1 mg/L。

2. 重金属毒性物质

(1) 水体中重金属的来源

重金属是构成地壳的物质，在自然界分布非常广泛。重金属在自然环境的各部分均存在着本底含量，在正常的天然水中金属含量均很低，汞的含量介于10^{-3}～10^{-2} mg/L量级之间，铬含量小于10^{-3} mg/L量级，在河流和淡水湖中铜的含量平均为0.02 mg/L，钴为0.004 3 mg/L，镍为0.001 mg/L。化石燃料的燃烧、采矿和冶炼是向环境释放重金属的最主要污染源，然后通过废水、废气和废渣向环境中排放重金属。

(2) 重金属对水体的污染及其在水体中的迁移转化

重金属与一般耗氧的有机物不同，在水体中不能为微生物所降解，只存在各种形态之间的相互转化以及分散和富集，这个过程称之为重金属的迁移。重金属在水体中的迁移主要与沉淀、配合、螯合、吸附和氧化还原等作用有关。

重金属在水中可以化合物的形态存在，也可以离子形态存在。在地表水体中，重金属化合物的溶解度很小，往往沉积于水底。

重金属离子由于带正电，在水中易于被带负电的胶体颗粒所吸附，吸附重金属离子的胶体，可以随水流向下游迁移，但大多数会很快地沉降下来。因此，重金属一般都富集在排放水口下游一定范围内的底泥中。

沉积在底泥中的重金属是一个长期的次生污染源，很难治理，它们逐渐向下游推移，扩大污染面。

(3) 重金属对人体的危害

重金属主要通过食物进入人体，不易排泄，在人体内积累，使人慢性中毒。

汞进入水体后会在厌氧微生物的作用下烷基化，甲基汞在人脑中积累，会破坏人的神经系统，导致很高的死亡率。研究表明，当人体内汞含量达到 20～30 mg 时就会出现中毒症状。我国地表水Ⅲ类水域汞的限值为 0.000 1 mg/L。

铅大量进入人体能引起急性中毒，长期微量进入人体也可能产生慢性中毒。铅能引起贫血、肾炎、破坏神经系统和影响骨骼等，四乙基铅的毒性比金属铅又要大得多。铅对微生物活动有强烈的抑制作用，水中铅的浓度在 0.1～0.5 mg/L就能使微生物停止对有机物的分解作用。我国地表水Ⅲ类水域铅的限值为 0.05 mg/L。

镉主要积累在肾脏和骨骼中，可导致贫血、代谢不正常以及高血压等慢性病。在骨骼中积累并取代其中的钙，造成以骨损伤为主的中毒病症，称为“骨痛病”。我国地表水Ⅲ类水域镉的限值为 0.005 mg/L。

铬在水中以六价和三价的形态存在，六价铬的毒性是三价的十倍，对皮肤有刺激性，而且能致癌。

重金属污染物无法通过自净作用消失，但可通过食物链富集，即由极低的浓度，通过动物食物链或植物食物链的特殊作用，富集到极高的浓度，从而极高倍率地加大了对人体的危害。

4.2.3 有机无毒物

这一类物质多属于碳水化合物、蛋白质、脂肪等自然生成的有机物，它们易于生物降解，向稳定的无机物转化。在有氧条件下，在好氧微生物作用下进行转化，这一转化进程快，产物一般为 CO_2、H_2O 等稳定物质。在无氧条件下，则在厌氧微生物的作用下进行转化，这一进程较慢，而且分两个阶段进行。首先在产酸菌的作用下，形成脂肪酸、醇等中间产物，继而在甲烷菌的作用下形成 H_2O、CH_4、CO_2 等稳定物质，同时放出硫化氢、硫醇、粪臭素等具有恶臭的气体。

在一般情况下，进行的都是好氧微生物起作用的好氧转化，由于好氧微生物的呼吸要消耗水中的溶解氧，因此这类物质在转化过程中都要消耗一定数量的氧，这类污染物的污染特征是消耗氧，故可称之为耗氧物质或需氧污染物。

1. 水体中需氧污染物的来源

污染水体中的需氧污染物主要来自生活污水、牲畜污水以及屠宰、肉类加工、罐头等食品工业和制革、造纸、印染、焦化等工业废水。从排水的量来看，生活污水是需氧污染物质的最主要来源。未经处理的生活污水，其 BOD_5 值平均为 200 mg/L 左右，牲畜饲养场污水的 BOD_5 值可能高于生活污水五倍左右。

工业废水的 BOD_5 值差别很大，焦化厂的污水 BOD_5 值达 1 400～2 000 mg/L；一般以动植物为原料加工生产的工业企业，如乳品、制革、肉类加工、制糖等，其废水的 BOD_5 值都可能在 1 000 mg/L 以上。

2. 水体中有机物的分解与溶解氧平衡

有机物是不稳定的，随时随地都在向稳定的无机物质转化。有机污染物进入水体，水中能量增加，如其他条件适宜，微生物必将得到增殖，有机物得到降解，从而消耗了水中的溶解氧。与此同时，通过水面的复氧作用，水体从大气中得到氧的补充。如果排入水体的有机物在数量上没有超过水体的环境容量（即自净能力），水体中的溶解氧会始终保持在允许的范围内，有机物在水体中进行好氧分解。如果排入水体的有机物过多，大量地消耗掉水中的溶解氧，从大气中补充的氧量不敷需要，则说明排入的有机污染物在数量上已超过了水体的自净能力，水体将出现由于缺氧而产生的一些现象。若完全缺氧，有机物将转入厌氧分解。

有机物是水体中的重要污染物质。BOD_5、COD 是重要的水质指标。溶解氧(DO)含量是使水体中生态系统保持自然平衡的主要因素之一。溶解氧完全消失或其含量低于某一限值时，就会影响到这一生态系统的平衡，甚至能使其遭到完全破坏。所以水体中溶解氧含量是分析水体环境容量的主要指标。

图 4-2 所示是接纳大量生活污水的河流，水体中 BOD_5 和溶解氧(DO)的变化模式图。将污水排入河流处定为基点 0，向上游去的距离取负值，向下游去的距离取正值。污水源于四万人口的小城市的下水道。再假定河流的流速为 30.5 m/s，流入河中的污水立即与河水混合。在排放前河水中的溶解氧含量为 8 mg/L，BOD_5 处于正常状态（即低于 4 mg/L），河水温度为 25℃。

有机污染物进入河水中，水体中的溶解氧与 BOD_5 的变化及相互关系如下。

(1) BOD_5 变化曲线　污水排放，在 0 点处河水中 BOD_5 值急剧上升，高达 20 mg/L，随着河水下流，有机污染物被分解，BOD_5 值逐渐降低，经过 7.5 天后，又恢复到原来状态。

(2) 溶解氧(DO)变化曲线　污水排入水体后，河水中的溶解氧耗于有机物

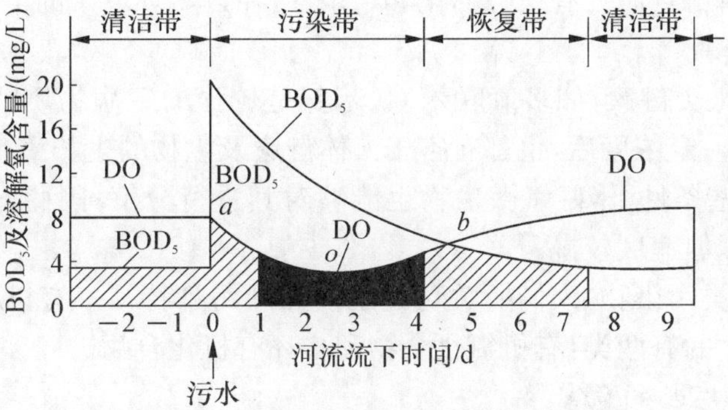

图 4-2 溶解氧与 BOD_5 变化曲线图

的降解,开始下降,并从流入的第一天开始,含量低于地表水最低允许含量值——4 mg/L。在流下 2.5 日处,降至最低点,以后逐渐回升,但在流下 4 日前,溶解氧含量都低于地面水的最低允许含量(涂黑部分),从此后逐渐回升,在流下的 7.5 日后才恢复到原有状态。

接纳大量有机性污水的河流,从污水排放后,按 BOD_5 及 DO 曲线,可划分为三个相连接的河段(带):污染带,污染较轻的恢复带和清洁带。

3. *有机污染物对水体的危害*

有机污染物对水体污染的危害主要在于对渔业水产资源的破坏。水中含有充足的溶解氧是保证鱼类生长、繁殖的必要条件之一,只有极少数的鱼类,如鳝鱼、泥鳅等,在必要时可利用空气中的氧以外,绝大部分鱼类只能靠鳃利用水中的溶解氧呼吸、维持生命活动。当溶解氧降至 1 mg/L 时,大部分的鱼类就会窒息而死。当水中溶解氧消失时,水中厌氧菌大量繁殖,在厌氧菌的作用下有机物可能分解放出甲烷和硫化氢等有毒气体,更不适于鱼类生存。

4.2.4 有机有毒物

这一类物质多属于人工合成的有机物质,如农药(DDT、六六六等有机氯农药)、醛、酮、酚以及多氯联苯、芳香族氨基化合物、高分子合成聚合物(塑料、合成橡胶、人造纤维)、染料等。

1. *有机有毒物的来源及污染特征*

这类物质主要来源于石油化学工业的合成生产过程及有关的产品使用过程中排放出的污水,不经处理排入水体后造成污染引起危害。这一类物质的主要污染特征如下:

(1) 比较稳定,不易被微生物分解,所以又称为难降解有机污染物。以有机氯农药为例，由于它们具有很强的化学稳定性，在自然环境中的半衰期为十几年到几十年。

(2) 危害人类健康，如多氯联苯、联苯氨是较强的致病物质，酚醛以及有机氯农药等达到一定浓度后，也都有害于人体健康及生物的生长繁殖。

(3) 在某些条件下，好氧微生物也能够对其进行分解，因此，也能够消耗水体中的溶解氧，但速度较慢。

对于这一类污染物，人们所关切的是前两项污染特征。有机有毒物种类繁多，其危害最大的有两类：有机氯化合物和多环有机化合物。

2. 有机有害物的危害

① 有机氯化合物

人们使用的有机氯化合物有几千种，其中污染广泛、引起普遍注意的是多氯联苯(PCB)和有机氯农药。

多氯联苯是一种无色或淡黄色的黏稠液体，流入水体后，由于它只微溶于水(每升水中最多只溶 1 mg)，所以大部分以浑浊状态存在，或吸附于微粒物质上；它具有脂溶性，能大量溶解于水面的油膜中；它的相对密度大于 1，故除少量溶解于油膜中外，大部分会逐渐沉积水底。由于它化学性质稳定，不易氧化、水解并难于生化分解，所以多氯联苯可长期保存在水中。多氯联苯可通过水体中生物的食物链富集作用，在鱼体内浓度累积到几万甚至几十万倍，从而污染食用水产品。多氯联苯是一氯联苯、二氯联苯、三氯联苯等的混合物，它的毒性与它的成分有关，含氯原子愈多的组成，愈易在人体脂肪组织和器官中蓄积，愈不易排泄，毒性就愈大。其毒性主要表现为：影响皮肤、神经、肝脏，破坏钙的代谢，导致骨骼、牙齿的损害，并有亚急性、慢性致癌和致遗传变异等可能性。

有机氯农药是水性亲油物质，能够为胶体颗粒和油粒所吸附并随其在水中扩散。水生生物对有机氯农药同样有很强的富集能力，在水生生物体内的有机氯农药含量可比水中的含量高几千到几百万倍，通过食物链进入人体，累积在脂肪含量高的组织中，达到一定浓度后，即将显示出对人体的毒害作用。

② 多环有机化合物

多环有机化合物(指含有多个苯环的有机化合物)一般具有很强的毒性，例如，多环芳烃可能有致遗传变异性，其中 3,4-苯并芘和 1,2-苯并蒽等具有强致癌性。多环芳烃存在于石油和煤焦油中，能够通过废油、含油废水、煤气站废水、柏油路面排水以及淋洗了空气中煤烟的雨水而流入水体中，造成污染。

③ 石油类污染物

近年来，石油及其油类制品对水体的污染比较突出，在石油开采、储运、炼制和使用过程中，排出的废油和含油废水使水体遭受污染。石油化工、机械制造行业排放的废水也含有各种油类。随着石油事业的迅速发展,油类物质对水体的污染愈来愈严重,在各类水体中海洋受到的油污染尤为严重。目前通过不同途径排入海洋的石油数量每年为几百万至一千万吨。

石油进入海洋后造成的危害是很明显的,不仅影响海洋生物生长、降低海滨环境的使用价值、破坏海岸设施,还可能影响局部地区的水文气象条件和降低海洋的自净能力。

有机有毒物质的污染指标,因为它们也属于耗氧物质,也可以使用 BOD 这样的综合指标,但有些又属于难降解物质,在使用 BOD 指标时可能产生较大的误差。在综合指标方面常以使用 COD、TOC 和 TOD 等指标为宜。此外,在表示其在水体中含量及其污染程度方面,还经常采用各种物质的专用指标,如挥发酚、醛、酮以及 DDT,有机氯农药等含量指标。

4.3 水污染综合防治

水污染综合防治是指从整体出发,综合运用各种措施,对水环境污染进行防治,包括城市水污染综合防治和整个水系的水污染综合防治(或某一水域的污染综合防治)。

4.3.1 水污染综合防治的必要性和迫切性

1. 我国水污染现状及原因分析

据水利部 2005 年资料,全国日排污水已超过 1.3 亿吨,其中 80%以上未经任何处理就直接排入水域,使江河湖海普遍受到污染,78%流经城市的河段已不适宜作为饮用水源,城市地下水的 50%受到污染。经过对 532 条河流的监测,有 436 条河流遭受了不同程度的污染。我国 7 大河流经过的 15 个主要大城市的河段中,有 13 个河段水质污染严重。农村有 3 亿多人口饮水不安全,其中约 1.9 亿人饮用水有害物质含量超标,6 300 多万人饮用高氟水,200 万人饮用高砷水,3 800 多万人饮用苦咸水。而且饮用水有害物质超标还有增加的趋势。污染物排放的绝对量很大,远远超过水环境容量。如废水中的化学需氧量(COD)排放超过 1 300 万吨,超过环境容量 60%以上;氨氮排放量近 130 万吨,超过环境容量 90%以上。

我国湖泊普遍受到氮、磷等营养物质的污染,全国 84 个代表性湖泊富营养化状况评价结果表明:全年有 44 个湖泊呈富营养状态,占评价湖泊总数的 52.4%;40 个湖泊为中营养,占总数的 47.6%。

我国水污染严重的主要原因是经济增长方式仍是传统的“粗放型”，即以大量消耗资源，粗放经营为特征的传统模式，投入大、产出小、排污量大，不但严重地损害环境，长此以往经济发展也难以为继。我国约 90% 的企业设备陈旧、技术落后、管理水平低，资源利用率低，乡镇工业尤为严重。但是，我国人口众多、底子薄，在相当长一段时期内不可能拿出大量投资用于水污染治理，只能走转变经济增长方式，减少排污，以防为主、防治结合，综合治理的道路。

2. 水污染综合防治是发展的必然趋势

我国 20 世纪 70 年代初的水污染治理，基本上走的是先污染、后治理的道路，十分被动，收效不大。70 年代中期开始提出水污染综合防治，并逐步被越来越多的人所接受。但这时的水污染综合防治虽然已摆脱了点源治理的束缚，却并未摆脱污染以后再去治理的范畴。污染防治还没有和改变经济增长方式联系起来，也没有真正认识水质、水量的辩证关系。

1996 年，经全国人大修订的《水污染防治法》，集中体现了我国水污染防治由分散治理为主转向集中控制与分散治理相结合，由末端治理为主转向全过程控制、清洁生产，由单一的浓度控制转向浓度控制与总量控制相结合，由区域管理为主转向区域管理与流域管理相结合的指导思想。水污染防治的着眼点已不是污染了以后再去研究怎么办，而是着眼于对人类的发展活动进行调节与控制，使之与水环境（水资源）相协调，从区域或水系的整体出发进行水污染综合防治，由点源治理的尾部控制过渡到源头控制，才能从根本上控制水污染。

4.3.2 水污染综合防治的基本原则

1. 转变经济增长方式，提高资源利用率与水污染治理相结合

人类生态系统中水循环有两个方面，一是自然水循环，二是社会用水循环（工农业生产用水和生活用水），在水循环过程中要保证安全用水界限，并尽可能不降低水的质量，就只有对再生产过程进行调节和控制，包括转变经济增长方式、调整经济结构，特别是要调整工业结构和改善工业布局，以及推行清洁生产等。当前调控手段和方法还很难做到完全不产生污染、不排放污染物，所以还需要有污染治理措施，两者相结合。

2. 合理利用环境的自净能力与人为措施相结合

排海工程、排江工程、优化排污口的分布都是合理利用水环境自净能力的措施；但要从整体出发进行系统分析，土地处理系统，排江、排海工程，一级或二级污水处理，氧化塘等各种措施要优化组合。

3. 污染源分散治理与区域污染集中控制相结合

污水综合排放标准规定的第一类污染物必须由污染源分散治理达标排放，

对于小型工业企业可以采用污染治理社会化的方法去解决。对于其他的污染物应以集中控制为主,提高污染治理效益,将两者结合起来。

4. 生态工程与环境工程相结合

利用生物治理技术,设计合理的工业链和合理的工业用水循环等都是有效的生态工程。但要与环境工程相结合才能发挥更大的作用。

5. 技术措施要与管理措施相结合

在规划、评价的基础上选定技术方案可以避免盲目性;技术方案实施后只有加强管理,才能使技术措施正常运行,获得良好的效益。

4.3.3 水污染综合防治的主要对策

1. 水环境功能分区是进行水污染综合防治的依据

根据水环境的现行功能和经济、社会发展的需要,依据地面水环境质量标准进行水环境功能区划,是水源保护和水污染控制的依据。例如,地面水环境质量标准将水域按功能分为五类:Ⅰ类主要适用于源头水、国家级自然保护区;Ⅱ类主要适用于集中式生活饮用水水源地一级保护区,珍贵鱼类保护区、鱼虾产卵场等;Ⅲ类主要适用于集中式生活饮用水水源地二级保护区,一般鱼类保护区及游泳区;Ⅳ类主要适用于一般工业用水,及人体非直接接触的娱乐用水区;Ⅴ类主要适用于农业用水区及一般景观要求水域。按功能区控制污染,保护水资源。

(1) 按水域功能划定保护级别,提出控制水污染的要求　例如,特殊保护水域是指国家《地面水环境质量标准》(GB 3838—88)Ⅰ、Ⅱ类水域,对这类水域不得新建排污口,现有的排污单位由地方环境部门从严控制,以保证受纳水体水质符合规定用途的水质标准。而重点保护水域,则是指 GB 3838—88 规定的Ⅲ类水域,对排入该水域的污水执行《污水综合排放标准》规定的一级排放标准。

(2) 按功能区实行总量控制　所谓总量控制是指为了保持某环境功能区的环境目标值,所能容许的某种污染的最大排放量。所以,水环境功能区划是实施水污染总量控制的依据。

2. 制定水污染综合防治规划

(1) 主要内容与工作步骤

① 在水环境调查评价的基础上,分析确定水环境的主要问题。

② 水污染控制单元的划分。根据水环境问题分析结论,考虑行政区划、水域特征、污染源分布特点,将源所在区域与受纳水域划分为一个个水污染控制单元。

③ 提出环境目标,进行可达性论证。环境目标要有主要污染物总量控制目标和水环境综合整治各分项具体目标。对环境目标要进行可达性论证。

④ 确定主要污染物削减量,以及削减比例分配方案。

⑤ 制定水污染综合防治规划及实施方案。

⑥ 实施规划的支持和保证，包括资金来源分析、年度计划的制定、实施排污申报登记及排污许可证制度的建议方案，以及必要的技术支持等等。

(2) 制定水污染综合防治规划必须坚持的几项原则

① 以经济建设为中心，有利于促进经济与环境协调发展。

② 以合理开发利用水资源为核心，着眼于全过程控制。通过转变经济增长方式，推行清洁生产，把污染消除在经济再生产过程中。

③ 全面规划、突出重点，因地制宜、讲求实效。

④ 坚持综合整治的原则。对规划方案要进行系统分析，达到整体优化。

(3) 实行排污许可证制度，对主要污染源逐步由浓度控制向总量控制过渡

① 从实际出发确定总量控制目标，按所在地区的实际技术经济水平，确定削减水平，分配到主要污染源。

② 根据污染源调查的结果，确定控制重点，选好发证对象，主要对本地区的污染大户发放排污许可证。

③ 因地制宜进行计算，控制污水总量。

④ 强化发证后的环境管理。

⑤ 重视实践经验，不断提高水平。

3. 乡镇企业的水污染综合防治对策

随着乡镇企业的发展，乡镇企业工业废水排放量所占比重也越来越大，1985年占全国工业废水排放总量的8.52%，到1997年已达17.2%。目前我国96%的村庄没有排水沟渠和污水处理系统，而乡镇企业分布广、与农业生态系统交错在一起，是农村最大的水污染来源，对耕地和河流的支流(或河网)已构成严重威胁，必须尽快进行综合防治。

第一，按产业政策调整产业结构和产品结构，降低污染型行业所占比例，如全部取缔坑式焦炉、淘汰开放式炼磺炉，水泥生产不准新建蛋窑、土立窑和2万吨以下的机立窑，淘汰制浆规模30吨/日以下的小造纸厂，等等。

第二，乡镇企业要合理布局，与农业生态系统组合成良性循环的复合生态系统。

第三，对小电镀厂、小化工厂、小印染厂等要严加控制。

4.4 污水处理技术概述

污水处理技术，就是采用各种方法将污水中所含有的污染物质分离出来，或

将其转化为无害和稳定的物质，从而使污水得以净化。

4.4.1 污水处理方法的分类

现代的污水处理技术，按其作用原理可分为物理法、化学法、物理化学法和生物处理法四大类。

1. 物理法

通过物理作用，以分离、回收污水中不溶解的呈悬浮状的污染物质（包括油膜和油珠），在处理过程中不改变其化学性质。物理法操作简单、经济。常采用的有重力分离法、离心分离法、过滤法及蒸发、结晶法等。

（1）重力分离（即沉淀）法

利用污水中呈悬浮状的污染物和水密度不同的原理，借重力沉降（或上浮）作用，使水中悬浮物分离出来。沉淀（或上浮）处理设备有沉砂池、沉淀池和隔油池。

在污水处理与利用方法中，沉淀与上浮法常常作为采用其他处理方法前的预处理，如用生物处理法处理污水时，一般需事先经过预沉池去除大部分悬浮物质，减少生物处理装置的处理负荷，而经生物处理后的出水仍要经过二次沉淀池的处理，进行泥水分离保证出水水质。

（2）过滤法

水通过滤料床层时，其中的悬浮颗粒和胶体就被截留在滤料的表面和内部空隙中，这种通过粒状介质层分离不溶物的方法称为粒状介质过滤。

过滤介质有钢条、筛网、砂布、塑料、石英砂、无烟煤粒、磁铁矿砂、微孔管等，常用的过滤设备有：格栅、栅网、微滤机、真空滤机、压滤机等（后两种滤机多用于污泥脱水）。

过滤法可用于活性炭吸附和离子交换等深度处理过程之前作为预处理，也可用于化学混凝和生化处理之后作为后处理过程。

（3）气浮（浮选）

将空气通入污水中，并以微小气泡形式从水中析出成为载体，污水中相对密度接近于水的微小颗粒状的污染物质（如乳化油）黏附在气泡上，并随气泡上升至水面，形成泡沫——气、水、悬浮颗粒（油）三相混合体，从而使污水中的污染物质得以从污水中分离出来。

气浮过程包括气泡产生、气泡与颗粒（固体或液滴）附着以及上浮分离等连续步骤。气浮法实现分离的必要条件为：水中必须提供足够数量的直径一般为15～30 μm的微细气泡；必须使目标物呈悬浮状态或具有疏水性质，从而附着于气泡上浮。

根据气泡产生的方式可分为电解气浮、布气气浮和溶气气浮法等。为了提高气浮效果，有时需向污水中投加混凝剂。

应用气浮法易于去除密度较轻的絮体及废水中的纤维，对低浊度低温水的处理效果较好，净水效率高，排泥方便。

(4) 离心分离法

含有悬浮污染物质的污水在高速旋转时，由于悬浮颗粒(如乳化油)和污水的质量不同，因此旋转时受到的离心力大小不同，质量大的被甩到外围，质量小的则留在内圈，通过不同的出口分别引导出来，从而回收污水中的有用物质(如乳化油)，并净化污水。常用的离心设备按离心力产生的方式可分为两种：由水流本身旋转产生离心力的旋流分离器；由设备旋转同时也带动液体旋转产生离心力的离心分离机。

旋流分离器分为压力式和重力式两种。因它具有体积小，单位容积处理能力高的优点，近几十年来广泛用于轧钢污水处理及高浊度河水的预处理。离心机的种类很多，按分离因素分为常速离心机和高速离心机。常速离心机用于分离低浆废水效果可达 60%～70%，还可用于沉淀池的沉渣脱水等。高速离心机适用于乳状液的分离，如用于分离羊毛废水，可回收 30%～40%的羊毛脂。

2. 化学法

向污水中投加某种化学物质，利用化学反应来分离、回收污水中的某些污染物质，或使其转化为无害的物质。常用的方法有化学沉淀法、混凝法、中和法、氧化还原(包括电解)法等。

(1) 化学沉淀法

向污水中投加某种化学物质，使它与污水中的溶解性物质发生反应，生成难溶于水的沉淀物，以降低污水中溶解物质的方法。这种处理法常用于含重金属、氰化物等工业生产污水的处理。

进行化学沉淀的必要条件是能生成难溶性的盐。加入污水中促使产生沉淀的化学物质称为沉淀剂。按使用沉淀剂的不同，化学沉淀法可分为石灰法(又称氢氧化物沉淀法)、硫化物法和钡盐法。

例如，处理含锌污水时，一般投加石灰沉淀剂，pH 控制在 9～11 范围内，使其生成氢氧化锌沉淀；处理含汞污水，可采用硫化钠沉淀剂进行共沉淀处理；处理含铬污水，可采用碳酸钡、氯化钡、硝酸钡、氢氧化钡等为沉淀剂，生成难溶的铬酸钡沉淀，从而除掉污水中的铬离子污染。

(2) 混凝法

各种废水都是以液体为分散介质的分散系。按分散相粒度的大小，可将废水分为三类：分散相粒度大于 100 nm 的悬浮液，分散相粒度为 1～100 nm 的胶体溶液，分散相粒度为 0.1～1 nm 的真溶液。悬浮液可采用重力沉淀或过滤处理，真溶液可采用吸附法处理，胶体溶液和部分悬浮液可用混凝法处理。

混凝处理法是向废水中投加无机或有机化学药剂使微小颗粒及胶体凝聚成絮状大颗粒，然后采用沉淀、气浮或过滤等方法进行分离。混凝的作用原理主要包括胶体的双电层理论和胶体吸附架桥作用机理。对有机混凝剂，吸附架桥起决定作用；对无机混凝剂，吸附架桥和双电层作用均起重要作用。

影响混凝的因素有：

① 水温　无机混凝剂水解多是吸热反应。水温低时，混凝剂水解不完全，影响混凝效果。另外，布朗运动减弱，黏度增加，碰撞的机会减少；同时剪切力增大，难以形成较大的絮凝体。

② pH 值和碱度　无机混凝剂对 pH 值有一定要求。如铝盐和铁盐要求的 pH 值分别为 5.5～8.5 和大于 8.5。碱度对 pH 有缓冲作用，以保证铝盐、铁盐在水解时不引起 pH 值大的变化。

③ 共存杂质的种类和浓度　除硫、磷化合物以外的其他各种无机金属盐均能促进胶体凝聚，离子浓度越高，促进能力越强。磷酸离子、亚硫酸离子、高级有机酸离子等阻碍高分子絮凝作用，氯、螯合物、水溶性高分子物质和表面活性物质都不利于混凝。

④ 胶体杂质浓度　过高或过低都不利于混凝。用无机金属盐作混凝剂时，胶体浓度不同，所需的 Al^{3+} 和 Fe^{3+} 的用量亦不同。

混凝法可去除污水中细分散固体颗粒、乳状油及胶体物质等。所以该法可用于降低污水的浊度和色度，去除多种高分子物质、有机物、某种重金属毒物（汞、镉、铅）和放射性物质等，也可以去除能够导致富营养化物质如磷等可溶性无机物，此外还能够改善污泥的脱水性能。因此，混凝法在工业污水处理中使用得非常广泛，既可作为独立处理工艺，又可与其他处理法配合使用，作为预防处理、中间处理或最终处理。在三级处理中，近年常采用混凝法。

目前常采用的混凝剂有：硫酸铝、碱式氯化铝、铁盐（主要指硫酸亚铁、三氯化铁及硫酸铁）等。

当单独使用混凝剂不能达到应有净水效果时，为加强混凝过程、节约混凝剂用量，常可同时投加助凝剂。

（3）中和法

中和法用于处理酸性废水和碱性废水，即利用化学药剂，将废水的 pH 值调节到 7 左右。

① 酸性废水的中和处理

废水中酸度高于 3%～5%时考虑回收利用，低浓度时中和处理，常用的中和处理方法有投药中和法和过滤中和法。

投药中和法　反应速度快，能处理任何浓度、任何性质的酸性废水。常用的中和药剂有石灰、苛性钠、碳酸钠、石灰石、电石渣、锅炉灰等，也可用废碱液、废碱渣。

过滤中和法　以石灰石（$CaCO_3$）、白云石（$CaCO_3 \cdot MgCO_3$）等作滤料，让酸性废水通过滤层而得以中和的方法称为过滤中和法。过滤法操作方便、运行费用低、产生的废渣少，但一般适用于含酸浓度低的废水。常用的过滤设备有：重力式中和滤池、生流式膨胀滤池、变速膨胀滤池和滚筒中和滤池。

② 碱性废水的中和处理

碱性废水的中和处理有废酸性物质中和法和投酸中和法两种。

废酸性物质中和法　酸性废水和烟道气等可以用来中和碱性废水，废酸中和法的优点是以废治废、投资和运行费用低。

投酸中和法　常用的药剂有硫酸、盐酸和压缩二氧化碳等，其中硫酸因价格低而得到广泛运用；盐酸的优点是反应产物溶解度高，废渣量少，但价格高。

(4) 氧化还原法

废水中呈溶解状态的有机或无机污染物，在投加氧化剂或还原剂后，由于电子的迁移，而发生氧化或还原作用，使其转化为无毒无害的物质，这种方法称为氧化还原法。根据有毒有害物质在氧化还原中被氧化还原的不同，废水的氧化还原法又可分为氧化法和还原法。

在工业废水处理中，常用的氧化剂有 O_2、Cl_2、O_3、漂白粉、H_2O_2、$H_2S_2O_3$、MnO_4^-、$FeCl_3$ 等，氧化方法在污水处理中的应用实例如下：

① 空气氧化法

空气氧化法处理含硫污水，硫化物被氧化成无毒或微毒的硫代硫酸盐或硫酸盐：

$$2HS^- + 2O_2 = S_2O_3^{2-} + H_2O \tag{4-11}$$

$$2S^{2-} + 2O_2 + H_2O = S_2O_3^{2-} + 2OH^- \tag{4-12}$$

$$S_2O_3^{2-} + 2O_2 + 2OH^- = 2SO_4^{2-} + H_2O \tag{4-13}$$

有机氧化物则被氧化生成沉淀除去。

$$RSNa + R'SNa + 0.5O_2 + H_2O = RS{-}SR' \downarrow + 2NaOH \tag{4-14}$$

空气氧化法已成功用于炼油厂含硫废水的处理，含硫量可由 200 mg/L 降至 30 mg/L 以下。

② 氯氧化法

氯氧化法处理含氰污水，常用的药剂有液氯、次氯酸钠、二氧化氯及漂白粉等。

先将含氰废水的 pH 调至 8.5～11，再加氯氧化剂（如 Cl_2）进行氧化，反应如下：

$$NaCN + 2NaOH + Cl_2 = NaCNO + 2NaCl + H_2O \tag{4-15}$$

反应生成的氰酸钠的毒性是 HCN 的 1/1 000。如 pH<8.5，会产生挥发性的 CNCl，其毒性比 HCN 更大，而且使反应速度降低。进一步加入过量的氯，使氰酸钠被氧化为 CO_2 和 N_2，反应式如下：

$$2NaCNO + 4NaOH + 3Cl_2 = 2CO_2\uparrow + 6NaCl + N_2\uparrow + 2H_2O \tag{4-16}$$

③ 臭氧氧化法

臭氧是一种强氧化剂，可使大多数有机物质氧化，如能使烯烃、炔烃及芳香烃化合物氧化成醛类或有机酸，降低污染物的毒性，并能使水中的溶解氧增加。臭氧主要用于废水的三级处理，其作用是：a 降低污水的 COD 和去除 BOD；b 杀菌消毒，c 增加水中的溶解氧；d 除臭、脱色；e 降低浊度。

废水处理中可用的还原剂有铁屑、锌粉、硫酸亚铁、亚硫酸盐、硼氢化钠、二氧化硫、氯化亚铁等，还原法目前主要用于处理含铬、汞和铜的污水。如用亚硫酸氢钠作还原剂处理重铬酸的反应如下：

$$2H_2Cr_2O_7 + 6NaHSO_3 + 3H_2SO_4 = 2Cr_2(SO_4)_3 + 3Na_2SO_4 + 8H_2O \tag{4-17}$$

$$Cr_2(SO_4)_3 + 3Ca(OH)_2 = 2Cr(OH)_3 + 3CaSO_4 \tag{4-18}$$

$$Cr_2(SO_4)_3 + 6NaOH = 2Cr(OH)_3 + 3Na_2SO_4 \tag{4-19}$$

重铬酸的还原反应在 pH<3 时速度很快，但为生成 $Cr(OH)_3$ 沉淀，pH 控制在 7.5～9。

3. 物理化学法

在工业污水的回收利用中，经常遇到物质由一相转移到另一相的过程。例如，用汽提法回收含酚污水时，酚由液相（水）转移到气相中，其他如萃取、吸附、离子交换、吹脱等传质过程都涉及有关的物理化学原理，因此利用这些操作过程处理或回收利用工业废水的方法可称为物理化学法。工业废水在应用物理化学法进行处理或回收利用之前，一般均需先经过预处理，尽量去除废水中的悬浮物、油类、有害气体等杂质，或调整废水的 pH 值，以便提高回收效率及减少损耗。常采用的物理化学法有以下几种。

(1) 萃取(液-液)法

萃取法是将与水不互溶且密度小于水的有机溶剂(萃取剂)和被处理污水接触,在物理(溶解)或化学(包括配合、螯合式离子缔合)的作用下,使污水中的溶质溶于溶剂中,然后利用溶剂与水的密度差,将溶剂分离出来。被萃取组分在有机相中的溶解度大于水相是萃取法的必要条件。

当需要回收被萃取组分时,必须再选择一种特定的水溶液(酸或碱溶液,称为反萃取剂)与有机相接触,将被萃取组分从饱和的萃取剂中再转入水相,这一过程称为反萃取。

萃取剂常用的有含氧萃取剂(如仲辛醇)、含磷萃取剂(如磷酸三丁酯)、含氮萃取剂(如三烷基胺)等。萃取设备包括间歇型和连续型两类,有脉冲筛板塔、离心萃取机等。

萃取法除应用于含重金属离子废水处理外,对高浓度有机(含酚和染料)废水处理已有成熟的工艺,如采用二甲苯作萃取剂、NaOH 溶液作反萃取剂,萃取酚的回收率可达 90%以上。

(2) 吸附法

吸附法主要是利用多孔性的固体物质,使污水中的一种或多种物质被吸附在固体表面而去除的方法,并能除色、脱臭。吸附法可用于吸附污水中的酚、汞、铬、氰等有毒物质。

水处理中常用的吸附剂有活性炭、磺化煤、焦炭、木炭、活化煤、沸石、活性白土、硅藻土、腐殖酸、木屑等,其中活性炭应用最为广泛。

废水在进行吸附操作前应经预处理除去悬浮物及油类等杂质,以免堵塞吸附剂空隙。

吸附操作可分为静态和动态两种。静态吸附操作通常在搅拌吸附装置中间歇进行,将吸附剂投入污水中,不断搅拌,使吸附达到平衡,然后用沉淀或过滤的方法使水和吸附剂分离。静态吸附操作有时需要采取多次才能达到水质要求,在生产中很少采用,只在水处理量较小时才考虑。动态吸附则是在污水流动条件下进行的连续操作。污水处理中多采用动态吸附操作,常用的吸附设备有固定床、移动床和流动床三种方式。

吸附法目前多用于污水的深度处理。

(3) 离子交换法

离子交换法是水质软化和除盐的主要方法。在废水处理中主要用于去除和回收废水中的金属离子。

离子交换的实质是不溶性离子化合物(离子交换剂)上的可交换离子与溶液

中其他同性离子的交换反应，是一种特殊的吸附过程，通常是可逆性化学吸附。

水中的阳离子 M^+ 与交换剂上的 H^+ 离子进行交换反应，其反应如下：

$$RH + M^+ \rightleftharpoons RM + H^+ \qquad (4-20)$$

式中，R 为离子交换剂上的骨架；H 为交换剂上可交换基团；M 为被交换离子。

离子交换剂有无机离子交换剂和有机离子交换剂两大类，在污水处理中使用的主要是离子交换树脂。离子交换树脂是人工合成的高分子化合物，由树脂本体（又称母体）和活性基团两部分组成。树脂本体通常是苯乙烯聚合物，无离子交换能力，需加上由固定离子和活动离子组成的活性基团才具有离子交换能力。离子交换树脂品种很多，对各种离子的交换能力也是不同的。

采用离子交换法处理污水时，必须考虑树脂的选择性。交换能力的大小主要取决于各种离子对该种树脂亲和力（又称选择性）的大小。离子交换法的运行方式分为固定床和连续床两大类。固定床离子交换装置是最常用、最基本的一种形式。离子交换系统一般包括：预处理设备（除悬浮物）、离子交换器和再生附属设备。离子交换的运行操作包括四个步骤：交换、反洗、再生、清洗。

离了交换法广泛用于去除污水中的杂质，如去除（回收）污水中的铜、镍、镉、锌、汞、金、银、铂、磷酸、硝酸、氨、有机物和放射性物质等。

(4) 膜分离法

膜分离法是利用选择性透过膜为分离介质，当膜两侧存在某种推动力（如压力差、浓度差、温度差和电位差等）时，使溶剂与溶质分离的方法，包括扩散渗析、电渗析、反渗透、超滤等。各种主要水处理膜过程见表 4-2。

膜分离法的优点是可在常温下操作，没有相变化，设备可工厂化生产，操作容易等。缺点是处理能力小，需要消耗相当的能量（扩散渗析除外）。

① 电渗析

电渗析是在直流电场作用下，以电位差为推动力，利用离子交换膜的选择透过性（即阳膜只允许阳离子通过、阴膜只允许阴离子通过），而使溶液中的溶质与水分离的一种物理化学过程。

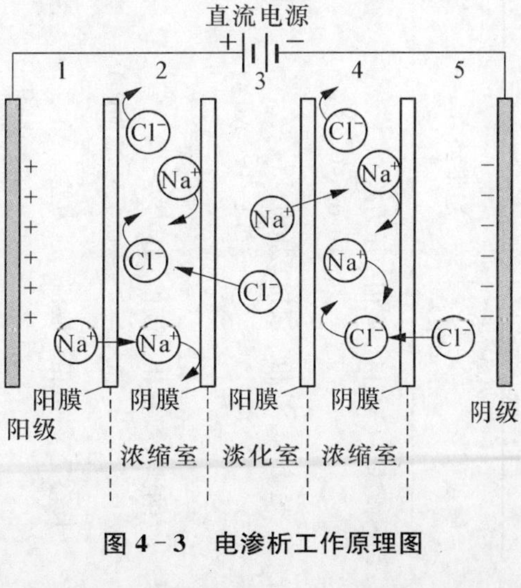

图 4-3　电渗析工作原理图

表 4-2 各种主要水处理膜过程的分离机理

膜过程	分离体系 相1	分离体系 相2	推动力	分离机理	渗透物	截留物	膜结构
微滤	液相	液相	压力差（0.01～0.2 MPa）	筛分	水、溶剂、溶解物	悬浮物、颗粒、纤维和细菌（0.01～10 μm）	对称和不对称多孔膜
超滤	液相	液相	压力差（0.1～0.5 MPa）	筛分	水、溶剂、离子和小分子（相对分子质量小于1 000）	生化制品、胶体和大分子（相对分子质量为1 000～300 000）	具有皮层的多孔膜
纳滤	液相	液相	压力差（0.5～2.5 MPa）	筛分＋溶解/扩散	水和溶剂（相对分子质量小于200）	溶质、二价盐、糖和染料（相对分子质量200～1 000）	致密不对称膜和复合膜
反渗透	液相	液相	压力差（1.0～10.0 MPa）	溶解/扩散	水和溶剂	全部悬浮物、溶质和盐	致密不对称膜和复合膜
电渗析	液相	液相	电位差	离子交换	电解离子	非解离和大分子物质	离子交换膜
渗析	液相	液相	浓度差	扩散	离子、低相对分子质量有机质、酸和碱	相对分子质量大于1 000的溶解物和悬浮物	不对称膜和离子交换膜
渗透蒸发	液相	气相	分压差	溶解、扩散	溶质或溶剂（易渗透组分的蒸气）	溶质或溶剂（难渗透组分的液体）	复合膜与均质膜
膜蒸馏	液相	液相	温度差	气-液平衡	溶质或溶剂（易汽化与渗透的组分）	溶质或溶剂（难汽化与渗透的组分）	多孔膜
液膜	液相	液相	化学反应与浓度差	反应促进和扩散传递	电解质离子	非电解质离子	载体膜
膜接触器	液相 液相 气相		浓度差 浓度差（分压差） 浓度差（分压差）	分配系数	易扩散与渗透的物质	难扩散与渗透的物质	多孔膜和无孔膜

电渗析的工作原理(图 4-3)是将阳离子膜和阴离子膜交替排列于正负两个电极之间,并用特制的隔板隔成许多小水室,组成脱盐(淡化)和浓缩两个系统。在外加直流电场作用下,阴、阳离子分别向阳极和阴极移动,利用离子交换膜的选择透过性,使淡室中的离子浓度降低、浓室中的离子浓度提高,从而达到净化的目的。

电渗析目前在苦咸水及海水淡化、海水浓缩制盐、纯水的制备、工业废水的处理和离子隔膜电解等方面得到应用。

② 反渗透

淡水和浓水用一种半渗透膜隔开时,淡水中的水会通过膜自动地渗透到浓水一侧,渗透的推动力是渗透压,在达到某一高度后渗透停止,达到平衡状态,称为渗透平衡,此时膜两侧的液位差称为渗透压(π)。当在浓水侧施加一个外部压力 p($p>\pi$),使浓水中的水渗透到淡水中去,这种现象成为反渗透。反渗透过程必须具备两个条件:(a)有一种高选择性和高渗透性的半透膜;(b)操作压力必须高于溶液的渗透压。

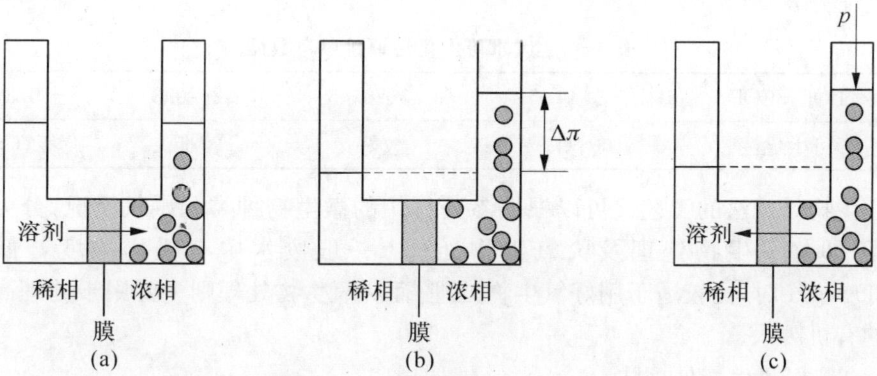

图 4-4　反渗透原理示意图

目前反渗透处理方法已用于海水淡化、含重金属的废水处理及污水的深度处理等方面。应用反渗透法淡化海水一般需要 9.8×10^6 Pa 的压力,若用作处理一般污水,反渗透的操作压力为 $2.94\times10^5\sim4.9\times10^5$ Pa,即可获得较高的出水率。制作半透膜的材料有醋酸纤维素、磺化聚苯醚等有机高分子物质。为降低操作压力以节省设备和运转费用,目前对于膜的材料和性能正在进行深入试验研究。

反渗透处理工艺流程应该由三部分组成:预处理、膜分离及后处理。预处理的目的是将能够对膜分离功能产生有害影响的各种因素加以消除或将其减少到最低的程度。当用于海水淡化时,通常采用的后处理方法有脱除二氧化碳、pH 值调整、消毒及活性炭过滤等。

③ 超滤

超滤和反渗透相类似，也是依靠压力和膜进行工作。超滤膜的材料也是醋酸纤维素或聚砜酰胺等，但删去热处理工序，使制成的超滤膜的孔比较大，能在较低压力下(0.1～0.5 MPa)工作，且具有较大的通水量。超滤一般用来分离相对分子质量大于500的物质，如细菌、蛋白质、颜料、油类等。

4. 生物法

生物处理法就是利用微生物分解氧化有机物这一功能，并采取一定的人工措施，创造有利于微生物生长繁殖的环境，使微生物大量增殖，以提高其分解氧化有机物效率的一种废水处理的方法。生物法主要用来处理污水中呈溶解和胶体状态的有机污染物。

废水可生化性是指废水中的污染物的分子结构能否在微生物作用下分解到环境允许的结构形式，以及是否有足够快的分解速度。可生化性的评价方法有BOD_5/COD值法、BOD_5/TOD值法、耗氧速率法、脱氢酶活性法等，其中BOD_5/COD值法是广泛采用的一种最简易的方法，用BOD_5/COD值法评价污水的可生化性见表4-3。

表4-3 废水可生化性评价参考数据

BOD_5/COD	＞0.45	0.3～0.45	0.2～0.3	＜0.2
可生化性	好	较好	较难	不宜

生物处理法的工艺又可以根据参与作用的微生物种类和供氧情况，分为两大类，即好氧生物处理及厌氧生物处理。一般废水中有机物浓度若低于1 000 mg/L时，比较适于用好氧生物处理；而厌氧生物处理则主要用于处理高浓度的有机废水。

(1) 好氧生物处理法

好氧生物处理法是在有氧条件下，借助于好氧菌和兼氧菌的作用来进行。在处理过程中，废水中的微生物把吸收的部分有机物氧化分解为简单的无机物，并释放出大量的能量，同时将另一部分有机物合成为新的细胞物质(原生质)，于是微生物逐渐长大、分裂，产生更多的微生物，这一过程可用下述的生物化学方程式表示。

有机物的氧化：

$$C_xH_yO_z + O_2 \xrightarrow{\text{酶}} CO_2 + H_2O + \text{能量} \quad (4-21)$$

原生质的合成：

$$C_xH_yO_z + NH_3 + O_2 + \text{能量} \xrightarrow{\text{酶}} C_5H_7NO_2 + CO_2 + H_2O \quad (4-22)$$

当废水中营养物(主要为有机物)缺乏时,细菌则靠氧化体内的原生质来提供生命活动的能源(称内源呼吸),使微生物的数量减少,这一过程可表示如下。

原生质的氧化:

$$C_5H_7NO_2 + O_2 \xrightarrow{\text{酶}} CO_2 + H_2O + NH_3 + \text{能量} \qquad (4-23)$$

有机物的好氧分解过程,如图 4-5 所示。

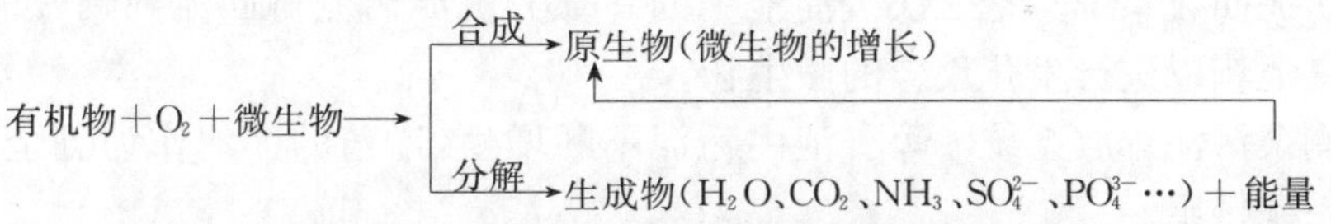

图 4-5 有机物的好氧分解过程示意图

除少数难降解的物质外,几乎所有的有机物都能被相应的微生物氧化分解。依据好氧微生物在处理系统中所呈的状态不同,又可分为活性污泥法和生物膜法两大类。

① 活性污泥法

如果将空气连续鼓入有机污水中,保持水中有足够的溶解氧,经过一段时间,水中就会产生一种以好氧菌为主的黄褐色絮凝体,其中含有大量的活性微生物,这种絮凝体就是活性污泥。活性污泥是以细菌、原生动物和后生动物所组成的活性微生物为主体,此外还有一些无机物、未被微生物分解的有机物和微生物自身代谢的残留物。活性污泥含水率高,达 99.9%以上,相对密度接近 1;活性污泥结构疏松,比表面积巨大,一般在 20~100 cm^2/mL,对有机污染物有着强烈的吸附凝聚和氧化分解能力;在条件合适时,活性污泥还具有良好的自身凝聚和氧化分解性能,大部分絮凝体在 0.02~0.2 mm 范围内。从废水处理角度看,这些特点都是十分有利的。

活性污泥法是以废水中的有机污染物为培养基,在有溶解氧的条件下,连续地培养活性污泥,再利用其吸附凝聚和氧化分解作用净化废水中有机污染物。

普通活性污泥法处理系统(图 4-6)由以下几部分组成。

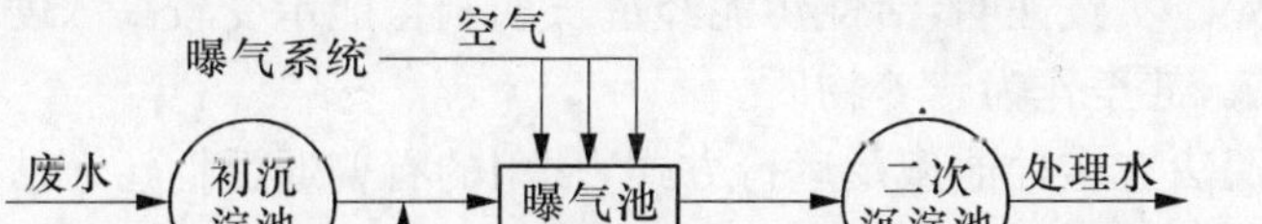

图 4-6 活性污泥法示意图

初沉淀池　用以除去废水中粗大的原生悬浮物。悬浮物少时可不设。

曝气池　在池中使废水中有机污染物与活性污泥充分接触,并吸附和氧化分解有机污染物质。

曝气系统　曝气系统供给曝气池生物反应所必需的氧气,并起混合搅拌作用。

二次沉淀池　二次沉淀池用以分离出曝气池水中的活性污泥。

污泥回收系统　把二次沉淀池中的一部分沉淀污泥再回流到曝气池,以供应曝气池赖以进行生化反应的微生物。

剩余污泥排放系统　曝气池内污泥不断增殖,增殖的污泥作为剩余污泥从排放系统排出。

影响活性污泥法处理效率的因素如下。

溶解氧　一般情况下,曝气池出口处的混合液中的溶解氧保持在 2 mg/L 左右,就能使活性污泥保持良好的净化功能。如溶解氧浓度过低,影响活性污泥微生物正常的代谢活动,净化能力下降,并易滋生丝状菌,产生污泥膨胀现象;如溶解氧浓度过高,氧的传质效率降低,所需动力费用增加。

温度　好氧生物处理的最适宜温度在 15～30℃。温度过高,气味明显;温度低于 10℃,降低 BOD 的去除速率。

营养物质　各种微生物体内含有的元素和需要的营养元素大体一致。细菌的化学组成实验式为 $C_5H_7O_2N$,霉菌为 $C_{10}H_{17}O_6N$,原生动物为 $C_7H_{14}O_3N$,应按菌体的主要成分比例供给菌体培养的营养。

pH 值　活性污泥的最适宜 pH 值为 6.5～8.5 之间,如 pH 值降至 4.5 以下,原生动物全部消失,真菌将占优势,易产生污泥膨胀现象。当 pH 值超过 9.0 时,微生物的代谢速率将受到影响。

有毒物质　主要毒物有重金属离子(如锌、铜、镍、铅、铬等)和一些非金属物(如氰化物、硫化物、卤化物、酚、醛、醇、染料、农药和抗生素等)。重金属离子易和细胞蛋白质结合,使之变性,或与酶的巯基(—SH)结合使其失活。酚、醛、醇等有机化合物能使活性污泥中生物蛋白质变性或使蛋白质脱水,损害细胞质而使微生物致死。实践证明,活性污泥经过长期驯化能承受较高浓度的有毒物质,并能将其分解,甚至作为营养物质。

活性污泥法有多种池型及运行方式,常用的有普通活性污泥法、完全混合式表面曝气法、吸附再生法等。废水在曝气池内停留一般为 4～6 小时,能去除废水中的有机物(BOD_5)90%左右。活性污泥法是当前使用最广泛的一种生物处理法。

② 生物膜法

生物膜是生长在固定介质表面上的，由好氧微生物及其吸附、截留的有机物和无机物所组成的黏膜。生物膜法就是使废水流过生物膜，借助于生物膜中微生物的作用，在有氧的条件下，氧化废水中的有机物质。生物膜法又称为生物过滤法。生物膜是生物处理的基础，必须有足够的数量。生物膜厚度介于2～3 mm时较为理想。生物膜太厚，会影响通风，甚至堵塞，生成厌氧层，使处理水质下降，而且厌氧代谢产物会恶化环境卫生。

生物膜呈蓬松的絮状结构，微孔多，比表面积大，具有很强的吸附能力，其结构如图 4－7 所示。由于生物作用，生物膜表面附着水层内的有机物大多已被氧化，废水中的有机物在浓度差的作用下，转移到附着水层内去，进而被生物膜吸附。同时空气中的氧在溶入废水后，进入生物膜。在此条件下，微生物对有机物进行氧化分解和同化合成，产生的 CO_2 和其他代谢产物一部分深入附着水层，另一部分析出到空气中去，如此循环往复，使废水中的有机物不断减少，从而得到净化。

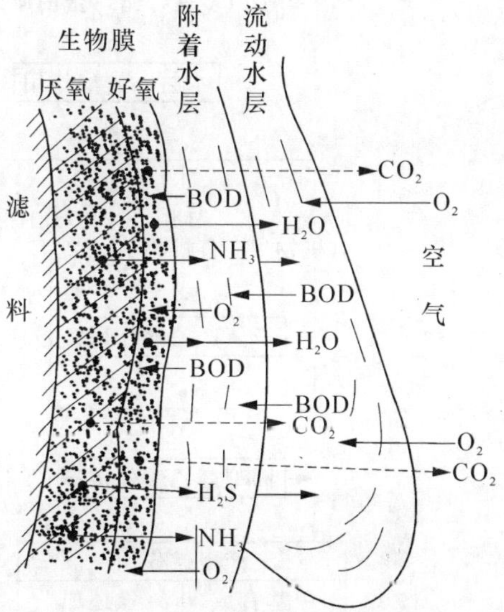

图 4－7　生物膜构造剖面示意图

在向生物膜细菌供氧的过程中，由于存在气液膜阻力，速率很慢。随着生物膜厚度的增大，废水中的氧将迅速被表层的生物膜所耗尽，致使其深层因氧不足而发生厌氧分解，生成 H_2S、NH_3、有机物等代谢产物。当供氧充分时，厌氧层的厚度是有限的，此时产生的有机酸能被异养菌及时地氧化成 CO_2 和 H_2O，而 NH_3、H_2S 被自养菌氧化成 NO_2^-、NO_3^- 和 SO_4^{2-} 等，仍然维持生物膜的活性。若供氧不足，从总体上讲，厌氧菌将起主导作用，不仅丧失好氧生物分解的功能，而且使生物膜发生非正常的脱落。

生物膜法的主要特点：对废水水质、水量的变化有较强的适应性；管理比较方便；由于微生物附着于固体表面，即使增殖速率慢的微生物也能生存，构成比较稳定的生态系统；高营养级的微生物越多，污泥量自然就越少。

生物膜法采用的处理构筑物有生物滤池、生物转盘、生物接触氧化池及生物流化床等。

(2) 厌氧生物处理法

在无氧条件下，依赖兼性厌氧菌和专性厌氧菌等多种微生物共同作用，对有机物进行生化降解生成 CH_4 和 CO_2 的过程，称为厌氧生物处理法，又称厌氧消化。

厌氧生物处理是一个复杂的生物化学过程，有机物的分解转化主要依靠水解产酸细菌、产氢产乙酸细菌和产甲烷细菌的联合作用完成，整个过程可分为三个连续的阶段(图 4-8)。

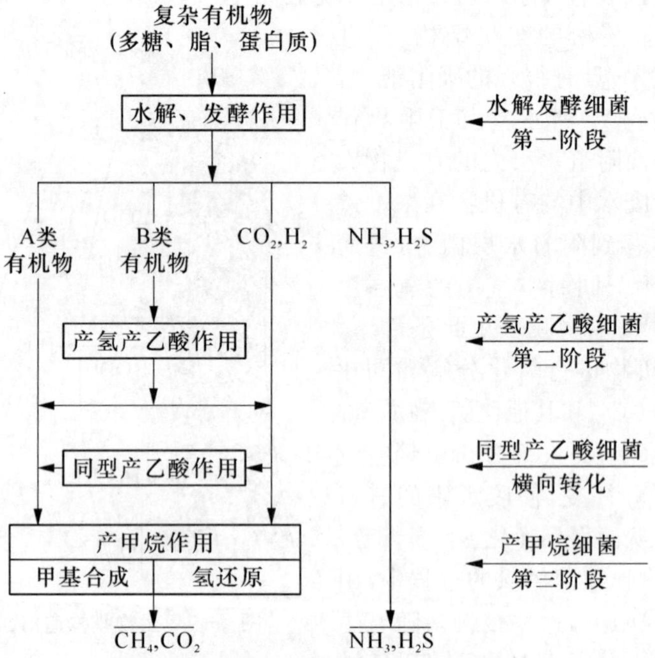

A—主要为乙酸，其次为甲酸、甲醇、甲胺；
B—A 以外的其他简单有机物，主要为丙酸、丁酸等

图 4-8 有机厌氧消化的三个阶段

第一阶段，水解和发酵。复杂有机物在微生物(发酵细菌)作用下进行水解和发酵，多糖先水解为单糖，再通过酵解途径进一步发酵成乙醇和脂肪酸等。蛋白质则先水解为氨基酸，再脱氨基作用产生脂肪酸和氨。

第二阶段，产氢、产乙酸(即酸化阶段)。在产氢产乙酸菌的作用下，将乙醇和脂肪酸等水溶性小分子转化为乙酸、H_2 和 CO_2。

第三阶段，产甲烷阶段。甲烷细菌把甲酸、乙酸、甲胺、甲醇和(H_2+CO_2)等基质转化为甲烷。此过程由两组不同的产甲烷菌完成，一组把氢和二氧化碳转化成甲烷，另一组从乙酸或乙酸盐脱羧产生甲烷，前者约占总量的 1/3，后者约占总量的 2/3，反应式为：

$$4H_2 + CO_2 \xrightarrow{\text{产甲烷菌}} CH_4 + 2H_2O \quad (4-24)$$

$$CH_3COOH \xrightarrow{\text{产甲烷菌}} CH_4 + CO_2 \quad (4-25)$$

$$CH_3COONH_4 + H_2O \xrightarrow{\text{产甲烷菌}} CH_4 + NH_4HCO_3 \quad (4-26)$$

上述三个阶段在厌氧反应器中同时进行并呈某种程度的动态平衡，这种动态平衡一旦被 pH 值、温度、有机负荷等外加因素破坏，则首先使产甲烷阶段受到抑制，其结果会导致低级脂肪酸的积存和厌氧进程的异常变化，甚至导致整个厌氧消化过程的停滞。

影响厌氧生物处理的主要因素。

温度　厌氧消化可分为：低温消化(5～15℃)，中温消化(30～35℃)和高温消化(50～55℃)。高温消化比中温消化时间短，产气率高，对寄生虫卵的杀灭率可达 90%，但耗热量大，管理复杂。

pH 值　甲烷细菌生长最适宜的 pH 范围为 6.8～7.2，若 pH 低于 6 或高于 8，正常的消化就会难以进行。

负荷　在通常情况下，常规厌氧消化中温高浓度废水的有机负荷为 2～3 kg/(m^3·d)(COD)，在高温下为 4～6 kg/(m^3·d)(COD)。

碳氮比(C/N)　碳氮比过高，组成细菌的氮量不足，消化液的缓冲能力较低，pH 值易下降；而碳氮比太低，则氮量过高，pH 值可能升至 8.0 以上，脂肪酸铵盐的积累，对甲烷菌产生毒害作用。研究表明，碳氮比为(10～20)：1 时，消化效果较好。

有毒物质　重金属离子、硫化物、氨氮、氰化物以及某些人工合成有机物等有毒物质会影响消化的正常进行。有毒物质的最高允许浓度与处理系统的运行方式、污泥驯化程度、废水特性、操作条件等因素有关。

厌氧生物处理法已有百年悠久历史，但由于它与好氧法相比存在着处理时间长、对低浓度有机污水处理效率低等缺点，发展缓慢，过去厌氧法常用于处理污泥及高浓度有机废水。近 30 多年来，世界性能源紧张促使污水处理向节能和实现能源化方向发展，而厌氧生物处理法的最终产物是以甲烷为主的可燃性气体、操作费用远低于好氧生物处理法、污泥产生量少且易于浓缩脱水作为肥料使用，因此厌氧生物处理法又重新得到了重视。一大批高效新型厌氧生物反应器相继出现，包括厌氧生物滤池、升流式厌氧污泥床、厌氧流化床等。它们的共同特点是反应器中生物固体浓度很高，污泥龄很长，因此处理能力大大提高，从而使厌氧生物处理法所具有的能耗小并可回收能源，剩余污泥量少，生成的污泥稳定、易处理，对高浓度有机污水处理效率高等优点得到充分体现。厌氧生物处理法经过多年的发展，现已成为污水处理的主要方法之一。目前，厌氧生物处理法不但可用于处理高浓度和中等浓度的有机污水，还可以用于低浓度有机污水的处理。

4.4.2 污水处理流程

污水中的污染物是多种多样的，不能预期只用一种方法就能够把污水中所有污染物质去除殆尽，一种污水往往需要通过几种方法组成的处理系统，才能达到处理要求的程度。按污水的处理程度划分，污水处理可分为一级、二级和三级（深度）处理。

一级处理主要是去除污水中呈悬浮状的固体污染物质，物理处理法中的大部分用作一级处理。经一级处理后的污水，悬浮物质去除率可达 70%～80%，但 BOD 只能去除 25%～40%左右，仍不宜排放，还必须进行二级处理，因此针对二级处理来说，一级处理又属于预处理。

二级处理的主要任务是大幅度地去除污水中呈胶体和溶解状态的有机性污染物质（即 BOD 物质），去除率（BOD）可达 80%～90%，处理后水中的 BOD_5 含量可降至 20～30 mg/L，悬浮物质去除率可达 90%～95%。生物法和某些物理化学方法，只要运行正常都能达到这种要求。一般地说，经二级处理后污水能达到排放标准。

三级处理又称深度处理，其目的是进一步去除废水中经二级处理后仍未能去除的污染物，主要是微生物不能降解的有机污染物和氮、磷等无机盐类，BOD_5 含量可降至 5 mg/L。深度处理往往是以污水回收、再次复用为目的。完善的三级处理由除磷、除氮、除有机物（主要是难以生物降解的有机物）、除病毒和病原菌、除悬浮物和除矿物质等单元过程组成。污水复用的范围很广，从工业上的复用到充作饮用水，对复用水质的要求也不尽相同，一般根据水的复用用途而组合三级处理工艺。如果为防止受纳水体富营养化，则采用除磷和除氮的三级处理；如果为保护下游饮用水源或浴场不受污染，则应采用除磷、除氮、除毒物、除病菌和除病原菌等三级处理；如果直接作为城市饮用水以外的生活用水，其出水水质要求接近于饮用水标准，常用的有生物脱氮法、混凝沉淀法、活性炭过滤法、离子交换法、反渗透法和电渗析法等。三级处理投资大，管理费用高，还没有达到普及运用，但随着废水排放标准的提高，三级处理在废水处理中的比重在逐渐增加。

污水处理流程的组合，一般应遵循先易后难，先简后繁的规律，即首先去除大块垃圾及漂浮物质，然后再依次去除悬浮固体、胶体物质、胶溶解性物质。亦即，首先使用物理法，然后再使用化学法和生物法。

对于某种污水，采取由哪几种处理方法组成的处理系统，要根据污水的水质、水量，回收其中有用物质的可能性和经济性，排放水体的具体规定，并通过调查、研究和经济比较后决定，必要时还应当进行一定的科学试验。调查研究和科学试验是确定处理流程的重要途径。以下介绍一些常用的污水处理工艺流程。

1. 城市污水处理的典型流程

城市污水处理方案根据污水处理的目标和污水的成分决定，同时又要考虑水的自净能力，而污水处理的目标取决于处理水的用途和排水去向。

以去除污水中的BOD物质为主要对象的污水处理系统，其处理系统的核心一般为生物处理设备（包括二次沉淀池），处理流程如图4-9所示。污水先经格栅、沉砂池，除去较大的悬浮物质及砂粒杂质，然后进入初次沉淀池，去除呈悬浮状的污染物后进入生物处理设备（活性污泥曝气池或生物膜构筑物）处理，使污水中的有机污染物在好氧微生物的作用下氧化分解，生物处理设备的出水进入二次沉淀池进行泥水分离，澄清的水排出二次沉淀池后再经消毒直接排放；二次沉淀池排放出的剩余污泥再经浓缩、污泥消化、脱水后进行污泥综合利用；污泥消化过程产生的沼气可回收利用，用作热源能源或沼气发电。

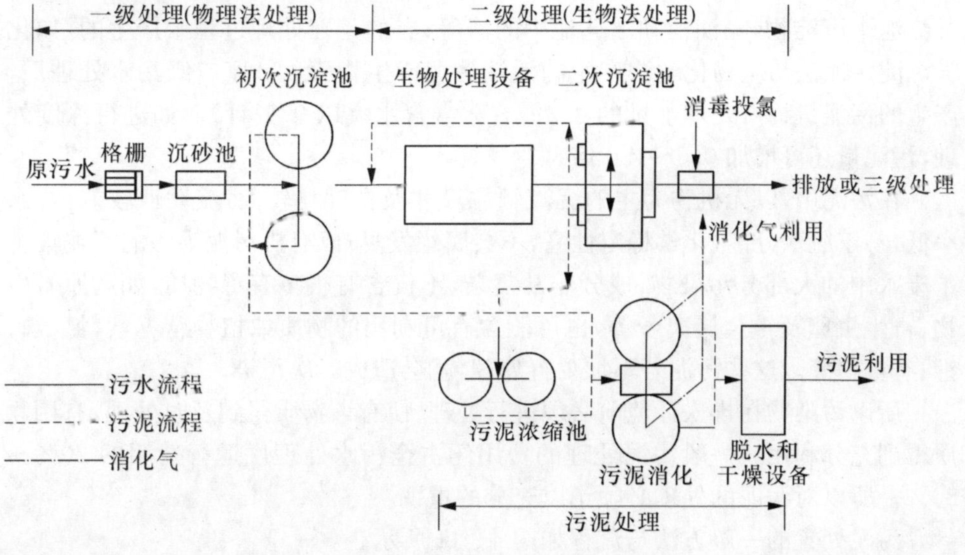

图4-9 城市污水处理典型流程示意图

2. 维尼纶厂废水处理的流程

维尼纶厂废水处理的主要对象是去除甲醛，生物滤池是处理流程的核心（图4-10）。调节池的任务是调节水量和均化水质。由于水质呈酸性不利于生物处理，用中和池加以中和，中和后产生的CO_2也不利于生物处理，设除气池将其去除，而预沉淀池是为了去除由中和滤池夹带出的破碎滤料。投加生活污水的目的是给微生物补充营养物质，二次沉淀池的任务是截留生物滤池出水所带出的老化生物膜。

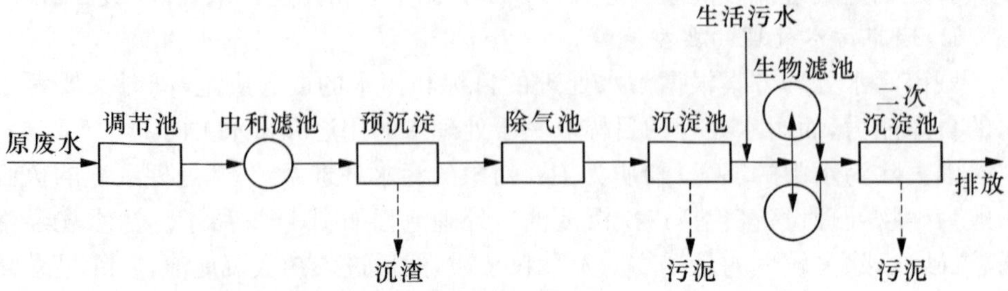

图 4-10 维尼纶厂废水处理流程示意图

4.4.3 污泥处理、利用与处置

污泥处理是废水处理过程中所产生的另一个问题，废水处理程度越高，污泥产生量就越大。污泥有的是从污水中直接分离出来的，如沉砂池中的沉渣，初次沉淀池中沉淀物，隔油池和浮选池中的渣等；有的是在处理过程中产生的，如化学沉淀污泥法与生物化学法产生的活性污泥或生物膜。一座二级污水处理厂，产生的污泥量约占处理水量的 0.3%～5%(含水率以 97%计)。如进行深度处理，污泥量还可增加 0.5～1.0 倍。

在污泥中，以无机物为主的沉渣颗粒尺寸及密度均较大，流动性较差，含水率低，易于脱水分离，化学稳定性高，不会腐烂发臭；以有机污泥为主的污泥集中了废水中的大部分污染物，成分非常复杂，不仅含有很多有毒物质，如病原微生物、寄生虫卵及重金属离子等，也可能含有可利用的物质如植物营养素、氮、磷、钾、有机物等。这些污泥若不加妥善处理，就会造成二次污染。

所以污染物在排入环境前必须进行处理，使有毒物质得到及时处理，有用物质得到充分利用。一般污泥处理的费用约占全污水处理厂运行费用的 20%～50%。所以对污泥的处理必须予以充分的重视。

污泥处置的一般方法与流程如图 4-11 所示。

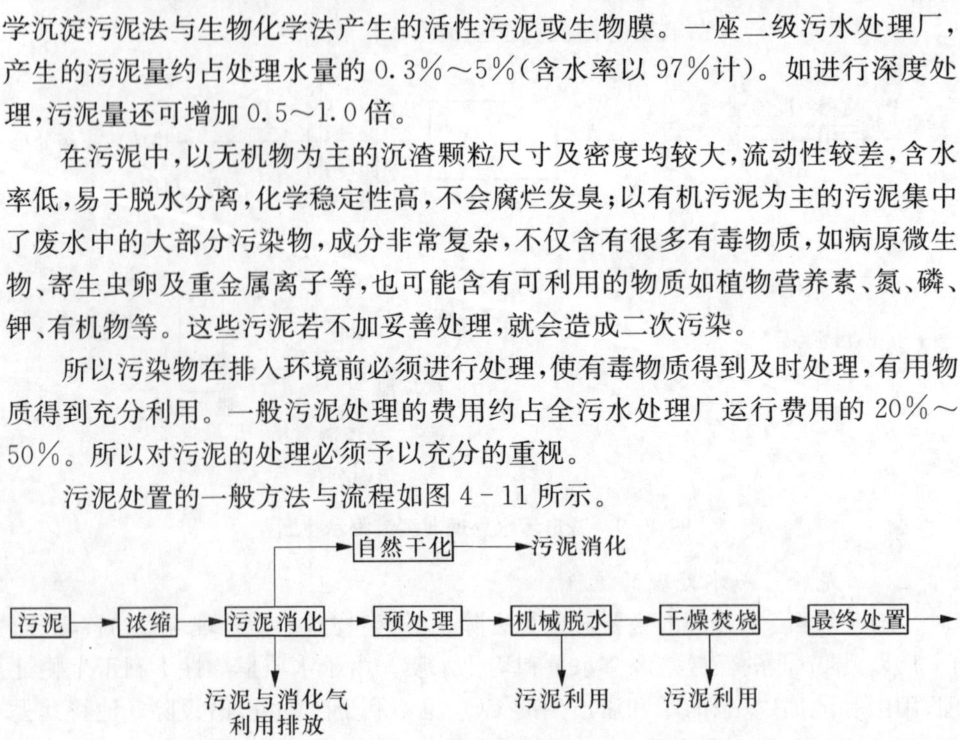

图 4-11 污泥处理的一般流程示意图

1. 污泥浓缩

从二次沉淀池排出的剩余污泥含水率高达 99%～99.5%，污泥体积大，堆放及输送都不方便，所以污泥首先需进行浓缩处理，经浓缩处理后可使含水率降至 96%，体积缩小为原污泥体积的 1/4。

污泥浓缩主要有重力浓缩法和气浮浓缩法两种。

重力浓缩法是利用污泥颗粒的重力沉降作用而将其分离的方法。重力浓缩法适用于密度较大的污泥，如初次沉淀池污泥、腐殖污泥与厌氧消化污泥。该法操作简便、运行管理费用低，但占地面积较大，基建费用较高。

气浮浓缩法是通过微小气泡将污泥颗粒上浮至水面，采用刮渣设备去除污泥。气浮浓缩法常用加压溶气气浮法来处理相对密度接近 1 的污泥，如好氧消化污泥、接触稳定污泥、未进行初次沉淀的延时污泥等。

2. 污泥消化

在人工控制下通过微生物的代谢作用使污泥中的有机物趋于稳定，称为污泥消化。污泥消化又分为厌氧消化和好氧消化。

(1) 厌氧消化

将污泥置于密闭的消化池中，利用厌氧微生物的作用，使有机物分解稳定。经过厌氧消化，40%～50%的有机物被分解，大部分病原微生物和寄生虫卵被杀灭。当沼气池温度为 30～35℃ 时，正常情况下每立方米污泥可产生沼气 10～15 m^3，其中甲烷含量大约为 50%左右。沼气可用作燃料和化工原料。

(2) 好氧消化

利用好氧和兼氧菌，在污泥处理系统中曝气供氧，微生物分解生物可降解的有机物(污泥)及细胞原生质，并从中获得能量。

近年来人们通过实践发现污泥厌氧消化工艺的运行管理要求高，比较复杂，而且处理构筑物要求密闭、容积大、数量多且复杂，所以认为污泥厌氧消化法适用于大型污水处理厂污泥量大，回收沼气量多的情况。污泥好氧消化法设备简单、运行管理比较方便，但运行能耗及费用较大些，它适用于小型污水处理厂污泥量不大、回收沼气量少的场合。而且当污泥受到工业废水影响，进行厌氧消化有困难时，也可采用好氧消化法。

3. 污泥干化和脱水

经浓缩消化处理后的污泥含水量仍然很大，需要进一步处理，降低其含水率。污泥脱水有自然蒸发和机械脱水两种，自然蒸发称为污泥干化，机械脱水称为污泥脱水。

污泥干化(或称晒泥)是借助于渗透、蒸发与人工撇除等过程而脱水的。通过污泥干化一般含水率可降至 65%～85%左右，使污泥体积缩小许多倍。

污泥机械脱水是以过滤介质(一种多孔性物质)两边的压力差作为推动力,污泥中的水分被强制通过过滤介质(滤液),固体颗粒被截留在介质上(滤饼),从而达到脱水的目的。常采用的脱水机械有真空过滤脱水(真空转鼓、真空吸滤)、压滤脱水机(板框压滤机、滚压带式过滤机)、离心脱水机等,一般采用机械脱水,污泥的含水率可降至70%～80%。

4. 污泥的最终处理

目前国际上发达国家污泥的最终处理是8.6%排海、11.7%焚烧、36.3%填埋、43.3%农用。

剩余污泥中含有丰富的有机物和氮(2.858%)、磷(1.61%)、钾(1.22%)及植物生长所必需的各种微量元素,可用作农田肥料,改良土壤。

当污泥中含有有毒物质不宜用作肥料时,应采用焚烧法将污泥烧成灰烬,以作彻底的无害化处理。污泥焚烧灰与石灰或石灰石混合可烧制灰渣水泥,污泥灰或污泥与适量的黏土或硅砂混合可制砖,污泥灰还可用作筑路材料。

5 固体废物的处理和利用

5.1 概 述

5.1.1 固体废物

1995年颁布的《中华人民共和国固体废物污染环境防治法》规定：固体废物是指生产建设、日常生活和其他活动中产生的污染环境的固态、半固态废弃物质。其中包括从废气中分离出来的固体颗粒、垃圾、炉渣、废制品、破损器皿、残次品、动物尸体、变质食品、污泥、人兽粪便等。

"废物"具有相对性，具有鲜明的时空特征。某一个过程的废弃物，可能成为另一个过程的原料；在一段时间被认为无用的废物，在另一段时间里又可能成为有用的资源。所以废物也有"放在错误地点的原料"之称。

5.1.2 固体废物的国内外现状

随着经济的不断增长和人民生活水平的不断提高，废物排出量与日俱增。目前，一些工业化国家的工业固体废物排放量，每年平均以2%～4%的增长率增长。据有关资料粗略统计，美国工业固体废物年排放量大约4亿吨，日本约3亿吨。目前，全世界工业每年产生约21亿吨固体废物和3.4亿吨危险废物。

近年来，随着工业化国家的城市化和居民消费水平的提高，城市生活垃圾的增长十分迅速。发达国家垃圾增长率为3.2%～4.5%，发展中国家为2%～3%。全球年产垃圾超过100亿吨，其中美国年产垃圾量达30亿吨。

我国固体废物的产生量也随经济的发展和人民生活水平的不断提高在急剧地增加。目前，我国固体废物堆存量累积已近80亿吨，占用和损毁土地200万亩以上，2002年我国一年产生各种工业固体废物95 000万吨，其中危险废物约占5%。表5－1为我国工业固体废物排出量发展趋势。

表 5-1 我国工业固体废物产生量发展趋势 单位:万吨

年 份	1981	1985	1990	1995	2000	2002
工业固体废物	37 660	46 150	58 000	61 420	82 000	95 000

我国城市垃圾的产出量近几年增长也较快,1987 年为 5 397.7 万吨,1990 年增至 7 000 多万吨。目前,全国城市垃圾的年增长率平均为 8%～10%,2002 年我国城市垃圾的产生量达到 16 000 万吨。2005 年,我国生活垃圾无害化处理率只有约 35%,还有近一半的城市生活垃圾没有经过有效处理。

5.1.3 固体废物的来源与分类

固体废物主要来源于人类的生产和消费活动。人类在资源开发和产品制造过程中,必然有废物产生,任何产品经过使用和消费后都会变成废物。

固体废物有多种分类方法,可以根据其性质、状态和来源进行分类。如按其化学性质可分为有机废物和无机废物;按其对人类和环境危害的程度可分为有害废物和一般废物。但较多的是按来源分类,欧美许多国家按来源将其分为工业固体废物、矿业固体废物、城市固体废物、农业固体废物和放射性固体废物等五类,见表 5-2。

表 5-2 固体废物的分类、来源和主要组成物

分类	来 源	主 要 组 成 物
矿业废物	矿山、选冶	废矿石、尾矿、金属、废木、砖瓦灰石等
工业废物	冶金、交通、机械、金属结构等工业	金属、矿渣、砂石、模型、芯、陶瓷、边角料、涂料、管道、绝热和绝缘材料、黏接剂、废木、塑料、橡胶、烟尘等
	煤炭	矿石、木料、金属
	食品加工	肉类、谷物、果类、菜蔬、烟草
	橡胶、皮革、塑料等工业	橡胶、皮革、塑料、布、纤维、染料、金属等
	造纸、木材、印刷等工业	刨花、锯末、碎木、化学药剂、金属填料、塑料、木质素
	石油化工	化学药剂、金属、塑料、橡胶、陶瓷、沥青、油毡、石棉、涂料
	电器、仪器仪表等工业	金属、玻璃、木材、橡胶、塑料、化学药剂、研磨料、陶瓷、绝缘材料
	纺织服装业	布头、纤维、橡胶、塑料、金属
	建筑材料	金属、水泥、黏土、陶瓷、石膏、石棉、砂石、纸、纤维
	电力工业	炉渣、粉煤灰、烟尘

（续表）

分类	来源	主要组成物
城市废物	居民生活	食物垃圾、纸屑、布料、木料、庭院植物修剪物、金属、玻璃、塑料、陶瓷、燃料、灰渣、碎砖瓦、废器具、粪便、杂品
	商业、机关	管道、碎砌体、沥青及其他建筑材料、废污车、废电器、废器具，含有易爆、易燃、腐蚀性、放射性的废物以及类似居民生活栏内的各种废物
	市政维护、管理部门	碎砖瓦、树叶、死畜禽、金属锅炉灰渣、污泥、脏土等
农业废物	农林	稻草、秸秆、蔬菜、水果、果树枝物、糠秕、落叶、废塑料、人畜粪便、禽粪、农药
	水产	腥臭死禽畜、腐烂鱼、虾、贝壳、水产加工污水等、污泥
放射性废物	核工业、核电站、放射性医疗单位、科研单位	金属、含放射性废渣、粉尘、污泥、器具、劳保用品、建筑材料

我国将固体废物分为工业固体废物、危险废物和城市垃圾等三类，至于放射性固体废物则自成体系，进行专门管理。

1. 工业固体废物

工业固体废物是指在工业、交通等生产过程中产生的固体废物，是来自各工业生产部门的生产、加工过程以及流通过程中产生的废渣、粉尘、碎屑、污泥，以及在采矿过程中产生的废石、尾矿等。

2. 危险废物

《中华人民共和国固体废物污染环境防治法》规定："危险废物是指列入国家危险废物名录或者根据国家规定的危险废物鉴别标准和鉴别方法认定的具有危险特性的废物。"这类废物泛指除放射性废物以外，具有毒性、易燃性、反应性、腐蚀性、爆炸性、传染性、浸出毒性和感染性，因而可能对人类的生活环境产生危害的固体废物。这类固体废物的数量约占一般固体废物量的1.5%～2.0%，其中大约一半为化学工业固体废物。

3. 城市垃圾

城市垃圾是在城市日常生活中或者为城市日常生活提供服务的活动中产生的固体废物以及法律、行政法规规定视为城市生活垃圾的固体废弃物。城市垃圾包括生活垃圾、城建渣土、商业固体废物、粪便等，影响城市垃圾成分的主要因素有居民生活水平、生活习惯、季节、气候等。

5.1.4 固体废物对环境的危害

固体废物对环境的危害很大，其污染往往是多方面、多环境要素的。其主要污染途径有下列几个方面。

1. 侵占土地

固体废物的任意露天堆放，需占地堆放，而且堆积存放量越多，占地面积也就越大。据估算，每堆积1万吨废物，约需占地1亩。

2. 污染土壤

废物堆放或没有适当的防渗措施的垃圾填埋，其中的有害组分很容易经过风化、雨雪淋溶、地表径流的侵蚀，产生高温和有毒液体渗入土壤，能杀害土壤中的微生物，破坏微生物与周围环境构成的生态系统，导致草木不生。

3. 污染水体

固体废物随天然降水或地表径流进入河流、湖泊，或随风飘迁落入水体，使地面水污染，并随渗滤液渗透到土壤中，渗入地下水，使地下水污染；固体废物直接排入水体，会造成更大的水体污染。

4. 污染大气

固体废物一般通过如下途径污染大气：以细粒状存在的废渣和垃圾，在大风吹动下会随风飘逸，扩散到很远的地方；运输过程中产生有害气体和粉尘；一些有机固体废物在适宜的温度和湿度下被微生物分解，能释放出有害气体；固体废物本身或在处理（如焚烧）时散发毒气和臭味等。典型的例子是煤矸石的自燃，曾在各地煤矿多次发生，散发出大量的SO_2、CO_2、NH_3等气体，造成严重的大气污染。

5. 影响环境卫生

城市的生活垃圾、粪便等由于清运不及时，便会产生堆存现象，严重影响人们居住环境的卫生状况，对人们的健康构成潜在的威胁。

6. 其他危害

除上述各种危害外，某些特殊的有害固体废物可能会造成燃烧、爆炸、接触中毒、严重腐蚀等特殊损害。

5.1.5 固体废物污染控制原则

我国固体废物污染控制的技术政策是实现固体废物的无害化、减量化和资源化，并确定今后较长时间内应以“无害化”为主，以“无害化”向“资源化”过渡，“无害化”和“减量化”应以“资源化”为条件。

1. 减量化

减量化是通过适当的途径减少固体废物的数量和体积。减量化的途径有首端预防和末端控制。

首端预防是指在工业生产过程中，通过产品变换，生产工艺变革、产业结构调整以及循环利用等途径，使废弃物的排放量最小，以达到节约资源，减少污染和便于处理、处置的目的。

末端控制是在废弃物产生后，通过物理、化学或生物方法进行无害化处理、处置，使其体积、质量减小。

2. 无害化

无害化处理是通过物理、化学或生物方法，进行无害或低危害的安全处理、处置，达到对废弃物的消毒、解毒或稳定化、固化，防止并减少固体废弃物的污染危害。固体废弃物无害化处理处置技术是固体废物最终处置技术，是解决固体废物污染问题较彻底的技术方法。

3. 资源化

固体废弃物的资源化是从固体废物中回收有用的物质和能源，同时还是固体废弃物减量化和无害化的重要途径，是固体废弃物最有前途的处理与处置方式。固体废弃物的资源化包括 3 个内容：(1)物质回收，即回收其中二次利用的物质，如玻璃、塑料、金属等；(2)物质转化，即利用废弃物制取新物质，如利用炉渣、钢渣、粉煤灰生产水泥和建材，利用城市垃圾生产有机肥等；(3)能量转换，即从废物中回收能量，如用有机废物的焚烧热能发电、供暖，利用城市污泥厌氧消化产生沼气能源等。

5.2 固体废物的处理技术

5.2.1 固体废物的预处理技术

固体废物预处理是指采用物理、化学或生物方法，将固体废物转变成便于运输、贮存、回收利用和处置的形态。预处理常涉及固体废物中某些组分的分离与浓集，因此往往又是一种回收材料的过程。预处理技术主要有压实、破碎、脱水、分选和固化等。

1. 破碎

固体废物的破碎是利用外力克服固体废物质点间的内聚力而使大块固体废物分裂成小块的过程；使小块固体废物颗粒分裂成细粉的过程称为磨碎。破碎后组成复杂且不均匀的废物变得混合均一，比表面积增加，可提高焚烧、热解、熔融、压缩、堆肥等作业的稳定性和效率；密度增加 25%～60%，有利于存储和运输；可防止粗大、锋利的固体废物破坏运行中的处理机械；为后续分选提供符合要求的入选粒度，有利于回收固体废物中的可利用组分；有利于填埋处理，可减少填埋用土覆盖频率，并加快实现垃圾干燥和覆土还原。

2. 压实

通过外力加压于松散的固体废物，缩小其体积，使其变得密实的操作称为压实，又称为压缩。固体废物经压实处理，增加密度、减少体积后，可以提高收集容器和运输工具的装载效率，提高填埋处置的场地利用率。城市生活垃圾经高压压实处理，由于挤压和升温，垃圾中的COD和BOD含量可大大降低。

3. 分选

分选是将固体废物中的可回收利用物质或不利于后续处理、处置工艺要求的物料分离出来。分选方法与后续的处理处置工艺密切相关，不同的处理、处置方法对固体废物的分选目标和要求是不同的，但分选的主要目的是回收有用物质。

固体废物分选的基本方法除人工分选外，根据物料在物理性质或化学性质方面（包括密度、粒度、重力、磁性、电性、弹性等）的差异，分别采用筛分、重力分选、磁选、电选、浮选、光电分选、摩擦与弹性分选等方法进行分选。

4. 固化

固化法是将水泥、塑料、水玻璃、沥青等凝结剂同危险固体废物加以混合进行固化，使污泥中所含的有害物质封闭在固化体内不被浸出，从而达到稳定化、无害化、减量化的目的。根据固化凝结剂的不同，固化法可分为以下几种。

(1) 水泥固化法

水泥固化法是以水泥为固化剂将危险废物进行固化的一种处理方法，对有害污泥进行固化时，水泥与污泥中的水分发生水化反应生成凝胶，将有害污泥微粒包容，并逐步硬化形成水泥固化体，这种固化体的结构主要是水泥的水化反应物，使得污泥中的有害物质被封闭在固化体内，达到稳定化、无害化的目的。

水泥固化法由于水泥比较便宜，并且操作设备简单，固化体强度高、长期稳定性好，对受热和风化有一定的抵抗力，因而其利用价值较高，是最经济的固化法。

水泥固化法的缺点有：浸出率较高，通常为 $10^{-4} \sim 10^{-5}$ g/(cm^2 · d)，需作涂覆处理；由于污泥中含有一些妨碍水泥水化反应的物质，如油类、有机酸类、金属氧化物等，须加大水泥的配比量来保证固化质量，结果固化体的增容比较高；有的废物需进行预处理和投加添加剂，使处理费用增高。

(2) 塑料固化法

将塑料作为凝结剂，使含有重金属的污泥固化而将重金属封闭起来，同时又可将固化体作为农业或建筑材料加以利用。

塑料固化技术按所用塑料（树脂）不同可分为热塑性塑料固化和热固性塑料

固化两类。热塑性塑料有聚乙烯、聚氯乙烯树脂等，在常温下呈固态，高温时可变为熔融胶黏液体，将有害废物掺和包容其中，冷却后形成塑料固化体。热固性塑料有脲醛树脂和不饱和聚酯等。脲醛树脂具有使用方便、固化速度快、常温或加热固化均佳的特点，与有害废物所形成的固化体具有较好的耐水性、耐热性及耐腐蚀性。不饱和聚酯树脂在常温下有适宜的黏度，可在常温、常压下固化成型，容易保证质量，适用于对有害废物和放射性废物的固化处理。

(3) 水玻璃固化法

水玻璃固化是利用水玻璃的硬化、结合、包容及吸附性能，以其作固化剂，无机酸类(如硫酸、硝酸、盐酸等)作辅助剂，与有害污泥按一定的配料比进行中和与缩合脱水反应，形成凝胶体，将有害污泥包容，经凝结硬化逐步形成水玻璃固化体。

水玻璃固化法具有工艺操作简单，原料价廉易得，处理费用低，固化体耐酸性强，抗透水性好，重金属浸出率低等特点。

(4) 沥青固化法

沥青固化是以沥青为固化剂与危险废物在一定的温度、配料比、碱度和搅拌作用下产生皂化反应，使危险废物均匀地包容在沥青中，形成固化体。

沥青固化体空隙小、致密度高，难于被水渗透，有害物质的沥滤率低；对所有的污泥均可得到性能稳定的固化体；沥青固化硬化速度快。污泥中含水量大时，由于沥青的导热性不好、加热蒸发效率不高，蒸发时会有起泡和雾沫夹带现象，易产生废气污染，因此沥青固化的污泥含水量不超过50%～80%。因沥青具有可燃性，必须防止沥青加热蒸发过热所引起的危险。

5.2.2 固体废物的热处理技术

1. 焚烧热回收技术

焚烧是将固体废物作为燃料送入炉膛内燃烧，在800～1 000℃的高温条件下，固体废物中的可燃组分与空气中的氧进行剧烈的化学反应，释放出热量并转化为高温的燃烧气和少量性质稳定的固体残渣。固体废物燃烧产生的高温燃烧气可作为热能回收利用，性质稳定的残渣可直接填埋处置。经过焚烧处理，固体废物中的细菌、病毒能被彻底消灭，带恶臭的氨气和有机废气被高温分解。因此，焚烧处理可以同时实现固体废物无害化、减量化和资源化。

固体废物的焚烧过程要比普通燃料的燃烧过程复杂。由于固体废物的物理性质和化学性质复杂多样，对于同一批固体废物，其组成、热值、形状和燃烧状态都会随着时间与燃烧区域的不同而有较大的变化，同时燃烧后所产生的废气组成和废渣性质也会随之改变。因此，固体废物的焚烧设备必须适应性强，操作弹性大，并有在一定程度上自动调节操作参数的能力，才能满足需要。

目前，全世界大约有1 000余座现代化的垃圾焚烧工厂。欧洲国家城市垃圾体积的20%～25%进行了焚烧处理，美国为8%。大型焚烧工厂的处理能力达到2 500吨/天。焚烧后，垃圾的体积几乎减少了85%，便于填埋。

垃圾焚烧后产生的热能，可用来生产蒸汽或电能，也可用于供暖或生产的需要。根据计算，每5吨的垃圾，可节省1吨标准燃料。在目前能源日渐紧缺情况下，利用焚烧垃圾产生的热能作为热源，有着现实意义。

一般地说，差不多所有的有机性固体废物都可用焚烧法处理。对于无机和有机混合性固体废物，若有机物是有毒、有害物质，一般也最好用焚烧法处理，这样处理后还可以回收其中的无机物。而某些特殊的有机性固体废物只适合于焚烧法处理，如医院的带菌性固体废物、石化工业生产中某些含毒性中间副产物等。目前，焚烧工艺的处理对象主要是城市垃圾和可燃性固体废物，后者主要是指受污染的废油、含重金属的润滑油、废可燃溶剂、多氯联苯、氟利昂、醇类、甲苯和医用垃圾等。

焚烧法的缺点：一是固体废物的焚烧会产生大量的酸性气体和未完全燃烧的有机组分及炉渣，如将其直接排入环境，必然会导致二次污染；二是此法的投资及运行管理费高，为了减少二次污染，要求焚烧过程必须设有控制污染设施和复杂的测试仪表，这又进一步提高了处理费用。

2. 热解技术

固体废物热解是利用大分子有机物的热不稳定性，在无氧或缺氧条件下受热(500～1 000℃)分解为小分子的过程，热解(熔融)又叫干馏、热解或炭化。影响热解的因素主要有温度和压力。常压高温工艺主要以气相产物为主，常温高压工艺的产物以液态居多。固体废物热解处理的对象主要是废塑料、废橡胶、污泥、城市垃圾和农业固体废物。

固体废物热解与焚烧相比有以下优点。(1)可以将废物中的有机物转化为可燃性低分子化合物：气态的氢、甲烷、一氧化碳，液态的甲醇、丙酮、醋酸、乙醛等有机物及焦油、溶剂油等，固态的焦炭或炭黑；(2)由于在无氧或缺氧条件下受热分解，废气产生量少，有利于减轻对大气的二次污染；废物中的硫、重金属等有害成分大部分被固留在炭灰中；(3)因为是还原条件，Cr^{3+}不会变成Cr^{6+}；(4)NO_x产生量少。

3. 湿式氧化

湿式氧化又称湿式燃烧，是有水存在的有机物料在适当的温度和压力下快速进行氧化，排放的尾气中主要含二氧化碳、氮、过剩的氧气等，残余液中有残留的金属盐类和未反应完全的有机物。因该过程为放热反应，一旦反应开始，过程就会依靠有机物氧化放出的热量自动进行，不需辅助燃料。

湿式氧化的优点是可以处理未经脱水处理的污泥或高浓度有机废水，不产生粉尘和烟气；消毒灭菌彻底，有利于生物化学处理；能耗低，反应速度快；残余的氧化液容易脱水。缺点是设备和运行费用较高。

5.2.3 固体废物的生物处理技术

1. 好氧生物处理——好氧堆肥法

好氧堆肥是指在有氧条件下，利用好氧微生物人为地促进废物中可生物降解的有机物向稳定的腐殖质转化的微生物学过程，其产品称为堆肥，同时析出二氧化碳、水和热量。

在堆肥过程中，有机废物中的可溶性有机物质透过微生物的细胞壁和细胞膜被微生物吸收；固体的和胶体的有机物质先附着在微生物体外，然后在微生物所分泌的胞外酶的作用下分解为可溶性物质，再渗入细胞内部。微生物通过自身的生命活动——氧化还原和生物合成过程，把一部分被吸收的有机物氧化成简单的无机物，并释放出微生物生长、活动所需要的能量，把另一部分有机物转化合成新的细胞物质，使生物生长繁殖，产生更多的生命体。图 5-1 简单地说明这个过程。

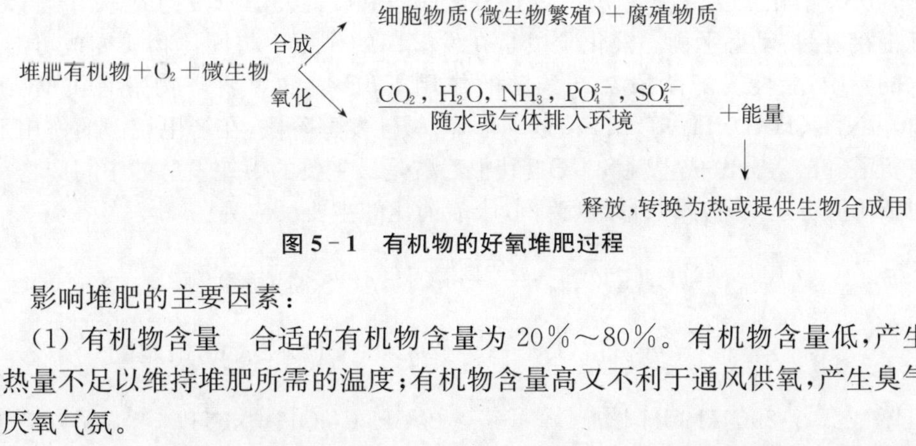

图 5-1 有机物的好氧堆肥过程

影响堆肥的主要因素：

(1) 有机物含量　合适的有机物含量为 20%～80%。有机物含量低，产生的热量不足以维持堆肥所需的温度；有机物含量高又不利于通风供氧，产生臭气和厌氧气氛。

(2) 水分　最佳含水率 50%～60%。水分超过 70%，温度难以上升，分解速度降低，易造成厌氧状态；水分低于 40%，不能满足微生物生长，有机物难以分解。

(3) 通气量　通气不足，不利于好氧分解；通气过量，会导致温度下降，水分蒸发，也不利于微生物的生长。

(4) 温度　堆肥发酵的最佳温度为 55～60℃。温度过低影响生物活性，将延长堆肥达到腐熟的时间；温度过高（>70℃），将使微生物进入死亡或休眠状态。

(5) 碳氮比(C/N) 堆肥原料理想的 C/N 为(20～35)∶1。C/N 高，微生物生长因缺氮受到限制，影响降解速度；C/N 低，N 相对过剩，会放出 NH_3，损失氮，污染空气。

(6) pH 值 pH 值在 7.5～8.5 之间可获得最佳的堆肥效率。pH 值过高或过低都会影响堆肥效率。

堆肥的方法有露天式和机械化式两种。露天堆肥经济，但易受气候条件影响，臭味难以控制，历时长，用地多，适合中小城市。机械化堆肥利用容器使堆肥在罐内进行氧化，并且有分离装置将塑料、玻璃、金属等惰性粗粒成分分离出去，有通风搅拌装置加快有机物的分解速度。好氧堆肥法因具有发酵周期短、无害化程度高、卫生条件好、易于机械化操作等特点而被广泛采用。

2. 厌氧消化法——沼气发酵

厌氧消化法是在无氧条件下，利用多种厌氧菌的生物转化作用使废物中可降解的有机物分解为稳定的无毒物质，同时获得以甲烷为主的沼气，得到的沼气液、沼气渣可作有机肥料。沼气发酵法在城市下水污泥、农业固体废物、粪便处理中得到广泛应用。

厌氧消化主要由液化阶段、酸性发酵阶段和碱性发酵阶段构成，三个阶段相互衔接，保持动态平衡。液化阶段是在发酵菌的作用下将固体物质变成可溶于水的物质；酸性发酵阶段在产酸菌的作用下，形成的主要产物是有机酸、醇、CO_2、NH_3、H_2S、PH_3 等，pH 值逐渐下降；碱性发酵阶段，在产甲烷菌的作用下，有机酸和醇等分解成甲烷和 CO_2，其中乙酸是最主要的甲烷发酵的中间产物，此时 pH 值迅速上升。以纤维素为例，厌氧消化的主要反应为：

$$(C_6H_{12}O_6)_n \xrightarrow{\text{微生物}} nC_6H_{12}O_6\text{（葡萄糖）} \tag{5-1}$$

$$nC_6H_{12}O_6 \xrightarrow{\text{微生物}} 2nC_2H_5OH + 2nCO_2 + \text{能量} \tag{5-2}$$

$$2nC_2H_5OH + nCO_2 \xrightarrow{\text{微生物}} 2nCH_3COOH + nCH_4 \tag{5-3}$$

$$2nCH_3COOH \xrightarrow{\text{微生物}} 2nCH_4 + 2nCO_2 \tag{5-4}$$

影响厌氧发酵的因素：

(1) 原料配比 配料时应控制适宜的碳氮比，研究表明厌氧发酵的碳氮比以 20～30 为宜，当碳氮比大于 35 时产气量明显下降。

(2) 温度 温度是影响产气量的重要因素，在一定温度范围内温度越高产气量越高,高温可加速细菌的代谢使分解速度加快。

(3) pH 值　最佳 pH 值范围是 6.8～7.5,pH 值低,使二氧化碳增加,产生大量水溶性有机物和硫化物,硫化物含量增加会抑制甲烷菌的生长。加石灰石可以调节 pH 值,但最好的方法是调节原料的碳氮比,含氮量高,氮氨也就高,碱度就越大。

5.2.4 固体废物的处置方法

一些固体废物经过处理和利用,会有残渣存在,这些残渣往往富集了大量有毒有害成分,而且很难加以利用;另有一些固体废物,目前尚无法利用,将长期保留在环境中。为了控制其对环境的污染,需对固体废物进行处置,以确保这些废物中的有毒、有害物质现在和将来都不会对人类和环境造成危害。固体废物的处置方法分为陆地处置和海洋处置两大类:前者包括土地填埋、土地耕作、深井灌注等,后者包括深海投弃和海上焚烧,随着人类对生态环境保护重要性认识的加深和环境意识的提高,海洋处置已受到越来越多的限制。

1. 土地耕作

土地耕作是指利用表层土壤的离子交换、吸附、微生物降解以及渗滤水浸出、降解产物的挥发等综合作用来处置固体废物的一种方法,该法主要适用于处置盐含量低、不含毒物、易生物降解的有机固体废物,具有工艺简单、费用低廉、能改善土壤、增长肥效等优点。

2. 深井灌注

深井灌注是指把固体废物液化,将形成的真溶液或乳浊液、悬浮液注入到地下与饮用水和矿脉层隔开的可渗性岩层内。目前该法只能用来处置那些难破坏、难转化、不能采用其他方法处理处置的废物或采用其他方法费用昂贵的废物。

3. 土地填埋

土地填埋具有工艺简单、成本较低、适宜于处置多种类型固体废物之优点,是最终处置固体废物的一种主要方法,此方法包括场地选择、填埋场设计、施工填埋操作、环境保护及监测、场地利用等几个方面。其实质是将固体废物铺成有一定厚度的薄层,加以压实,并覆盖土壤。固体废物填埋技术不断地改进,特别是近年来该项技术有了很大的发展,从简单的倾倒、堆放,发展到卫生填埋和安全填埋等,使填埋质量有了显著的提高。

(1) 卫生土地填埋

卫生土地填埋是处置一般固体废物和城市垃圾的方法,可分为厌氧、好氧和准好氧三种类型。好氧和准好氧填埋有机物分解速度快、杀菌效果好、渗出液产生少，但结构复杂、运行费用高，尚未进入实用阶段；厌氧填埋因填埋场构造简单、建设成本低而被广泛采用。卫生填埋场剖面示意图见图 5-2。

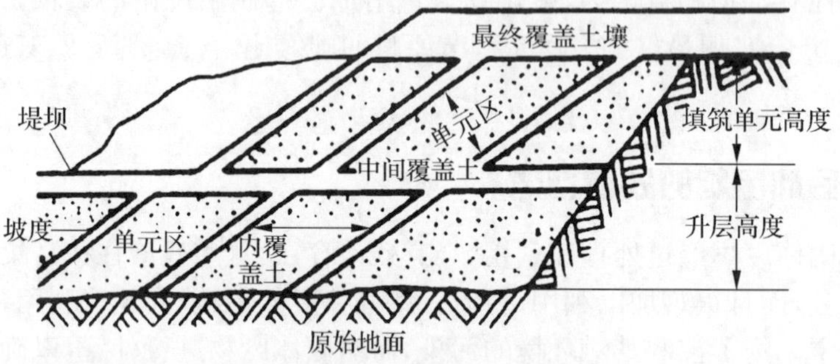

图 5-2 卫生填埋场剖面示意图

(2) 安全土地填埋

安全土地填埋是一种改进的卫生填埋方法，也称为安全化学土地填埋，主要用来处置危险固体废物，包括矿物油类。因此，安全土地填埋对场地的建造技术要求更为严格，填埋场内必须设置人造或天然衬里，下层土壤或土壤同衬里结合渗透系数要小于 10^{-8} cm/s，最下层的填埋物要位于地下水位之上，浸出液要加以收集和处理，地表径流要加以控制，还要考虑对产生的气体的控制和处理等。对于有浸出毒性和反应性的危险废物，填埋前还要进行固化处理。安全土地填埋场示意图见图 5-3。

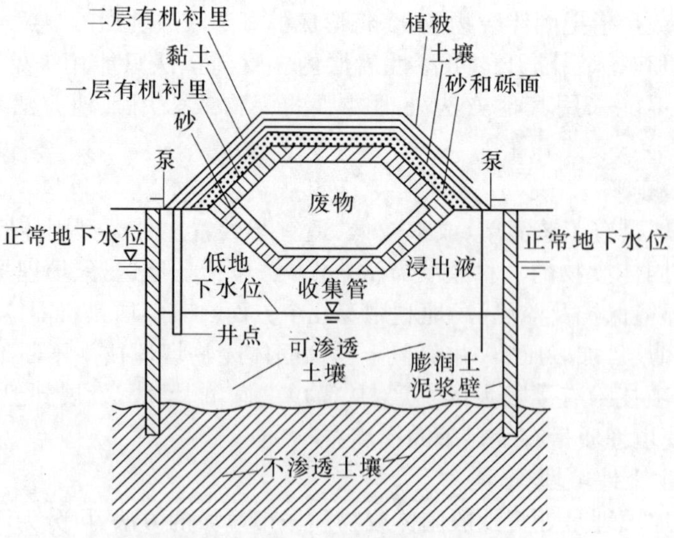

图 5-3 安全土地填埋场示意图

土地填埋法与其他固体废物处置法相比，其主要优点有：此法为一种完全的、最终的处置方法，若有合适的土地可供利用，此法最为经济；它不受固体废物的种类的限制，并且适合于处理大量的固体废物；填埋后的土地可重新用作停车处、游乐场、高尔夫球场等。此法的缺点主要有：填埋场必须远离居民区；回复的填埋场将因沉降而需不断地维修；填埋在地下的固体废物，通过分解可能会产生易燃、易爆或毒性气体，需加以控制和处理等。

5.3 固体废物的资源化与回收利用

5.3.1 固体废物资源化原则和基本途径

固体废物具有两重性，它虽占用大量土地，污染环境，但本身又含有多种有用物质，是一种资源。固体废物的资源化是采取工艺技术从固体废物中回收有用的物质与能源。固体废物资源化具有环境效益高、生产成本低等优点。

固体废物资源化的原则：

(1) 必须在技术上是可行的；

(2) 应能获得较高的经济效益；

(3) 应尽可能在固体废物排放源附近实施，以节省存放运输等方面的投资；

(4) 资源化产品应当符合国家相应产品的质量标准。

固体废物资源化的基本途径：

(1) 提取各种金属　如从有色金属渣中可提取金、银、钴、锑、硒、铊、钯、铂等，其中某些稀有金属的价格甚至超过主金属的价格；从粉煤灰和煤矸石中提取铁、钼、钪、锗、钒、铀、铝等金属，美、日等国能对钼、锗、钒实行工业化提取。

(2) 生产建筑材料　利用工业固体废料生产建筑材料，如用粉煤灰制砖、高炉渣制水泥、煤矸石制轻质骨料等。

(3) 生产农业肥料　城市垃圾、农业固体废物等可经过堆肥处理制成有机肥料；粉煤灰、高炉渣、钢渣和铁合金渣等可作为硅钙肥直接施用于农田；钢渣中含磷较高时可生产钙镁磷肥。

(4) 回收能源　很多工业固体废物热值高，可以充分利用，如焚烧固体废物可生产蒸汽，有机垃圾、植物秸秆、人兽粪便经过发酵可生成可燃性的沼气。

(5) 取代某种工业原料　工业固体废物经过加工处理后有可能代替某种工业原料，如煤矸石代替焦炭生产磷肥，高炉渣代替沙石作滤料，粉煤灰作塑料填充剂。

5.3.2 固体废物的资源化利用实例

1. 硫铁矿烧渣的利用

硫铁矿烧渣是生产硫酸时焙烧硫铁矿产生的废渣。硫铁矿经焙烧分解后，铁、硅、铝、钙、镁和有色金属转入烧渣中，其中铁、硅含量较多，波动范围较大（表5-3）。根据铁含量的高低可分为高铁硫酸渣和低铁硫酸渣。高铁渣中氧化硅含量大于35%，低铁渣中氧化硅含量高达50%以上，类似于黏土。

表5-3 硫酸渣化学成分

化学成分	Fe_2O_3	SiO_2	Al_2O_3	CaO	MgO	S
含 量	20%～50%	15%～65%	10%左右	5%左右	5%以下	1%～2%

我国硫铁矿渣一部分来自硫铁矿生产的硫酸工厂或车间，多为粉粒状，一般含铁40%～50%，含SiO_2 16%～20%；另一部分来自硫精矿生产的硫酸工厂。

从20世纪50年代，我国开始利用硫矿渣炼铁，60年代曾系统地组织过硫铁矿渣利用的科学实验，经过几十年的努力，硫铁矿渣的综合利用取得了很大进展，目前硫铁矿渣综合利用方法有：烧渣炼铁；作水泥助剂；中高温氯化熔烧提炼有色金属及炼铁；硫铁化焙烧提炼有色金属及炼铁；制铁合金；制还原铁粉和磁性氧化铁粉；烧结一高炉炼铁；掺烧炼铁；生产热压料球和球团矿供高炉炼铁；用作重介质选煤加重剂；生产铁红颜料；制三氯化铁和制高强度砖等。

2. 粉煤灰的利用

燃煤电厂将煤磨细成100 μm以下的细粉，用预热空气喷入炉膛悬浮燃烧，产生高温烟气，经由捕尘装置捕集，就得到粉煤灰。粉煤灰的化学组分包括SiO_2、$A1_2O_3$、Fe_2O_3、CaO和未燃尽的炭。

我国粉煤灰利用途径还是比较少的。目前比较大量的应用是制砖，主要是制蒸养砖（占总利用量84%）；其次作水泥掺和料（占总利用量的4.8%）；作黏土配料（占总利用量的2.7%）；作无熟料水泥（占总利用量的0.2%）；作农肥和改良土壤（占总利用量的5.5%）；铺路（占总利用量的2.8%）。粉煤灰除了以上利用途径以外，目前还被开发用来制作陶粒、铸石等。

国外多用粉煤灰制砖，英国用粉煤灰（用量达到80%）与少量黏土烧砖；美国则用粉煤灰掺炉底灰和水玻璃烧砖。其次用粉煤灰筑路，法国采用71%的粉煤灰、5%水泥和24%的水淬矿渣的混合物筑路；美国采用粉煤灰和集料铺筑火山炭质柔性路面。

3. 有毒废渣回收处理与利用

化学工业生产中排出的许多种废渣具有毒性，须经过资源化处理加以回收和利用。

(1) 砷渣

砷矿一般与铜、铅、锌、锑、钴、钨、金等有色金属矿共生，随着矿产资源的开采和冶炼转变为含砷废物，如黄渣、铅渣、钢浮渣、砷尘、含砷废催化剂等。应用含砷废渣，可以提取白砷和回收有色金属。

(2) 汞渣

化学工业中的水银法制碱、电解法生产烧碱、定期更换下的含汞催化剂等都有大量的含汞废物排出。目前，国内外多采用焙烧法处理并回收废物中的汞。对于含汞污泥和固态含汞废物，一般均需加入碱性药剂处理后才能送去焙烧。对于含汞金属类或玻璃类废物，需先把它们进行破碎，并用药剂洗涤处理，再去焙烧。通过焙烧法处理可获得纯度高的汞。

含汞废物焙烧系统需有尾气和废水处理装置，以确保环境不会受到污染，残渣需作安全填埋处理。

(3) 氰渣

氰盐生产中排出的废渣，含有剧毒的氰化物，可以采用高温水解-汽化法处理。在高温下，废渣中的氰化物受到氧化解毒，生成二氧化碳和二氧化氮气体。处理后的残渣中，氰含量可以降至 5×10^{-8}g/g 以下。

(4) 铬渣的回收利用

铬渣是化工、冶金企业生产重铬酸钠、金属铬过程排放的残渣，其组成随原料和配方的不同而异，一般含三氧化铬 2.5%～4%，六价铬毒性较大，因此铬渣的利用和处理必须消除或降低六价铬的危害。其解毒途径有两个：①将毒性大的 Cr^{6+} 还原成毒性小的 Cr^{3+}，并使其生成不溶性的化合物；②将 Cr^{6+} 还原成 Cr^{3+} 的同时，进行资源综合利用。铬渣可制玻璃着色剂，生产铬渣铸石，代替白云石、石灰石炼铁，代替蛇纹石制钙镁磷肥等。

(5) 废催化剂利用

催化剂在使用一段时间后会失活、老化或中毒而报废。废催化剂的特点是：含有稀贵金属，含量少，但回收利用价值高；含有有机物，这些有机物会污染环境，而且会影响催化剂中贵重金属的回收；含有的重金属会造成环境污染。废催化剂中的贵重金属可以作为宝贵的二次资源加以利用，因催化剂种类繁多，其回收技术要根据不同催化剂的特点加以设计。如废催化剂中钴的回收就是先将废钴催化剂在 H_2 或 CO 气氛中在 700～900℃下焙烧 1～3 h，还原钴的化合物，然后用 H_2SO_4、HNO_3、HCl、$(NH_4)_2CO_3$ 或 $(NH_4)_2SO_4$ 溶液溶出钴，调节料液的 pH 值生成氢氧化钴沉淀，再制取氧化钴或钴盐。

5.4 城市垃圾的处理

5.4.1 城市垃圾的分类、特点和性质

城市垃圾的分类方法较多，具体有：源地分类法、可燃性分类法、元素分类法、重量分类法等。在这些分类方法中，源地分类法较为常用，它主要根据各类城市废物产生的场所进行分类，将其分成家庭垃圾、零散垃圾、医院垃圾、市场垃圾、建筑垃圾、街道扫集物和城市粪便等。城市垃圾具有如下特点：

(1) 随着城市规模的扩大和数量的增加以及生活水平的提高，城市垃圾的产生量在迅速增大；

(2) 成分复杂、性质多变，与垃圾产生地的地理位置、气候条件、能源结构、社会经济水平、居民消费水平等有关；

(3) 含有多种化学组分，如 N、P、K、C 等多种营养元素和 Hg、Cd、Pb、Cu、Zn 等有害元素，并有大量细菌、病原菌等，形成有机物、重金属和病原微生物三位一体的污染源。

5.4.2 城市垃圾的处理

城市垃圾的处理方法主要有卫生填埋、堆肥、焚烧，此外还有热解法、海洋倾倒、堆山造景等。这些处理方法可以单独使用，也可以组合使用。不同的城市和地区，因具体情况各异，在实施过程中使用的方法和采用的组合也有差别。但无论如何都必须以无害化、减量化、资源化为目的。

我国城市垃圾的处理起步较晚，目前填埋法占 70%以上，而且填埋场设施简陋、处理能力低、效果差等；其次是高温堆肥，约占 20%；焚烧法正在逐步推广，目前仅占 2%左右，与发达国家 50%～70%的比例相比，差距很大。

5.4.3 城市垃圾的回收利用

城市垃圾中可回收利用组分的比例与经济发展水平有关，如美国的生活垃圾中纸类占 33%、玻璃占 8%、铁系金属占 7.6%，具有较高的回收利用价值。随着经济的发展和人民生活水平的提高，我国城市垃圾中的有机物增加、可燃物增多、可回收利用物增多、可利用价值增大。

1. 城市垃圾的分类收集

垃圾的分类收集是按照处理、处置和利用的途径分类投弃，是实现城市垃圾

减量化、资源化、无害化目标的最有效途径。通过分类收集，发达国家城市垃圾再利用的比例已高达45%甚至60%以上。分类收集的垃圾可分为：可直接利用废物（再生型废物），如金属制品、玻璃、塑料容器、新闻纸等；可燃性废物，如纸塑包装材料、部分木材制品、纤维产品等；堆肥型垃圾，如厨芥、庭院垃圾等；特殊处理废物，如废电器、废电池、报废汽车等；填埋垃圾，即不可再生废物，如建筑垃圾、焚烧垃圾等。

研究表明，实行垃圾的分类收集和有效回收，垃圾量可减少40%～50%。分类收集后，同一类垃圾成分比较单一，性质相近，处理起来技术专一，效率高，降低了废品回收成本，提高了废品回收率和回收质量。

2. 城市垃圾的资源化利用

城市垃圾对生态和环境的危害是明显而巨大的，但从物质的观点，城市垃圾又是一种资源，而且是一种不断增长的资源。城市垃圾资源化利用的途径主要包括能量转换、物质转换和物质回收三种形式。

（1）城市垃圾的能量转换

2000年，我国城市垃圾抽样调查的结果表明，城市垃圾的热值在1 850～6 413 kJ/kg的范围内，大多在4 000 kJ/kg左右，与褐煤、油页岩相似，可认为是一种“固体含能材料”，因此城市垃圾是一种能连续不断地、无限期开发利用的资源。垃圾焚烧发电是发达国家处理城市垃圾、回收资源的一种主要方式，在我国，垃圾焚烧发电正在逐步推广，深圳、上海等城市采用引进技术，杭州、菏泽、徐州等地采用国内技术，建立了几座垃圾焚烧厂。采用热解、汽化和沼气化也可以实现城市垃圾的能量转换。

（2）废旧物质回收

城市垃圾中的纸类、塑料、金属、玻璃等可直接回收利用。如废轮胎可直接用于鱼礁、救生圈、鞋底、树木保护用材等；玻璃容器，如啤酒瓶和汽水瓶等可循环使用，废玻璃可用于对原料质量和化学成分要求低的玻璃制品的生产，如玻璃绝缘子、空心玻璃砖和彩色玻璃球等；城市垃圾中的许多废金属均可直接利用，几乎没有污染，获得可观的经济效益，如美国的AMAX公司一年可回收5万磅[1]白金、100万盎司[2]黄金、20～25万磅白银。

（3）城市垃圾的物质转换

随着技术的进步和人类需求的演变，城市垃圾可以变成一种有用的物质。城市垃圾中的有机物可用来堆肥，据测算，如果将我国每年产生的近

[1] 1 cb≈0.453 6 kg。

[2] 1 oz≈28.349 5 g。

14 亿吨城市垃圾用来堆肥，加入粪便、秸秆和菌种，可生产 1.5 亿吨有机肥；废旧橡胶可生产再生胶、胶粉，热解可得炭黑、燃料油、煤气等油品和化学品；废塑料可生产塑料油膏、涂料、胶黏剂等以及通过裂解产生乙烯、乙苯、甲烷、苯等单体。

6 环境管理

6.1 概述

6.1.1 环境管理的含义

环境管理既是环境科学的一个重要分支学科，也是一个工作领域，它是环境保护工作的重要组成部分。何为环境管理目前尚无一致的看法，一般可概括为：运用经济、法律、技术、行政、教育等手段，限制人类损害环境质量的行为，通过全面规划使人类与环境相协调、经济发展与环境相协调，达到既要发展经济满足人类的基本需求，又不超出环境的允许极限。

环境管理着力于对损害环境质量的人的活动施加影响，协调发展与环境的关系和以环境制约生产。但核心问题是遵循生态规律与经济规律，止确处埋发展与环境的关系，使人与自然相和谐。环境是发展的物质基础，又是发展的制约条件。发展可能为环境带来污染和破坏，但环境质量改善和保护也只有在经济技术发展的基础上才能得以实现。所以，关键在于通过全面规划和合理开发利用自然资源，使经济、技术、社会相结合，发展与环境相协调。

6.1.2 环境管理的内容

环境管理的内容从管理的范围可划分为资源管理、区域环境管理和部门环境管理；从管理的性质可划分为环境计划管理、环境质量管理和环境技术管理。

1. 从环境管理的范围来划分

(1) 资源管理

资源管理包括可更新资源的恢复和扩大再生产，以及不可更新资源的合理利用。资源管理当前遇到的危机主要是资源使用不合理和浪费。当资源以已知最佳方式来使用，以求达到社会所要求的目标时，考虑到已知的或预计的社会、经济和环境效果进行优化选择，那么资源的使用就是合理的；资源的不合理使用是由于没有谨慎选择资源使用的方法和目的；浪费是不合理使用资源的一种特殊形式，资源的不合理使用可导致不可更新资源的提早枯竭，以及可更新资源的锐减。因此必须采取一切可能采用的管理措施，保护资源，做到资源的合理开发和利用，这些管理措施主要是确定资源的承载力，资源开发时空条件的优化，建立资源管理的指标体系、规划目标、标准、体制、政策法规和机构等。

(2) 区域环境管理

区域包括行政区域，如省、市、自治区以及整个国土，也包括水域、工业开发区、经济协作区等。区域环境管理主要是协调区域的经济发展目标与环境目标，进行环境影响预测，制定区域环境规划，进行环境质量管理与技术管理，按阶段实现环境目标。

(3) 部门环境管理

部门环境管理包括能源、工业、农业、交通运输、商业和医疗等部门的环境管理以及企业环境管理。

2. 从环境管理的性质来划分

(1) 环境计划管理

环境计划管理是通过计划协调发展与环境的关系，对环境保护加强计划指导是环境管理的重要组成部分。环境计划管理首先是制定好环境规划，使环境规划成为整个经济发展规划的必要组成部分，用规划内容指导环境保护工作，并在实践中根据情况不断调整和完善规划。20 世纪 80 年代以来，我国不少城市及经济技术发展区都制定了环境规划，事实证明，环境规划在环境管理工作中起着重要作用。

(2) 环境质量管理

环境质量的好坏直接影响到人类的生存和健康，对环境质量进行直接的管理有其特殊的意义。这种管理既包括对环境质量现状进行管理，也包括对未来环境质量进行管理。对环境质量的现状进行监测和评价，对环境质量的未来进行预测和评价，是环境质量管理的重要手段。

(3) 环境技术管理

环境技术管理指以可持续发展为指导思想，通过制定技术发展方向、技术路线、技术政策、通过清洁生产工艺和污染防治技术，以及通过制定技术标准、技术规程等以协调技术经济发展与环境保护的关系，使科学技术的发展，既能促进经济不断发展，又能保证环境质量不断得到改善。

上述对环境管理内容的划分，只是为了便于研究，事实上各种不同内容的环境管理不是孤立的，它们彼此之间相互关联，相互交叉渗透。

6.2 环境保护法

6.2.1 环境保护法的定义

环境保护法是国家为了协调人类与环境的关系，保护和改善环境，以保护人民健康和保障经济社会的持续、稳定发展而制定的，它是调整人们在开发利用、保护改善环境的活动中所产生的各种社会关系的法律规范的总和。这个定义的主要含义如下：

(1) 环境保护法是一部分法律规范的总称，是以国家意志出现的、经国家强制力保证其实施的、规定环境法律关系主体的权利和义务为任务的；

(2) 环境保护法所要调整的是人们在开发利用、保护改善环境有关的那部分社会关系，凡不属此类的社会关系，均不是环境保护法调整的对象；

(3) 环境保护法的产生是由于人类与环境之间的关系不协调，从而影响乃至威胁着人类的生存与发展。

环境保护法的目的在于通过协调人类与环境的关系，保护和改善环境，保护人民健康和保障经济社会的持续、稳定的发展。

环境保护法所要保护和改善的是作为一个整体的环境，而不仅是一个或数个环境要素，更不是某种特定的自然资源。

6.2.2 环境保护法的目的、任务

每一种法律的制定和实施都是为了达到一定的目的。立法的目的性，决定法律调整的对象，以及采用何种政策、措施和制度。研究法律的目的性，有助于正确理解和执行法律。

《中华人民共和国环境保护法》第一条规定："为保护和改善生活环境与生态环境，防治污染和其他公害，保障人体健康，促进社会主义现代化建设的发展，制定本法。"这一条就明确规定了环保法的目的和任务，它包括两个内容：一是直接目的，或称直接目标，是协调人类与环境之间的关系，保护和改善生活环境和生态环境，防止污染和其他公害；二是最终目的，即保护人民健康和保障经济社会持续发展，该点是立法的出发点和归宿。

6.2.3 环境保护法的作用

1. 环境保护法是保证环境保护工作顺利开展的法律武器

要建设社会主义和谐社会，就必须促进人与自然的和谐，加强环境保护，这

是一条不以人们意志为转移的客观规律。但是，并非所有的人都认识和承认这个道理，知道这一道理的人也并非都能自觉遵守这一规律，因此在采取科技、行政、经济等措施的同时，需要采取强有力的法律手段，把环境保护纳入法治的轨道。1979年国家颁布了《中华人民共和国环境保护法(试行)》，1989年国家又颁布了《中华人民共和国环境保护法》。它的颁布施行，使环境保护工作制度化、法律化，使国家机关、企业、事业单位、各级环境保护机构和公民个人，都明确了各自在环境保护方面的职责、权利和义务。达到保护和改善生活环境与生态环境，防治污染和其他公害，保障人体健康，促进社会主义现代化建设的发展这一根本目的。

2. 环境保护法是推动环境保护领域中法制建设的动力

《中华人民共和国环境保护法(试行)》及《中华人民共和国环境保护法》的颁布施行，不但使我国的环境管理有了很大的发展，而且是推动我国环境保护领域中法制建设的强大动力。

环境保护法是我国环境的基本法，具有保护性、科学技术性、全球性、地域特殊性以及广泛的社会性。它明确规定了我国环境保护的任务、方针、政策、基本原则、制度、工作范围和机构设置、法律责任等问题，这些都是我国环境保护工作中根本性的问题，为制定各种环境保护单行法规及地方环境保护条例等提供了直接的法律依据，促进了我国环境保护的法制建设。许多环境保护单行法律、条例、政令、标准等都是依据环境保护法的有关条文制定的。如根据环境保护法我们先后制定并颁布了《中华人民共和国海洋环境保护法》、《中华人民共和国水污染防治法》、《中华人民共和国大气污染防治法》等法律，以及《中华人民共和国水污染防治法实施细则》、《中华人民共和国大气污染防治法实施细则》、《中华人民共和国环境噪声污染防治条例》等行政法规、法规性文件。此外，各省、自治区、直辖市也根据环境保护法制定了许多地方性的环境保护条例、规定、办法等。可见，环境保护法的颁布施行，起着推动我国环境保护领域中法制建设的重大作用。经过二十多年的努力，我国已基本形成比较完整的环境保护法体系。

3. 环境保护法增强了广大干部和群众的法制观念

环境保护法的颁布施行，从法律高度向全国人民提出了保护环境要求，所有企事业单位、人民团体和每个公民，都要加强法制观念，大力宣传环境保护法，严格执行环境保护法。

保护环境不只是环保部门的事，而是全体社会成员共同的大事。只要大家积极行动起来，增强法制观念，严格依法办事，我国的环境保护工作就一定会取得很大成绩，我们的环境保护与经济建设就会得到协调发展。

4. 环境保护法是维护我国环境权益的重要工具

环境是一个内容非常丰富的概念，从宏观上看，环境是没有国界之分的。某一个人的行为既可造成本国的环境污染和破坏，也可造成他国的环境污染和破坏。特别是对一些领域面积小的国家，这个问题就显得特别突出。例如，造成环境污染的污染源种类繁多、分布很广，污染物种类不一，有些污染源的污染物在环境中可以扩散到超越国界的范围。又如，有些严重影响作物生长的病虫，严重影响人体健康的疾病，可以通过人员往来、物资交流等方式由一国传播到另一国，这样对环境污染和破坏的现象就由发生国影响到他国，这就涉及国家之间环境权益的维护和环境保护的协作问题。

依据我国所颁布的一系列环境保护法律、法规，就可以保护我国的环境权益，依法使我国领域内的环境不受来自他国的污染和破坏，这不仅维护了我国的环境权益，也保护了全球环境。例如，《中华人民共和国环境保护法》第四十六条规定："中华人民共和国缔结或者参加的与环境保护有关的国际条约，同中华人民共和国的法律有不同规定的，适用国际条约的规定，但中华人民共和国声明保留的条款除外。"《中华人民共和国海洋环境保护法》第二条第三款规定："在中华人民共和国管辖海域以外，排放有害物质，倾倒废弃物，造成中华人民共和国管辖海域污染损害的，也适用本法。"《中华人民共和国农药登记规定》第七条规定："外国厂商向我国销售农药必须进行登记，未经批准登记的商品不准进口。"通过制定相关的法律和法规，我们就可依法对源于境外的、对我国境内环境造成污染和破坏的行为进行处置，既维护了我国的环境权益不受侵犯，又保护了全球环境不受污染和破坏。

6.3 环境管理的基本制度

我国在环境管理实践中，根据我国的国情，先后总结出九项环境管理制度。通过推行这些管理制度，来控制环境污染、防止生态破坏、有目标地改善环境质量，实现环境保护的总原则和总目标。同时，这些管理制度也是环境保护部门依法行使环境管理职能的主要方法和手段。

6.3.1 "三同时"制度

"三同时"制度是指新建、改建、扩建项目和技术改造项目以及区域性开发建设项目的污染治理设施必须与主体工程同时设计、同时施工、同时投产的制度。它与环境影响评价制度相辅相成，是防止新污染和破坏的两大"法宝"，是我国环境保护法预防为主基本原则的具体化、制度化、规范化，是加强开发建设项目环境管理的重要措施，是防止我国环境质量继续恶化的有效的经济办法和法律手段。

“三同时”制度早在1973年第一次全国环境保护会议通过的《关于保护和改善环境的若干规定》中就提出来了。该规定指出“一切新建、扩建和改建的企业，防治污染项目必须和主体工程同时设计、同时施工、同时投产使用”，“正在建设的企业没有采取防治措施的，必须补上。各级主管部门要会同环境保护和卫生等部门，认真审查设计，做好竣工验收，严格把关。”从此，“三同时”制度成为我国最早的环境管理制度，是符合中国国情、具有中国特色的行之有效的环境管理制度。

1979年《中华人民共和国环境保护法(试行)》把“三同时”制度作为强制性制度确定下来，成为我国建设项目环境保护管理的制度。1989年12月26日，《中华人民共和国环境保护法》成为正式法律，该法第二十六条规定：“建设项目中防治污染的设施，必须与主体工程同时设计、同时施工、同时投产使用。防治污染的设施必须经原审批环境影响报告书的环境保护行政主管部门验收合格后，该建设项目方可投入生产或者使用。”

“三同时”制度自确立以来，在环境保护工作中发挥了巨大作用。在制度执行过程中，制度管理程序的规定趋于明确，制度的含义也更加具体，便于制度的执行。1998年国务院发布实施《建设项目环境保护管理条例》，对“三同时”制度进行了更加具体和明确的规定，要求建设项目的初步设计，按照环境保护设计规范的要求，编制环境保护篇章，落实防治环境污染和生态破坏的措施以及环境保护设施投资概算；主体工程完工后，需要进行试生产的，其配套建设的环境保护设施必须与主体工程同时投入试运行；试生产期间，建设单位应当对环境保护设施运行情况和建设项目对环境的影响进行监测；项目竣工后，环保设施竣工验收与主体工程竣工验收同时进行；建设项目需要配套建设的环境保护设施经验收合格，该建设项目方可正式投入生产或者使用。

只要依此规定严格管理，“三同时”制度就定会在环境保护工作中产生积极的效果。由于执行了“三同时”制度，使新建建设项目增加了治理废水、废气和固体废物的能力，使污染物排放量的增长率大大低于工业产值的增长率。

总之，“三同时”制度在我国的确立和推行起到了重大作用。“三同时”制度有力地体现了预防为主的方针，有效地控制了新污染的发展，促进了经济与环境保护的协调发展。

6.3.2 环境影响评价制度

1. 环境影响评价

环境影响评价是指对规划和建设项目实施后可能产生的环境影响进行分析、预测和评估，提出预防或者减轻不良影响的对策和措施，进行跟踪监测的方法和制度。

环境影响评价制度是环境管理中贯彻预防为主的一项基本原则，也是防止新污染，保护生态环境的一项重要法律制度。环境影响评价是对可能影响环境的重大工程建设、区域开发建设及区域经济发展规划或其他一切可能影响环境的活动，在事前进行调查研究的基础上，对活动可能引起的环境影响进行预测和评定，为防止和减少这种影响制定最佳行动方案。

2. 环境影响评价分类

环境影响评价按评价对象可分为规划环境影响评价和建设项目环境影响评价；按环境要素可分为大气环境影响评价、地表水环境影响评价、声环境影响评价、生态环境影响评价和固体废物环境影响评价等；按时间顺序可分为环境影响预测、环境质量现状评价以及环境影响后评价。

3. 环境影响评价发展历程

早在1969年，美国是世界上第一个把环境影响评价用法律制度形式固定下来并建立环境影响评价制度的国家。经过近四十年的发展，已有140多个国家建立了环境影响评价制度。同时，环境影响评价的内涵也不断得到提高：已从对自然环境的影响评价发展到社会环境的影响评价；自然环境的影响不仅考虑环境污染，还注重了生态影响；开展了环境风险评价；关注累积影响并开始对环境影响进行后评价。环境影响评价的应用对象也从当初单纯的工程项目发展到区域开发环境影响评价和战略环境评价，环境影响评价的技术方法和程序也在发展中不断得以完善。

我国环境影响评价工作的雏形最初始于20世纪60年代末期，经历了五个发展阶段。

(1) 引入和确立阶段(1973—1979年)

1978年制定的《关于加强基本建设项目前期工作内容》规定了环境影响评价为基本建设项目可行性研究报告中的一项重要篇章，1979年颁布的《中华人民共和国环境保护法(试行)》将这一制度法律化，在以后国家颁布的《基本建设项目环境保护管理办法》和《建设项目环境保护管理办法》中，对环境影响评价的内容和程序作了进一步的规定和完善。

(2) 规范和建设阶段(1980—1989年)

1989年颁布的《中华人民共和国环境保护法》明确规定："建设污染环境的项目，必须遵守国家有关建设项目环境保护管理的规定。建设项目的环境影响报告书，必须对建设项目产生的污染和对环境的影响作出评价，规定防治措施，经项目主管部门预审并依照规定的程序报环境保护行政主管部门批准。环境影响报告书经批准后，计划部门方可批准建设项目设计任务书。"

(3) 强化和完善阶段(1990—1998年)

国家对从事环境影响评价工作的单位和评价工作内容，以及评价报告书的审批制定严格的管理程序。环境保护部门根据《建设项目环境影响评价证书管理办法》规定，审查从事环境影响评价单位的资格，并对持证单位进行定期考核。环境影响评价证书分甲级、乙级两种，承接不同规模建设项目的环境影响评价工作；从事环境影响评价的工作人员必须经过培训、考核，考试合格、经国家注册后才能持证上岗。1993年国家颁布的《环境影响评价技术导则》详细规定了环境影响报告书的内容。

(4) 提高阶段(1999—2002年)

根据《建设项目环境影响管理条例》的规定，环境影响报告书由建设单位在项目的可行性研究阶段完成，建设项目的行业主管部门负责报告书的预审。

(5) 拓展阶段

2003年，《中华人民共和国环境影响评价法》开始实施，规定国务院有关部门、设区的市级以上的人民政府及其有关部门组织编制的规划必须进行环境影响评价，包括土地利用、区域、流域、海域的建设开发利用规划及工业、农业、畜牧业、林业、能源、水利、交通、城市建设、旅游、自然资源开发的有关专项规划。大中型建设项目和限额以上的技术改造项目的报告书，经省级环保部门审批，报国家环保局备案，严格了报告书的审批手续。环境评价实现一票否决制，由管理角度确保环境影响评价制度真正起到保护环境的作用。

4. 环境影响评价报告类型与内容

根据建设项目对环境的影响程度实行分类管理，建设单位应当按规定组织编制环境影响报告文件。当建设项目可能造成重大环境影响，必须对产生的环境影响进行全面评价，编制环境影响评价报告书；如建设项目可能造成轻度的环境影响，应对产生的环境影响进行分析或者专项评价，填写环境影响报告表；对环境影响很小、不需要进行环境影响评价的项目，则填写环境影响登记表。

编制环境影响报告文件的内容和格式，由国务院环境保护行政主管部门统一制定，如建设项目环境影响报告书应当包括建设项目概况，建设项目周围环境现状，建设项目对环境可能造成影响的分析、预测和评估，建设项目环境保护措施及其技术经济论证，建设项目对环境影响的经济损益分析，对建设项目实施环境监测的建议,环境影响评价的结论。

涉及水土保持的建设项目还必须有经水行政主管部门审查同意的水土保持方案。

5. 环境影响评价的作用

环境影响评价具有的基本功能是:①判断功能,②预测功能,③选择功能,④导向功能。

实行环境影响评价可以保证建设项目选址和布局的合理性;指导环境保护设计、强化环境管理,可为建设项目的工程设计提出环保要求和建议,为区域的社会经济发展提供导向,促进相关环境科学技术的发展。

6.3.3 排污收费制度

排污收费制度是指一切向环境排放污染物的单位和个体生产经营者,应当依照国家的规定和标准,缴纳一定费用的制度。我国的排污收费制度是在 20 世纪 70 年代末期,根据“谁污染谁治理”的原则,借鉴国外经验,结合我国国情开始实行的。我国的排污收费制度规定,在全国范围内,对污水、废气、固体废物、噪声、放射性等各类污染物的各种污染因子,按照一定标准收取一定数额的费用,并规定排污费可以计入生产成本,排污费专款专用,排污费主要用于补助重点排污源治理等。

实行排污收费制度的原因是由于环境是人类赖以生存的最基本条件,也是社会发展经济的物质资源。国家是政权组织,它拥有对环境资源的所有权和管理权。环境一旦遭到污染,必然使环境质量恶化,人体健康受到损害。而为了消除这一不利的影响,需要花费大量的社会劳动和资金,从而体现出环境资源的固有价值。排污收费制度正是运用价值规律的理论,运用体现经济效益的机制,促进排污单位防治污染的一项独特的制度。在产品的生产环节、流通环节和消费环节上,谁污染了属于全体社会成员共有的环境,谁就把进行治理的负担转嫁给全社会。在这种情况下,国家就可以将企业原本应该支付而尚未支付的污染防治费用,通过排污费的形式加以收缴。

我国实行排污收费制度的根本目的不是为了收费,而是防治污染、改善环境质量。排污收费是为了促进企事业单位加强经营管理,节约和综合利用资源,治理污染,改善环境。排污收费制度只是利用价值规律,通过征收排污费,给排污单位以外在的经济压力,促进污染治理,节约和综合利用资源,减少或消除污染物的排放,实现保护和改善环境的目的。

我国实行排污收费制度是以法律为依据的。1979 年颁布的《中华人民共和国环境保护法(试行)》首次在法律上正式确立了我国的排污收费制度,1989 年颁布的《中华人民共和国环境保护法》再次明确了排污收费制度，该法第二十八条规定："排放污染物超过国家或者地方规定的污染物排放标准的企业事业单位，依照国家规定缴纳超标准排污费，并负责治理。"除了环保法外，国家颁布的其他环境保护法律和行政法规，对排污收费制度的目的、排污费的征收、管理和使用等做出了一系列明确、具体的规定。由于建立了一套完善的排污收费法规体系，保证了排污收费制度在我国全面顺利实施。

排污收费制度的实行，在我国的环境保护事业中取得明显的效果。排污收费制度加强了企业管理，促进了污染治理。排污收费触动了企业的经济利益，企业对污染的防治工作由消极状态转变为积极状态。企业主动治理污染环境的设施，使企业的污染治理项目不断增加，向环境的排污量有所控制和减少，因而环境效益是明显的。企业由于治理了污染项目，从中也获得了不少经济效益。正因为如此，排污收费制度调动了企事业单位治理污染的积极性。另外排污收费制度也促进了环境保护事业的发展。我国从一开始推行排污收费制度就明确规定，排污费的20%可以适当补助用来发展环境保护事业。

实践证明，我国实行的排污收费制度是成功的。它对促进我国企事业单位加强经营管理，节约和综合利用资源，治理污染，改善环境和强化环境管理发挥了积极的作用，取得了显著的效果。

6.3.4 环境保护目标责任制

环境保护目标责任制是一种具体落实地方各级人民政府和有污染产生单位对环境质量负责的行政管理制度。这种制度以我国的基本国情为基础，以现行法律为依据，以责任制为核心，以行政制约为机制，把责任、权力、利益和义务有机地结合在一起，明确了地方行政首长在改善环境质量上的权力、责任和义务。

环境保护目标责任制是在我国环境管理实践中，结合我国国情，总结提炼出来的，解决了环境保护的总体动力问题、责任问题、定量科学管理问题、宏观指导与微观落实相结合的问题。环境保护是一项科学、技术、工程、社会相结合的综合性很强的复杂系统工程，涉及方方面面，必须统一指挥，统一规划，统一实施。实践证明，环境保护部门担当不起统一的重任，只能由地方行政负责人承担，因此1989年第三次全国环境保护会议规定：地方行政领导者对所管地区的环境质量负责。

在各项环境管理制度中，环境保护目标责任制具有全局性的影响，明确了保护环境的主要责任者、责任目标和责任范围，解决了谁对环境质量负责这一首要问题。有利于把环保工作真正列入各级政府的议事日程，有利于把国民经济和社会发展计划中的环保目标和年度计划具体化，有利于调动全社会参与保护环境的积极性，有利于加强环保队伍的建设。环境保护目标责任制的实施是一项复杂的系统工程，涉及面广，政策性和技术性强。它的实施以环境保护目标责任书为纽带，实施过程大体可分为四个阶段，即责任书的制定阶段、下达阶段、实施阶段和考核阶段。责任制是否真正得到贯彻执行，关键在于抓以上四个阶段。

环境保护目标责任制的推出，是我国环境管理体制的重大改革，标志着我国环境管理进入了一个新的阶段。这一制度明确了环境保护的主要责任者和责任范围，理顺了各级政府和各个部门与环境保护的关系，从而使改善环境质量的任务能够得到落实。

6.3.5 城市环境综合整治定量考核

城市是一种特殊的生态环境。城市不但人口多、密度大，而且工业集中，经济活动强度大。同时城市也是国家和地方的政治、经济、文化教育、科学技术的中心，在现代化建设中，城市起着主导作用。由于城市的这些特点，使得城市的环境污染特别突出。

从 20 世纪 80 年代中期开始，我国城市环境保护进入了环境综合整治阶段。1988 年，国务院环境保护委员会发布《关于城市环境综合整治定量考核的决定》，指出环境综合整治是城市政府的一项重要职责，规定城市环境综合整治定量考核工作自 1989 年 1 月 1 日起实施。1990 年，国务院发布的《关于进一步加强环境保护工作的决定》明确规定：省、自治区、直辖市人民政府环境保护部门对本辖区的城市环境综合整治工作进行定量考核，每年公布结果。直辖市、省会城市和重点风景游览城市的环境综合整治定量考核结果由国家环保局核定后公布。至此，城市环境综合整治定量考核作为我国城市环境管理的一项制度确立下来，并在全国广泛实施。

城市环境综合整治就是在市政府的统一领导下，以城市生态理论为指导，以发挥城市综合功能和整体最佳效益为前提，采用系统分析的方法，从总体上找出制约和影响城市生态系统发展的综合因素，理顺经济建设、城市建设和环境建设的相互依存又相互制约的辩证关系，用综合的对策整治、调控、保护和塑造城市环境，为城市人民群众创建一个适宜的生态环境，使城市生态系统良性发展。

由于推行了城市环境综合整治工作，城市环境保护工作取得了不少成绩。城市的环境污染得到控制和治理，城市的环境建设得到加强。但由于城市工业和人口集中，长期积累下的环境问题较多，环境综合整治工作进展落后于环境保护发展的需要。在总结实践经验的基础上，1988 年国家发布了《关于城市环境综合整治定量考核的决定》。在第三次全国环境保护会议上把定量考核作为环境保护工作的重要制度并提出了一些具体要求。从此，城市环境综合整治定量考核作为一项制度纳入了市政府的议事日程，在全国普遍展开。

考核指标随着形势的发展在不断地调整变化，“十一五”期间的考核指标有如下16条：(1)API指数≤100的天数占全年天数的比例(20分)；(2)集中式饮用水源地水质达标率(8分)；(3)城市水环境功能区水质达标率(8分)；(4)区域环境噪声平均值(4分)；(5)交通干线噪声平均值(4分)；(6)清洁能源使用率(3分)；(7)机动车环保定期检测率(2分)；(8)工业固体废物处置利用率(5分)；(9)危险废物处理率(5分)；(10)重点工业企业排放稳定达标率(废水，烟尘，SO_2，粉尘)(7分)；(11)万元GDP主要工业污染物排放强度(8分)；(12)城市污水集中处理率(8分)；(13)生活垃圾无害化处理率(8分)；(14)建成区绿化覆盖率(4分)；(15)环境保护机构建设(3分)；(16)公众对城市环境保护的满意率(3分)。指标涉及环境质量、污染控制、环境建设及环境管理四方面内容，概括地反映城市环境综合整治工作的成效。

自1989年开始，国家环保局对直辖市和26个省会城市以及大连、苏州、桂林共计32个城市实施城市环境综合整治定量考核，1992年又增加了青岛、厦门、深圳、宁波、重庆，考核城市增加到37个，1996年，国家考核城市中又增加了沿海开放和经济特区城市，考核城市数达到46个，2002年，拉萨市在国家环保总局的指导下首次开展城考工作。目前，国家对47个重点城市进行考核，各省、自治区考核城市总数已超过600个，定量考核工作在全国范围内全面展开。

实行城市环境综合整治定量考核工作，促进了城市政府对环境保护工作的高度重视，调动了城市政府各部门和广大市民群众的积极性，重点城市环境质量得到改善，环保投入加大，城市防治污染能力显著提高，加强了统一监督管理、提高了环保基础工作水平。

6.3.6 污染集中控制

为了改善环境质量，工矿企业排放的污染物必须先行治理，才能排放，以减少对环境的污染。一个时期，我们过分强调了这种单个污染源的治理，追求处理率和达标率。这样做的结果，尽管花了不少资金，费了不少劲，搞了不少污染治理设施，但对改善区域环境质量的效果并不十分明显，总体效益不佳。

环境具有整体性与区域性特征。在环境管理的实践中，我们认识到污染治理必须以改善环境质量为目的，以提高经济效益为原则。也就是说，治理污染的根本目的不是去追求单个污染源的处理率和达标率，而应当是谋求整体环境质量的改善。同时讲求经济效益，以尽可能小的投入获取尽可能大的效益。

基于上述指导思想，与单个点源分散治理相对应，污染物集中控制在环境管理实践中发展起来。污染集中控制是在一个特定的范围内，为保护环境所建立的集中治理设施和采用的管理措施，是强化环境管理的一种重要手段。污染集中控制，应以改善流域、区域等控制单元的环境质量为目的。依据污染防治规划，按照废水、废气、固体废物等的性质、种类和所处的地理位置，以集中处理为主，用尽可能小的投入获取尽可能大的环境、经济、社会效益。

实践证明，污染集中控制在环境管理上具有方向性的战略意义，特别是在污染防治战略和投资战略上带来重大转变，有利于调动社会各方面治理污染的积极性；有利于集中人力、物力、财力解决重点污染问题；有利于采用新技术，提高污染治理效果；有利于提高资源利用率，加速有害废物资源化；有利于节省防治污染的总投入；有利于改善和提高环境质量。

这种制度在实行过程中，应以规划为先导，划分不同区域的功能，突出重点，分别整治。在组织领导上，应以政府牵头，协调各部门，调动大家积极性。在具体形式上，应以追求最佳经济效益和环境效益为宗旨，根据实际情况，因地制宜，不可千篇一律。

6.3.7 排污申报登记与排污许可证制度

排污申报登记制度是环境行政管理的一项特别制度。凡是排放污染物的单位，须按规定向环境保护管理部门申报登记所拥有的污染物排放设施，污染物处理设施和正常作业条件下排放污染物的种类、数量和浓度。

排污许可证制度是以改善环境质量为目标，许可排污单位排放污染物的种类、排放量、排放去向等，是一项具有法律含义的行政管理制度。

排污申报登记制度与排污许可证制度是两个不同的制度，这两个制度既有区别，又有联系。排污申报登记是实行排污许可证制度的基础，排污许可证是对排污者排污的定量化。排污申报登记制度的实施有普遍性，要求每个排污单位均应申报登记。排污许可证制度则不同，只对重点区域、重点污染物源单位的主要污染物排放实行定量化管理。

在以往的环境管理中，我国对污染源管理着重于是否达到排放标准。随着经济的不断发展，就某个污染源或某个地区而言，虽然污染源的排放浓度达到排放标准的要求，但污染物的排放总量却有增无减。这样，局部或地区的环境质量不但没有得到有效的控制，有些地方环境质量还有恶化的趋势。在这种情况下，只对污染源进行排放浓度的控制是解决不了问题的，必须对一些重点污染源进行排放总量控制。发放排污许可证，才能从总体上有效地控制污染。所以这种制度是根据环境保护的实践需求提出来的。实行排污许可证制度，力求从污染物总量控制出发，注重于整个区域环境质量的改善。针对不同地区不同的环境质量要求，确定不同污染源削减不同污染物的排放量，将污染治理与环境质量目标的实现紧密地结合起来。这样既有利于节约治理资金,也有利于环境质量目标的实现。

排污申报登记与排污许可证制度之所以出台,一方面是环境管理工作的实践要求,另一方面也有其法律依据。在1989年颁布的《中华人民共和国环境保护法》第二十七条中规定:"排放污染物的企业事业单位,必须依照国务院环境保护行政主管部门的规定申报登记。"《水污染防治法实施细则》第九条规定:"企业事业单位向水体排放污染物的,必须向所在地环境保护部门提交《排污申报登记表》,环境保护部门收到《排污申报登记表》后,经调查核实,对不超过国家和地方规定的污染物排放标准及国家规定的企业事业单位污染物排放总量指标的,发给排污许可证。"

这两个制度的实行,深化了环境管理工作,使对污染源的管理更加科学化、定量化。只要采取相应配套管理措施,长期坚持下去,不断总结完善,一定会取得更大成效。

6.3.8 限期治理污染制度

限期治理污染是强化环境管理的一项重要制度。限期治理是以污染源调查、评价为基础,以环境保护规划为依据,突出重点,分期分批地对污染危害严重,群众反映强烈的污染物、污染源、污染区域采取的限定治理时间、治理内容及治理效果的强制性措施,是人民政府为了保护人民利益对排污单位采取的法律手段。被限期的企业事业单位必须依法完成限期治理任务。

限期治理不是指随便哪个污染源污染严重,就限期治理哪个污染源。限期治理是在经过科学地调查、评价污染源、污染物的性质、排放地点、排放状况、污染物迁移转化规律、对周围环境的影响等各种因素的基础上,在总体规划的指导下确定的。限期治理必须突出重点,分期分批解决污染危害严重,群众反映强烈的污染源与污染区域。同时凡是被确定为限期治理的对象,要具有四大要素:即限定治理时间、限定治理内容、限定治理对象和限定治理效果。限期治理污染是一种法律程序,具有法律效能。

在环境管理实践中执行限期治理污染制度,可以提高各级领导的环境保护意识,推动污染治理工作。可以迫使地方、部门、企业把防治污染列入议事日程,纳入计划,在人、财、物方面做出安排。可以促进企业积极筹集污染治理资金。可以集中有限的资金解决突出的环境污染问题,做到投资少,见效快,有较好的环境与社会效益。可使群众反映强烈,污染危害严重的突出污染问题逐年得到解决,有利于改善厂群关系和维护社会稳定,有助于环境保护规划目标的实现和加快环境综合整治的步伐。

6.3.9 污染排放总量控制制度

长期以来，我国环境管理主要采取污染物排放浓度控制，浓度达标即视为合法。近年来，国家适当提高了主要污染物排放浓度标准，但由于受技术经济条件的限制，单靠控制浓度达标，无法有效遏制环境污染加剧的趋势，必须对污染物排放总量进行控制。

污染物排放总量控制（简称总量控制）是将某一控制区域（如行政区、流域、环境功能区等）作为一个完整的系统，采取措施将排入这一区域的污染物总量控制在一定数量之内，以满足该区域的环境质量要求。总量控制应该包括三个方面的内容：①污染物的排放总量；②排放污染物的地域；③排放污染物的时间。

我国现行环保法律法规已对实行污染物排放总量控制制度作了规定。目前，国家将化学需氧量、二氧化硫、烟尘、工业粉尘、石油类、氰化物、砷、汞、铅、镉、六价铬、工业固体废物等 12 种主要污染物列为总量控制指标，有关部门正在开展环境容量、总量指标的设定和总量分配方法的科学研究。

6.4 环境标准

环境标准是为了防止环境污染，维护生态平衡，保护人群健康、发展经济及维护生态免遭破坏，根据国家的环境政策和有关法令，在综合分析环境特征、控制环境的技术水平、经济条件和社会要求的基础上对环境保护工作中需要统一的各项技术规范和技术要求所做的规定。环境标准是国家环境政策中环境保护规划在技术方面的具体体现；是国家环境保护法规的重要组成部分；是环境保护行政主管部门依法行政的依据；是推动环境科技进步的一个动力，也是环境评价的准绳；同时具有投资导向作用。

根据《环境标准管理办法》第三条的规定，国务院环境保护行政主管部门和省、自治区、直辖市人民政府依据国家有关法律规定，对环境保护工作中需要统一的各项技术规范和技术要求，制定环境标准。环境标准是评价环境质量和环境保护工作的法定依据。制定环境标准的目的是保护人体健康、发展经济及维护生态免遭破坏，但并不是完全不允许排污，而是要考虑当时所能达到的技术水平、经济条件和社会要求。环境标准和环境标准体系并不是一成不变的，而是随着环境问题的产生而产生的；随着科学技术的进步和环境科学的发展而发展的；它为社会生产力的发展创造了良好的条件；同时又要受到社会生产力发展水平的制约。

6.4.1 世界环境标准体系的产生和发展

环境标准是为了保护人体健康、发展经济及维护生态免遭破坏，规定环境中的污染物或有害因素、污染源排放污染物的数量和浓度等所作的技术规范。各种环境标准的集合，称之为环境标准体系。

英国作为最早的工业化国家，在1863年颁布的《碱业法》对工厂排放的H_2SO_4、SO_2、HCl等大气污染物的排放量作了规定，成为世界上第一个赋予污染物排放限制的法律的国家。1912年英国皇家污水处理委员会规定了排入河流的BOD、SS等的限值。20世纪30—60年代，英国制定了《空气清洁法》和《河流防污法》。60年代后期，英国对已有的环境标准进行了进一步的补充和完善，苏联、德国等一些发达国家在19世纪末20世纪初也作了类似的规定。苏联于1951年颁布了居住区大气中有害物质最高允许浓度标准，德国于20世纪50年代后期也制定了各种推荐性的环境质量标准。

美国于1887年提出了污水排放量和河流水流量稀释比例规定，美国加利福尼亚州于1959年制定了世界上第一个汽车尾气排放标准。20世纪80年代，历时8年长期复杂的研究，美国环保局提出了修改国家颗粒物排放的大气环境质量标准建议——由不考虑粒度的总悬浮颗粒物改为广为人知的对人体健康更为有害的可吸入颗粒物。

20世纪60年代以后，从局部地区制定排放标准发展到开始制定全国性的环境标准，标准的形式也由单一的浓度控制逐步发展到总量控制等多种形式。日本、法国、比利时、捷克、斯洛伐克、意大利、波兰、西班牙、瑞典、南斯拉夫等许多国家及世界卫生组织(WHO)也相继制定了各种环境标准。环境标准得到了迅猛发展，各国的环境污染状况也得到了一定的控制。

6.4.2 我国环境标准的产生与发展

国家卫生部和国家建委于1956年颁布了《工业企业设计暂行卫生标准》，这是我国颁布的第一个带有环境标准性质的设计标准。1959年建工部和卫生部颁发了《生活饮用水卫生规程》。1973年我国制定了《工业“三废”排放试行标准(GB J4—73)》，表明我国的环境标准已开始由环境质量标准向污染物排放标准(浓度控制)过渡，这是我国环境标准工作的一项突破性进展，因为在当时实行这类排放标准的国家还为数不多(美国是1971年开始制定废气排放标准的)。随着环境保护和经济的发展，现已在不同的领域分别制定及修订了国家级环境标准、行业环境标准和地方环境标准共计400多个。这些标准已经形成较为完整、有效的环境标准体系，在我国的环境保护工作中发挥着重要的作用，并为环境标准体系的进一步发展奠定了基础。

6.4.3 环境标准体系

从20世纪70年代开始,经过几十年的发展,我国环境保护标准已形成了比较完整的体系,可按两种划分原则表达其结构内容。

1. 按标准发布权限划分

(1) 国家环境标准

由国务院环境保护行政主管部门组织制定的环境标准。国家环境标准包括环境质量标准、污染物排放标准(或控制标准)、环境监测方法标准、环境标准样品标准和环境基础标准;又分为强制性标准和推荐性标准,两种标准在其标准代号中有所区别,推荐性标准中有"T"。环境质量标准和污染物排放标准和法律、法规规定必须执行的其他标准为强制性标准。强制性环境标准必须执行,超标即违法。强制性标准以外的环境标准属于推荐性环境标准,推荐性环境标准被强制性标准引用,也必须强制执行。

(2) 地方环境标准

地方环境标准是对国家环境标准的补充和完善。地方环境标准包括地方环境质量标准和地方污染物排放标准。地方环境标准是省、自治区、直辖市人民政府对国家环境质量标准中未做规定的项目,制定地方环境质量标准;对国家污染物排放标准中未做规定的项目,可以制定地方污染物排放标准;对国家污染物排放标准中已做规定的项目,可以制定严于国家污染物排放标准的地方污染物排放标准。地方污染物排放标准在本省、自治区、直辖市所辖地区内执行。制定的地方环境标准,要报国家环保局批准、备案。

(3) 国家环境保护行业标准

除国家标准外,在环境保护工作中对还需要统一的技术性能、环境保护仪器设备等技术要求所制定的标准称环境保护行业标准。环境保护行业标准包括执行环境管理制度的技术要求、规范、导则、环境污染治理设备及环境保护仪器、设备的环境保护性能要求等。

国家环境保护行业标准由国家环保局制定,在全国范围内执行。

2. 按标准性质内容划分

(1) 环境质量标准

环境质量标准是为保障人群健康、维护生态和保障社会财富,并考虑技术、经济条件,对环境中有害物质和因素所做的限制性规定。环境质量标准是一定时期内衡量环境优劣程度的标准,从某种意义上讲是环境质量的目标标准,如空气质量标准、水环境质量标准、环境噪声治理标准、土壤环境质量标准等。环境质量标准是环境标准体系的核心，是国家政策、经济技术等多种因素与环境政策的综合反映。

(2) 污染物排放标准(或控制标准)

污染物排放标准(或控制标准)是根据国家环境质量标准，以及适用的污染控制技术，并考虑经济承受能力，对排入环境的有害物质和产生污染的各种因素所做的限制性规定，是对污染源控制的标准，如大气污染物排放标准。

(3) 环境监测方法标准

为监测环境质量和污染物排放，规范采样、分析测试、数据处理等所做的统一规定，如水质分析方法标准、城市环境噪声测量方法、水质采样方法等。

(4) 环境标准样品标准

为保证环境监测数据的准确、可靠，对用于量值传递或质量控制的材料、实物样品而制定的标准，如土壤 ESS-1 标准样品、水质 COD 标准样品等。

标准样品在环境管理中起着甄别的作用，可用来评价分析仪器，鉴别其灵敏度；评价分析者的技术，使操作技术规范化。

(5) 环境基础标准

环境基础标准是对环保工作中有指导意义的各种符号、代号、公式、量纲、名词术语、标记方法、标准编排方法、原则等所做的规定，是制定其他标准的基础。

6.4.4 环境标准的使用

1. 注意标准的更替和修订

我国环境标准尚未成熟，因此经常更替、修订，在使用标准时必须执行现行标准。标准的更替可参阅国家标准出版社的标准汇编，也可利用互联网查阅。同时应关注国家环保总局对有关标准的复函，如国家环境保护总局关于发布《污水综合排放标准》(GB 8978—1996)中石化工业 COD 标准值修改单的通知，这一通知对石化企业 COD 排放标准进行了调整。

2. 地方环境标准优先于国家标准

根据《中华人民共和国环境保护法》第二章第十条规定，凡是向已有地方污染物排放标准的区域排放污染物的，应当执行地方污染物排放标准。

3. 综合性排放标准与行业性排放标准不交叉执行

国家污染物排放标准又分为跨行业综合性排放标准(如污水综合排放标准、大气污染物综合排放标准等)和行业性排放标准(如火电厂大气污染物排放标准、合成氨工业水污染物排放标准等)。有行业性排放标准的执行行业排放标准，没有行业排放标准的执行综合排放标准。例如，造纸工业水污染物排放应遵守 GB 3544—2001(造纸工业水污染物排放标准)，而不是 GB 8978—1996(污水综合排放标准)。

附：常用的环境质量标准和综合排放标准

1. 水质标准

(1) 生活饮用水卫生标准 GB 5749—2006，见表 6-1、表 6-2。

(2) 地表水环境质量标准 GB 3838—2002。

(3) 农田灌溉水质标准 GB 5084—92。

(4) 海水水质标准 GB 3097—1997。

(5) 渔业水质标准 GB 11607—89。

(6) 污水综合排放标准 GB 8978—1996。

(7) 城镇污水处理厂污染物排放标准 GB 18918—2002。

2. 大气质量标准

(1) 环境空气质量标准 GB 3095—1996，见表 6-3。

(2) 室内空气质量标准 GB/T 18883—2002。

(3) 保护农作物的大气污染物最高允许浓度 GB 9137—88。

(4) 大气污染物综合排放标准 GB 16297—1996。

(5) 锅炉大气污染物排放标准 GB 13271—2001。

(6) 恶臭污染物排放标准 GB 14554—93。

(7) 轻型汽车污染物排放限值及测量方法(Ⅰ)GB 18352.1—2001。

(8) 轻型汽车污染物排放限值及测量方法(Ⅱ)GB 18352.2—2001。

3. 噪声标准

(1) 城市区域环境噪声标准(GB 3096—93)，见表 6-4。

(2) 机动车辆允许噪声标准(GB 1495—79)。

(3) 机场周围飞机噪声环境标准(GB 9660—88)。

(4) 工业企业厂界噪声标准(GB 12348—90)。

4. 其他标准

(1) 城镇垃圾农用控制标准(GB 8172—87)。

(2) 电磁辐射防护规定(GB 8702—88)。

(3) 辐射防护规定(GB 8703—88)。

(4) 放射性废物分类标准(GB 9133—1995)。

(5) 城市区域环境振动标准(GB 10070—88)。

表 6-1 水质常规检验项目及限值(生活饮用水卫生标准 GB 5749—2006)

	项目	限值
1. 微生物指标	总大肠菌群(MPN[①]/100 mL 或 CFU[②]/100 mL)	不得检出
	耐热大肠菌群(MPN/100 mL 或 CFU/100 mL)	不得检出
	大肠埃希氏菌(MPN/100 mL 或 CFU/100 mL)	不得检出
	菌落总数(CFU/mL)	100
2. 毒理指标	砷/($mg \cdot L^{-1}$)	0.01
	镉/($mg \cdot L^{-1}$)	0.005
	铬(六价)/($mg \cdot L^{-1}$)	0.05
	铅/($mg \cdot L^{-1}$)	0.01
	汞/($mg \cdot L^{-1}$)	0.001
	硒/($mg \cdot L^{-1}$)	0.01
	氰化物/($mg \cdot L^{-1}$)	0.05
	氟化物/($mg \cdot L^{-1}$)	1.0
	硝酸盐(以 N 计)/($mg \cdot L^{-1}$)	10,水源限制时 20
	三氯甲烷/($mg \cdot L^{-1}$)	0.06
	四氯化碳/($mg \cdot L^{-1}$)	0.002
	溴酸盐(使用臭氧时)/($mg \cdot L^{-1}$)	0.01
	甲醛(使用臭氧时)/($mg \cdot L^{-1}$)	0.9
	亚氯酸盐(使用二氧化氯消毒时)/($mg \cdot L^{-1}$)	0.7
	氯酸盐(使用复合二氧化氯消毒时)/($mg \cdot L^{-1}$)	0.7
3. 感官性状和一般化学指标	色度(铂钴色度单位)	15
	浑浊度(NTU-散射浊度单位)	1,水源与净水技术条件限制时为 3
	臭和味	无异臭、异味
	肉眼可见物	无
	pH	大于 6.5;小于 8.5
	溶解性总固体/($mg \cdot L^{-1}$)	1 000
	总硬度(以 $CaCO_3$ 计)/($mg \cdot L^{-1}$)	450
	耗氧量(COD Mn 法,以 O_2 计)/($mg \cdot L^{-1}$)	3,(超过Ⅲ类水源,原水大于 6 $mg \cdot L^{-1}$时为 5)

（续表）

	项　目	限　值
	挥发酚类(以苯酚计)/(mg·L^{-1})	0.002
	阴离子合成洗涤剂/(mg·L^{-1})	0.3
	铝/(mg·L^{-1})	0.2
	铁/(mg·L^{-1})	0.3
	锰/(mg·L^{-1})	0.1
	铜/(mg·L^{-1})	1.0
	锌/(mg·L^{-1})	1.0
	氯化物/(mg·L^{-1})	250
	硫酸盐/(mg·L^{-1})	250
4. 放射性物质	总 α 放射性/(Bq·L^{-1})	0.5
	总 β 放射性/(Bq·L^{-1})	1

① MPN，最大可能数。

② CFU，菌落形成单位。

注：当水样检出总大肠菌群时，应进一步检验大肠埃希氏菌或耐热大肠菌群；水样未检出总大肠菌群，不必检验大肠埃希氏菌或耐热大肠菌群。水样中检出大肠埃希氏菌或耐热大肠菌群表示该水体已受到人或动物粪便污染。

表 6－2　水质常规检验项目(根据所使用的消毒剂确定检验项目)

单位：mg·L^{-1}

消毒剂名称	接 触 要 求	出厂水中限值	出厂水中余量	管网末梢水中余量
氯气及游离氯制剂(游离氯)	与水接触至少 30 min 出厂	4	≥0.3	≥0.05
氯胺(总氯)	与水接触至少 120 min 出厂	4	≥0.5	≥0.05
臭氧(O_3)	与水接触至少 12 min 出厂	0.3		0.02；如加氯，总氯≥0.05
二氧化氯(ClO_2)	与水接触至少 30 min 出厂	0.8	≥0.1	≥0.02

表 6-3 各项污染物的浓度限值(环境空气质量标准 GB 3095—1996)

污染物名称	取值时间	浓度限值			
		一级标准	二级标准	三级标准	浓度单位
二氧化硫(SO_2)	年平均	0.02	0.06	0.10	
	日平均	0.05	0.15	0.25	
	1小时平均	0.15	0.50	0.70	
总悬浮颗粒物(TSP)	年平均	0.08	0.20	0.30	
	日平均	0.12	0.30	0.50	
可吸入颗粒物(PM10)	年平均	0.04	0.10	0.15	
	日平均	0.05	0.15	0.25	
氮氧化物(NO_x)	年平均	0.05	0.05	0.10	mg/m^3(标准状态)
	日平均	0.10	0.10	0.15	
	1小时平均	0.15	0.15	0.30	
二氧化氮(NO_2)	年平均	0.04	0.04	0.08	
	日平均	0.08	0.08	0.12	
	1小时平均	0.12	0.12	0.24	
一氧化碳(CO)	日平均	4.00	4.00	6.00	
	1小时平均	10.00	10.00	20.00	
臭氧(O_3)	1小时平均	0.12	0.16	0.20	
铅(Pb)	季平均	1.50			
	年平均	1.00			
苯并[a]芘(B[a]P)	日平均	0.01			$\mu g/m^3$(标准状态)
氟化物	日平均	7①			
	1小时平均	20①			
F	月平均	1.8②		3.0③	$\mu g/(dm^2 \cdot d)$
	植物生长季平均	1.2②		2.0③	

①适用于城市地区。

②适用于牧业区和以牧业为主的半农半牧区,蚕桑区。

③适用于农业和林业区。

表 6－4　城市 5 类区域噪声标准(GB 3096—93)

单位:等效声级(LAeq),dB

类　别	昼　间	夜　间
0	50	40
1	55	45
2	60	50
3	65	55
4	70	55

注:适用区域如下:

1. 0 类标准适用于疗养区、高级别墅区、高级宾馆区等特别需要安静的区域,位于城郊和乡村的这一类区域分别按严于 0 类标准 5dB 执行。

2. 1 类标准适用于居住区、文教机关为主的区域,乡村居住环境可参照执行该类标准。

3. 2 类标准适用于居住、商业、工业混杂区。

4. 3 类标准适用于工业区。

5. 4 类标准适用于城市中的道路、交通干线道路两侧区域,穿越城区的内河航道两侧区域;穿越城区的铁路主、次干线两侧区域的背景噪声(指不通过列车时的噪声水平)限值也执行该类标准。

6. 监测方法按 GB/T14623—93 执行。

7 可持续发展与清洁生产

7.1 可持续发展战略

7.1.1 可持续发展的由来

1. 传统发展与环境问题

在不同的社会发展时期，人类社会活动对大自然干预的程度不同，因而产生的环境问题亦不同。

(1) 史前文明时期

由于人口稀少，居住极为分散，生产力水平极低，被动地依靠自然生存。人类活动还没有对自然环境产生明显的影响与破坏作用。此时产生的环境问题，主要是人口的自然增长，无知地乱采、乱捕、滥用自然资源所造成的生活资料的缺乏，以及由此而引发饥荒。

(2) 农业文明时期

从原始社会到18世纪后半叶，人类通过耕作和畜牧，从自然界获取较为丰富的生活资料，生活水平有了较大的提高，人口也不断地增长。但此时的科学技术还不够发达，为了提高生活水平，增加物质财富，主要依靠扩大耕地面积，增加农作物的播种和增加畜牧数量。为此，毁林开荒、过度放牧，从而使森林、草原遭到了严重的破坏，导致水土流失、沙漠化，带来了严重的生态环境恶化，致使文明衰落。例如，在两千多年前，曾是四大文明古国之一的巴比伦王国，森林茂盛，沃野千里。但由于忽视对生态环境的保护，乱砍滥伐，开荒造田，最后被漫漫的黄沙所淹没，从地球上销声匿迹了。

(3) 工业文明时期

西方发达国家的产业革命从纺织工业开始，最后以建立煤炭、钢铁、化工等重工业而告完成。以牛顿力学和技术革命为先导的工业文明使人类社会的生产力获得了长足的发展，人类改造自然的能力获得了极大的提高。然而，煤炭的大规模应用产生大量的烟尘、二氧化硫和其他污染物质，冶炼工业生产排放二氧化硫和其他危害更大的有毒有害物质，化学工业的迅速发展又增加了新的污染源和污染物，造纸工业排放出大量高浓度难降解有机废水等等。结果导致一系列环境和生态问题产生，如全球温度持续上升，生物多样性减少，酸雨和有毒化学品污染事件的不断发生，直接威胁到人类的生存和发展。

20 世纪 70—80 年代，由于环境污染、生态破坏严重，经济发展受到制约。工业发达国家加大了环境保护的投资，制定了一系列环境保护法律、法规，加强环境管理，同时大力开展环境科学研究，进行环境污染治理和发展低污染和无污染的工艺技术，使环境污染得到一定的控制，环境质量有了明显的改善。然而经济发展的模式并未发生根本的变化，仍然是高投入、高消耗，因此，工业生产过程中所排放的污染物总量还在逐年增加。

此外，世界人口的迅速增长，全球资源的匮乏，尤其是土地资源减少、森林资源破坏，淡水资源短缺等问题，已严重地制约了人类社会经济的发展。在严酷的事实面前，人类开始觉醒，并努力寻求经济、社会和环境相协调发展的道路。

2. 可持续发展的提出

1983 年联合国第 38 届大会任命当时的挪威首相布伦特兰夫人为主席，授权其成立了“世界环境与发展委员会”，以持续发展为基本纲要，经过系统的调查研究，在 1987 年提出了《我们共同的未来》的研究报告。这份研究报告把环境与发展这两个紧密相联的问题作为一个整体加以考虑。人类社会的持续发展只能以生态环境和自然资源的持久、稳定的支持能力为基础，而环境问题也只有在社会和经济的持续发展中才能得到解决。该报告正式提出了可持续发展(Sustainable Development)的模式，并首次给出了可持续发展的定义：“可持续发展是能够满足当前的需要又不危及下一代满足其需要的能力的发展。”

1992 年 6 月，联合国环境与发展大会在巴西里约热内卢召开，会议经过广泛、深入的讨论，通过了贯穿着可持续发展思想的《里约环境与发展宣言》和《21 世纪议程》两个纲领性文件，提出建立一种新的、公平的全球伙伴关系的“关于国家和公众行为的基本原则”的宣言和全球范围内可持续发展的行动计划。这次大会为人类高举可持续发展的旗帜，走可持续发展之路发出了总动员，具有重要的里程碑意义。

2002 年南非约翰内斯堡可持续发展问题世界首脑会议本着“拯救地球、重在行动”的宗旨，规定了重点更加突出的方针做法，既有具体步骤，又有可以定量和有时间限制的大小目标。这次大会是 21 世纪人类环境与发展的第一次会议，为当今领导人提供了一个作出具体承诺的重要机会，以便采取行动执行《21 世纪议程》并实现可持续发展。

走持续发展的道路，由传统的发展战略转变为持续发展战略，是人类对"人类-环境"系统的辩证关系、对环境与发展问题长期进行反思的结果，是人类做出的唯一正确的选择。

7.1.2 可持续发展的定义与内涵

传统的发展观是以产值和利润的增长、物质财富的增加为目标的一种工业化发展观，表现为各国对经济高速增长目标的努力追求，认为人均的快速增长就是经济成功的标志，这种观点必然是以牺牲自然环境、过度利用资源为代价的，导致了日益严重的全球性问题，更危及了人类本身和人类后代的生存与发展。

1. 可持续发展的概念

自 20 世纪 80 年代中期以来，西方发达国家对可持续发展作出了几十种不同的定义，概括起来主要有五种类型。

(1) 从自然属性定义可持续发展，认为"可持续发展是寻求一种最佳的生态系统以支持生态的完整性，即不超越环境系统更新能力的发展，使人类的生存环境得以持续"。这是国际生态联合会和国际生物科学联合会在 1991 年 11 月联合举行的可持续发展专题讨论会的成果。

(2) 从社会属性定义可持续发展。1991 年，由世界自然保护同盟、联合国环境规划署和世界野生生物基金会共同发表的《保护地球——可持续生存战略》中给出的定义，认为"可持续发展是在生存不超出维持生态系统涵容能力之情况下，改善人类的生活品质"。并提出人类可持续生存的九条基本原则。主要强调人类的生产方式与生活方式要与地球承载能力保持平衡，可持续发展的最终落脚点是人类社会，即改善人类的生活质量，创造美好的生活环境。

(3) 从经济属性定义可持续发展，认为可持续发展的核心是经济发展，是在"不降低环境质量和不破坏世界自然资源基础上的经济发展"。

(4) 从科技属性定义可持续发展，认为可持续发展就是要用更清洁、更有效的技术，尽量做到接近"零排放"或"密闭式"工艺方法，以保护环境质量，尽量减少能源与其他自然资源的消耗。着眼点是实施可持续发展，科技进步起着重要作用。

(5) 从伦理方面定义可持续发展，认为可持续发展的核心是目前的决策不应当损害后代人维持和改善其生活标准的能力。

2. 可持续发展的内涵

可持续发展的内涵有两个最基本的方面——发展与持续性。发展是前提，是基础；持续性是关键。没有发展，也就没有必要去讨论是否可持续了；没有持续性，发展就行将终止。发展应理解为两方面：首先，它至少应含有人类社会物质财富的增长,因此经济增长是发展的基础;其次,发展作为一个国家或区域内部经济和社会制度的必经过程,它以所有人的利益增进为标准,以追求社会全面进步为最终目标。持续性也有两方面意思:首先,自然资源的存量和环境的承载能力是有限的,这种物质上的稀缺性和在经济上的稀缺性相结合,共同构成经济社会发展的限制条件;其次,在经济发展过程中,当代人不仅要考虑自身的利益,而且应该重视后代的人的利益,既要兼顾各代人的利益,又要为后代发展留有余地。

可持续发展是发展与可持续的统一,两者相辅相成,互为因果。放弃发展,则无可持续可言,只顾发展而不考虑可持续,长远发展将丧失根基。可持续发展战略追求的是近期目标与长远目标、近期利益与长远利益的最佳兼顾,经济、社会、人口、资源、环境的全面协调发展。可持续发展涉及人类社会的方方面面。走可持续发展之路,意味着社会的整体变革,包括社会、经济、人口、资源、环境等诸领域在内的整体变革。发展的内涵主要是经济的发展、社会的进步。

可持续发展是一项经济和社会发展的长期战略。其主要包括资源和生态环境可持续发展、经济可持续发展和社会可持续发展三个方面:首先,可持续发展以资源的可持续利用和良好的生态环境为基础;其次,可持续发展以经济可持续发展为前提;再次,可持续发展问题的中心是人,以谋求社会的全面进步为目标。

持续发展战略是一个广泛的概念,从环境与发展的角度去分析其思想实质是:尽快发展经济满足人类日益增长的基本需要,但经济发展不应超出环境的允许极限,在经济和社会发展的同时,采取保护环境和合理开发与利用自然资源的方针,实现经济,社会与环境的协调发展,为人类提供包括适宜的环境质量在内的物质文明和精神文明。同时还要考虑把局部利益和整体利益、眼前利益和长远利益结合起来,保证经济、社会能够持续发展。

3. 可持续发展的原则

(1) 公平性原则

公平性原则是指各种主体在使用资源与环境的需求上具有平等的权利,包括两方面的内容:本代人之间的公平性和代际之间的公平性。

可持续发展满足全体人民的基本需求以及他们要求较好生活的愿望。要给全世界以公平的分配权和发展权,要把消除贫困作为可持续发展进程特别重要的问题来考虑。

环境不仅是当代人的,也是未来人的,未来人与当代人具有同等的环境使用权。当代人对未来人能否拥有与当代人基本相同或更美好的环境条件,负有重要的责任。

(2) 持续性原则

持续性原则指资源的永续利用和生态环境的可持续性。可持续发展不应损害支持地球生命的自然系统——大气、水、土,不能超越资源与环境的承载能力。

(3) 共同性原则

共同性原则指的是人类共同促进自身之间以及自身与自然之间的协调。可持续发展作为全球发展的总目标,所体现的公平性的持续原则是共同的,为了实现这一总目标,必须采取全球共同的联合行动。

7.2 中国可持续发展战略

坚持以人为本,树立全面、协调、可持续的发展,促进经济社会和人的和谐发展,在发展经济的同时,充分考虑环境、资源和生态的承受力,保持人和自然的和谐关系,实现自然资源的持久利用,实现社会的持久发展是当代科学发展观的重要体现。可持续发展,已经成为当今世界各国普遍认同的发展理念,对于我国的发展更是具有特殊重要的意义。

7.2.1 可持续发展是中国国情的必然选择

由于中国工业化的起步晚、起点低、历史负担重,加上人口、资源、环境、粮食等限制因素,中国现代化将是一个不断渐变、积累、进而部分质变的长期历史过程。

在发展模式的选择上,欧、美、日等工业化国家几乎都是靠以资源(特别是不可再生资源)的高消耗和生活资料的高消费来支撑和刺激其经济高速增长的,但中国却面临不同的环境和机遇:(1)中国人均资源占有量极其低下;(2)对外开放比日本晚了100年左右,国际市场基本上已被占领;(3)中国作为人口巨国的人口总数大大超过欧、美、日等国人口的总和;(4)中国的生产技术水平低下,开发利用资源的能力不足。因此中国必须走一条与西方发达国家不同的、非传统的现代化发展模式,其核心思想就是实行:(1)低度消耗资源的生产体系;(2)适度消费的生活体系;(3)使经济持续稳定增长、经济效益不断提高的经济体系;(4)保证效率与公平的社会体系;(5)不断创新、充分吸收新技术、新工艺、新方法和适用技术体系;(6)促进与世界市场紧密联系的、更加开放的贸易与非贸易的国际经济体系;(7)合理开发利用资源,防止污染,保护生态平衡。这种发展模式既符合可持续发展思想,又适合中国国情。

中国可持续发展面临的六大挑战:人口三大高峰的相继来临,能源和资源的超常规利用，严重的生态环境问题，三农问题的基本解决，社会公平的全面实现，艰巨的制度创新和文化创新。为应对上述挑战，中国可持续发展战略应当遵循以下七项原则：始终保持经济的理性增长，全力提高社会发展的质量；满足“以人为本”的基本需求；调控人口的数量增长，提高人口的素质；维持、扩大和保护自然的资源基础和生态服务能力；集中关注科技进步对于可持续发展瓶颈的突破；始终调控效率与公平的平衡。

我国现阶段正处在构建和谐社会改革发展的关键时期，既是经济增长的高峰期，又是社会矛盾高发期，机遇与挑战并存。构建社会主义和谐社会、实现全面小康的目标，就必须高度重视可持续发展问题，实施可持续发展战略，这一战略决策充分体现了“一个民族对于自身发展的审慎选择，一个时代对于自然环境的整体关怀，一个国家对于人类文明的重大贡献”。

7.2.2 中国可持续发展制度建设

1. 提出科学发展观

改革开放以来，我国经济快速发展，同时也存在经济与社会、人与自然、区域与城乡之间发展不协调的问题。党的十六届三中全会提出，要“坚持以人为本，树立全面、协调、可持续的发展观，促进经济社会和人的全面发展”，这是对传统以经济增长为核心的发展观的重大突破，对我国新世纪发展战略的制定及发展进程起着重要的指导作用。

2. 初步形成可持续发展的战略框架和行动计划

1994 年，我国政府公布了《中国 21 世纪议程》，确立了我国可持续发展的总体框架和主要目标，从“九五”计划开始，可持续发展战略被纳入国家中长期规划，全面指导经济社会发展。各地区、各部门研究并制定了各自的可持续发展战略，如《中国环境保护 21 世纪议程》、《中国林业 21 世纪议程》、《中国海洋 21 世纪议程》、《中国跨世纪绿色工程规划》、《全国生态环境建设规划》、《“十五”生态建设和环境保护重点专项规划》等，形成了实施可持续发展战略的一系列方案和计划。

3. 建立可持续发展战略实施的组织管理机构

1992 年成立了由国家计划委员会和国家科学技术委员会牵头、跨部门制定《中国 21 世纪议程》的领导小组，同时，设立了具体的管理机构——中国 21 世纪议程管理中心，承担制定与实施《中国 21 世纪议程》的日常管理工作。2000 年，制定《中国 21 世纪议程》的领导小组更名为全国推进可持续发展战略领导小组，编制了《中国可持续发展行动纲要》，确定了 21 世纪初中国可持续发展的重点领域和行动计划。

4. 逐步形成资源和环境保护的法律体系和制度

在法律体系方面，我国已形成以《中华人民共和国环境保护法》为主体的环境法律体系，修订和新制定了《环境保护法》、《水污染防治法》等6部环境保护法律以及《矿产资源法》、《土地管理法》等13部资源管理法律，还制定了34项环境与资源保护的行政法规、427项各类国家环境标准、1 000多项地方环境保护和资源管理法规，初步形成了适应社会主义市场经济发展的环境与资源保护法律体系框架，使我国可持续发展战略的实施逐步走上法制化的轨道。

5. 参与可持续发展的国际合作

我国已与27个国家签定了环境合作协定或备忘录，加入了《保护臭氧层的维也纳公约》、《关于消耗臭氧层物质的蒙特利尔议定书》、《联合国气候变化框架公约》和《生物多样性公约》等20多个与可持续发展有关的国际公约。1992年成立了"中国国际环境与发展委员会"，针对环境与发展领域的重大问题提出政策建议，并进行政策和项目示范，促进我国同国际社会在环境与发展领域中的合作。在履行以及签署并批准的国际环境公约中，我国加强了对履约活动的统筹协调和组织管理，积极利用国际环境公约提供的有利条件引进技术和资金。据统计，我国目前是利用全球环境基金(GEF)数额最多的国家，从1992年GEF设立至今，我国共利用环境基金3.5亿美元。此外，《中国21世纪议程优先项目计划》的128个项目得到了许多国际组织、外国政府和公司积极的参与。

7.2.3 中国可持续发展对策

1. 严格控制人口增长，全面提高人口素质

人口多，资源贫乏，是我国的基本国情之一，也是实现可持续发展战略目标的基本约束。因此必须严格控制人口出生率，不断提高人口素质。树立强烈的人口忧患意识，切实贯彻落实计划生育的基本国策。

2. 加快经济增长方式的转变

我国传统的经济增长方式是一种典型的粗放型方式，其特点就是高投入、低产出，高消耗、低收益。要实现可持续发展，经济增长方式必须由粗放型转变为集约型。集约型增长方式的基本特点是低投入、高产出，低消耗、高效益。转变经济增长方式是一项系统工程，要调整产业结构、改善经济管理，加快企业技术进步，大力发展那些低消耗、高效益的科学技术，逐步建立起强大的资源节约化、能源清洁化、废物资源化、环境无害化、农业生态化、食品绿色化的科技开发体系和产业组织体系。

3. 加强生态建设，保护和治理环境

生态环境恶化已经严重制约着我国的可持续发展进程，应加大生态建设与

环境保护工作的力度，其重点是：长江、黄河上中游地区的生态建设与保护；以“三北”防护林为重点的防护林体系建设；以北方牧区和青藏高原为主的草原保护和建设；环京津生态圈的建设；生态农业、农村能源和农村环境的保护；以土地和水为主的资源保护和可持续利用；城市环境、重点流域和区域环境的综合整治；生态、环境、资源和灾害的综合监测体系建设等，形成以重点任务的实施带动全国生态建设和环境保护全面展开的新局面。

4. 构建合理适度的消费模式，推行绿色消费

由于我国人口规模继续扩大，自然资源储备持续减少，尚未在全国范围内彻底解决温饱问题，因此，必须在可持续发展中反对浪费，鼓励节约，坚决制止愚昧消费的现象。要引导人们树立勤俭节约、合理适度消费的文明观念，树立节约为荣、浪费为耻、奢靡为罪的新型消费观念。以便节制使用一切有限资源，进而达到节制一切不利于人类可持续发展的经济社会活动和行为，建立节约型经济社会。当前，在我国建立崇尚节约、合理适度的消费模式，应把推行绿色消费作为着眼点。一方面，大力倡导绿色消费新观念，广泛开展绿色营销活动，积极推广环保标志产品和绿色食品，减少一次性消费用品的数量，提倡绿色包装、控制白色污染，通过提高居民食物结构的质量，引导生态农业体系和生态工业体系的建立；另一方面，重点建设城市安居工程和康居工程，发展以公共交通为主的居民交通工具。与此同时，通过开展丰富多彩、有益于社会成员身心健康的文体活动，建立和完善现代文明、健康向上的生活方式。

5. 加快科学技术进步

实施可持续发展战略，核心在于把经济社会发展真正转移到依靠科技进步轨道上来，关键在于发挥科技创新在引导和支撑经济社会发展中的决定性作用。只有依靠科技创新，打破资源环境的瓶颈束缚，拓展发展空间，才能使中国真正走上科技主导、人力资源优势得到充分发挥的新型工业化道路。要革新传统的科技价值观念，变单纯经济效益型的科技价值观为“经济-生态综合效益型”的科技价值观，从科技政策和科技战略的制定、到科技课题的确立和科技成果的运用都要把生态效益作为重要的目标和规范，使科技运行的过程遵循和符合生态伦理原则；要大力研究开发绿色技术、环保技术，并用以武装企业，淘汰、拆除那些高消耗、高污染的落后生产设备，逐步使企业完全达到环保要求并产生生态效益；要加大科技投入，实现科学技术自身的可持续发展。为了实现科学技术的可持续发展，要优化科技资源配置，在基础研究、应用研究和开发研究三个层次上合理配备力量，形成促使科学发现、技术发明和知识应用之间相互促进和加速的完整知识生态系统，从而为生态、经济和社会的可持续发展提供强大的科技创新

体系。

7.2.4 中国可持续发展的目标

由我国可持续发展领域资深专家和学者编纂的《中国可持续发展总纲(国家卷)》提出,中国要在未来50年内,全面达到世界中等发达国家的可持续发展水平,总体能力进入到世界前十名的国家行列。到2050年,实现以下几个目标。

(1) 能有效地克服人口、粮食、能源、资源、生态、环境、社会公平等制约可持续发展的瓶颈,确保中国的人口安全、食物安全、信息安全、能源安全、以及公共健康安全、生态环境的安全。

(2) 中国人口的平均预期寿命可以达到85岁。

(3) 中国的四大基本指数疾病控制在:恩格尔系数平均在0.15以下,基尼系数平均在0.35~0.40之间,人文发展指数平均在0.900以上,二元结构系数平均在1.5左右。

(4) 全国人均受教育的年限,从现在的8.2年提升到14年以上。

(5) 在整体国民经济中,科学发展的贡献率达到75%以上。

(6) 单位GDP的能源和资源消耗所创造的价值,在2005年的基础上要分别提高15~20倍。

(7) 在全国范围内基本消除"贫困",其中:到2020年,在全国范围内基本消除"贫困县";到2030年,基本消除"贫困乡";到2040年,基本消除"贫困村";到2050年,基本消除"贫困户"。

(8) 中国要依次通过三条倒U型曲线的顶点,实现从左侧到右侧的良性逆转,其中:到2030年,基本实现人口自然增长率的"零增长";到2040年,基本实现能源和资源消耗速率的"零增长";到2050年,基本实现生态环境退化速率的"零增长"。

7.3 环境管理体系标准

环境管理体系标准(ISO14000系列标准)是国际标准化组织(ISO)第207技术委员会(TC207)从1993年开始制定的系列环境管理国际标准的总称。这一标准的使用方法与其他环境质量标准、排放标准完全不同:首先,它是自愿性的标准;其次,它是管理标准,为各类组织提供了一整套标准化的环境管理体系和管理方法。

环境管理的标准化不同于一般产品的标准化，具备以下七方面特征：应当能适用于各种不同规模的组织；要有弹性，可符合未来的需要；是规范环境影响事项时应该遵守的标准；可以广泛应用于各种行业和各种状况；有利于环境保护及资源保存的持续性改善工作；有助于实施产品寿命周期的分析；可作为独立评价的依据。

7.3.1 ISO14000系列标准产生的背景

20 世纪 80 年代以来大规模的全球环境问题更使人们通过管理自身行为的实践进一步认识到，人类社会的经济发展行为是由人类的发展思想、发展观念、消费方式和发展模式决定的。也就是说，环境问题的出现是人类社会当前发展的必然结果。如果不摒弃以人为中心的发展观，不提倡和追求人与自然的和谐，一切管理手段都是苍白的。“可持续发展”正成为当今世界的共同追求和指导人类社会发展的实施纲领。一些工业企业或民间组织纷纷根据可持续发展精神制定相应的政策。例如，国际商会制定了可持续发展商务宪章，该宪章提出了 16 项环境管理原则；化学工业推出了“环保责任计划”，该计划目前已经成为化工协会会员资格的必备条件。越来越多的企业加入到绿色产品运动，越来越多的公众参与到绿色消费浪潮中。一些新的环境管理工具得到了越来越广泛的应用，如运用产品生命周期评价方法研究产品从“摇篮到坟墓”的环境影响，通过建立企业环境管理体系和进行环境审核，权衡企业在公众前的形象以获得商品经营支持，以及将废物最小化、清洁生产审计、污染预防等工具和手段引人到企业环境管理中。

正是在这种环境管理国际大趋势下，考虑到各国、各地区、各组织采用的环境管理手段工具及相应的标准要求不一致，可能会为一些国家制造新的“保护主义”和技术壁垒提供条件，从而对国际贸易产生影响，国际标准化组织(ISO)认识到自己的责任和机会，并为响应联合国实施可持续发展的号召，于 1993 年 6 月成立了 ISO/TC207 环境管理技术委员会，正式开展环境管理标准的制定工作，期望通过环境管理工具的标准化工作，规范企业和社会团体等组织的自愿环境管理活动，促进组织环境绩效的改进，支持全球的可持续发展和环境保护工作。该委员会起草了环境管理领域的系列标准，其标准号从 14000 至 14100 共 100 个标准号，统称为 ISO14000 标准。该系列标准由环境管理体系(EMS)、环境行为评价(EPE)、生命周期评估(LCA)、环境管理(EM)、产品标准中的环境因素(EAPS)等 7 个系列组成。ISO14000 系列标准号分配规则见表 7-1。

表 7-1 ISO14000 系列标准号分配规则

编 号	名 称	标 准 号
SC1	环境管理体系(EMS)	ISO14001～ISO14009
SC2	环境管理(EM)	ISO14010～ISO14019
SC3	环境标志(EL)	ISO14020～ISO14029
SC4	环境行为评价(EPE)	ISO14030～ISO14039
SC5	生命周期评估(LCA)	ISO14040～ISO14049
SC6	术语和定义(T&D)	ISO14050～ISO14059
WG1	产品标准中的环境因素(EAPS)	ISO14060
	备用	ISO14060～ISO14100

按标准性质可将 ISO14000 分为三类:基础标准即术语标准;基本标准即环境管理体系、规范、原理、应用指南;支持技术类标准(工具),包括环境审核、环境标志、环境行为评价、生命周期评估。按标准功能可将 ISO14000 分为两类:评价组织即环境管理体系、环境行为评价、环境审核;评价产品即生命周期评估、环境标志、产品标志中的环境指标。

环境管理国际标准 ISO14000 的颁布,适应了时代发展的要求,受到世界各国的普遍欢迎,欧美等国的企业纷纷按该标准建立起环境管理体系并获得认证。截至 2003 年 12 月,全球获证企业已达 61 287 家,我国境内也有近 1 024 家企业通过了 ISO14001 认证,强化环境管理,建立环境管理体系已成为国内企业今后走向国际市场的必然选择。

7.3.2 ISO14000 系列标准的意义

ISO14000 的基本要点有:将尾端污染治理转为全过程的污染控制;强调建立完整的环境管理体系,纳入总体管理;预防污染必须持续改进提高,不能一劳永逸;处理任何一件事都要讲究程序,做到文件化;以现行环保法规为依据,重在环境因素控制。

组织实施 ISO14000 系列标准,可以将环境保护工作贯穿在产品设计、生产、流通和消费的全过程,优化企业的环境行为,可达到五个效益。①节省资源能源:降低成本、减除污染;②改善环境:符合政府法规、周围群众满意;③增强市场竞争力,消除非关税贸易壁垒,获得将产品打入国际市场的通行证;④群众环保意识提高、欢迎环保产品;⑤提高企业形象,扩大企业知名度、迈向国际接轨。

组织实施 ISO14000 标准系列标准，可以加速产业结构调整，鼓励组织积极开发无公害、无污染的产品、节约原材料和能源的新工艺，为实施全过程控制污染和清洁生产，提供程序上的保障。实施 ISO14000 系列标准，将提高产品的环境价值，有助于改善组织形象，提高组织在国内外市场的竞争力和占有率，减少环境风险和环境费用开支，降低生产成本，提高组织的环境效益与经济效益。通过该体系的运行，可以改善管理工作、减少违法行为，从而提高生产效率。

组织实施 ISO14000 系列标准，可增强可持续发展的观念，有助于组织系统地处理环境问题，并将环境保护和组织经营结合起来，使之成为组织日常运行的经营策略的一个部分，从根本上解决环境污染和资源浪费问题。

7.3.3 ISO14001 标准

ISO14001 标准是 ISO14000 系列标准中唯一可供认证的标准，其他标准只是 ISO14001 标准的技术支持和补充标准。ISO14001 标准是规定、实施、检查、评审环境管理运行系统的规范，是一系列后续标准的基础，该标准以“策划-实施-检查-改进”的管理思想指导建立环境管理运行机制，对环境因素进行监控，对产品设计、原材料、能源使用、生产工艺、设备运行、产品销售等环节进行全过程控制，合理利用资源能源，实现减污增效、可持续发展的目标。

ISO14001 标准包含五大部分，17 个要素。五大部分内容概括如下：环境方针、规划、实施与运行、检查与纠正措施、管理评审，这 5 个基本部分包含了环境管理体系的建立过程和建立后有计划地评审及持续改进的循环，以保证组织内部环境管理体系的不断完善与提高。17 个要素包括：环境方针，环境因素，法律和其他要求，目标与指标，环境管理方案，机构和职责，培养、意识与能力，信息交流，环境管理体系文件编制，文件管理，运行控制，应急准备和响应，监测，违章、纠正与预防措施，记录，环境管理体系审核，管理评审。通过这些要素的有机结合和有效运行，使组织的环境行为得到持续改进。目前，国际、国内所进行的 ISO14001 认证是指组织环境管理体系的认证。

ISO14001 标准要求在组织内部建立环境管理体系，通过不断地审核、评价，推动这个体系的有效运行。

7.3.4 ISO14000 的运行模式及基本要点

环境管理体系认证程序大致上分为以下四个阶段。

第一阶段　受理申请方的申请

申请认证的组织首先选择合适的认证机构，并与其取得联系，提出环境管理体系认证申请。认证机构接到申请方的正式申请书之后，将对申请方的申请文件进行初步的审查，如果符合申请要求，与其签订管理体系审核/注册合同，确定受理其申请。

第二阶段　环境管理体系审核

对申请方的环境管理体系的审核是最关键的环节。认证机构组成一个审核小组，并任命一个审核组长，审核组中至少有一名具有该审核范围专业项目种类的专业审核人员或技术专家，协助审核组进行审核工作。审核工作大致分为3步：①文件审核；②现场审核；③跟踪审核。如果审核结果表明被审核方报来的材料详细确实，则可以进入注册阶段的工作。

第三阶段　报批并颁发证书

根据注册材料上报清单的要求，认证机构进行复审合格，将编制并发放证书，将该申请方列入获证目录，申请方可以通过各种媒介来宣传，并可以在产品上加贴注册标识。

第四阶段　监督检查及复审、换证

在证书有效期限内，认证机构对获证企业进行监督检查，以保证该环境管理体系符合ISO14001标准要求，并能够切实、有效地运行。证书有效期满后，或者企业的认证范围、模式、机构名称等发生重大变化后，该认证机构受理企业的换证申请，以保证企业不断改进和完善其环境管理体系。

环境管理体系认证的组织，通过每年的管理评审和各要素的一次以上的内审，每三年进行认证外审，以此持续改进，达到组织实施ISO14000的效益。

7.4 清洁生产

7.4.1 清洁生产的由来

20世纪70年代以来，针对日益恶化的全球环境，世界各国通过不断增加投入，治理生产过程中所排放出来的废气、废水和固体废物，以减少对环境的污染，保护生态环境，这种污染控制战略被称为“末端处理”。

末端处理虽能减轻部分环境污染，但并没有从根本上改变全球环境恶化的趋势。原因很简单，即一边治理，一边排放。而且为了治理污染，国家和企业都投入大量的资金，背上了沉重的经济负担。同时，污染物一经排放到环境，再进行治理，不但增加处理的难度，而且难以达到要求。在实践中，人们逐渐认识到，末端处理为主的污染控制战略必须改变，否则，环境问题将难以得到根本的解决，而且将使社会、经济发展陷入困境，最终将危及人类的生存。既然工业污染是产生于工业产品的生产和消费过程，那么，工业污染控制也应在此过程中，通过各种途径，采用各种方法和措施，防止各种污染物的产生，也就是说，消除了各种污染源。源于这一思想而建立的污染控制战略，被称为“污染防止”。

污染防止概念，最早出现于 20 世纪 80 年代初期，当时，中国和欧洲有关国家称之为“少废无废工艺”，日本称之为“无公害工艺”，美国称之为“废料最少化”等。1989 年联合国环境规划署工业与环境规划中心（UNEP/PAC）率先提出了清洁生产（Cleaner Production），决定在世界范围内推行清洁生产，为此还制定了行动计划和方案。1992 年的联合国环境与发展大会通过的《21 世纪议程》，号召工业提高能效、开展清洁生产。中国政府于 1994 年提出了《中国 21 世纪议程》，将清洁生产列为重点项目之一。清洁生产既是治理中国工业污染的重要战略，也是实施可持续发展的根本途径。

7.4.2 清洁生产的概念

1. 清洁生产的定义

联合国环境规划署工业与环境规划中心提出了清洁生产的定义：清洁生产是一种新的创造性思想，该思想将整体预防的环境战略持续应用于生产过程、产品和服务中，以增加生态效率和减少人类及环境的风险。针对生产过程、产品、服务有不同的要求。

(1) 对生产过程，要求节约原材料和能源，淘汰有毒原材料，减少并降低所有废物的数量和毒性。

(2) 对产品，要求减少从原材料提炼到产品最终处置的全生命周期的不利影响。

(3) 对服务，要求将环境因素纳入设计和所提供的服务中。

《中国 21 世纪议程》的定义如下：清洁生产是指既可满足人们的需要，又可合理使用自然资源和能源并保护环境的实用生产方法和措施。其实质是一种物料和能耗最少的人类生产活动的规划和管理，将废物减量化、资源化和无害化，或消灭于生产过程之中。同时对人体和环境无害的绿色产品的生产亦将随着可持续发展进程的深入而日益成为今后生产的主导方向。概括地讲，它包括三个方面的内容：采用清洁的能源、少废或无废的清洁生产过程，以及对环境无害的清洁产品。清洁生产意味着将整体预防的环境战略持续应用于生产过程、产品和服务中。

清洁生产是一个相对的、动态的概念。所谓清洁的工艺和清洁的产品是与现阶段的工艺和产品相比较而言的。推行清洁生产，本身是一个不断完善的过程。随着社会经济的发展,科学技术的进步,清洁生产的工艺和设备也将更加先进、合理。一项清洁生产技术,主要从技术、经济和环境效益三方面进行评价:首先是技术先进可行;其次是经济上合理;再次是能达到节能、降耗、减污的目的,满足环境保护的要求。

2. 清洁生产概念中的含义

清洁生产概念中包含如下 4 层含义。

(1) 清洁生产的目标是节约能源、降低原材料消耗、减少污染物的产生量和排放量。

(2) 清洁生产的基本手段是改进工艺技术、强化企业管理,最大限度地提高资源、能源的利用率和改变产品体系,更新设计方法,争取废物最少排放即将环境因素纳入服务中去。

(3) 清洁生产的方法是排污审计,即通过审计发现排污部位、排污原因,并筛选消除或减少污染物的措施及产品生命周期分析。

(4) 清洁生产的终极目标是保护人类与环境,提高企业自身的经济效益。

3. 清洁生产的内容

清洁生产包括以下内容。

(1) 清洁能源:包括常规能源(如煤)的清洁利用,可再生能源的利用,新能源的开发,各种节能技术如城市煤气化、乡村沼气化利用等。

(2) 清洁原料:尽量少用或不用有毒有害及稀缺原料,利用二次资源作原料。

(3) 清洁生产过程:生产无毒无害的中间产品,减少副产品,选用少废、无废工艺和高效设备,减少生产过程中的各种危险因素(如高温、高压、易燃、易爆、强噪声、强振动等),提高物料的再循环(厂内、厂外),使用简便可靠的操作和控制,完善管理等。

(4) 清洁产品:生产和使用不危害人体健康和生态环境,包装合理、易回收、复用、再生、处置和降解;使用终结后无毒、无害,可回收或可降解,不对环境造成不良影响。

7.4.3 实现清洁生产的主要途径和方法

1. 加强宣传,转变观念

清洁生产是工业发展的一种新模式,贯穿产品生产和消费的全过程,不单纯是一个生产技术问题,而是一个复杂的系统工程。因此,要实现清洁生产,首先要开展以清洁生产促进可持续发展意义的宣传和培训,改变单纯从生产的终端来考虑污染控制的传统观念。同时积极开展国际交流与合作,学习发达国家在开发清洁生产方面的成功经验。

2. 建立健全法规体系,保证清洁生产的顺利开展

推行清洁生产必须制定和实施与市场经济体制相适应的政策法规体系。要进一步加强清洁生产立法,制定清洁生产专项法与相应配套法,革新现行的法律制度以适应清洁生产的要求。要制定与我国经济发展水平和国力相适应的清洁生产标准和原则,同时还应通过调整各种经济政策,在国家宏观调控下,运用经济手段和市场机制来推行清洁生产发展。

3. 研究清洁生产技术和装备,加强企业技术改造

开展清洁生产技术和装备方面的研究,并注意推广应用到工业生产实际中去。我国不少生产企业物料利用率低、物耗、能耗、水耗都很高,不仅造成资源的极大浪费,而且还使生产成本增高,造成环境的严重污染。因此,必须在原料规格、生产路线、工艺条件、设备选型和操作控制等方面加以改造,并尽可能采用先进的工艺和设备,以提高生产效率和效益,做到在生产过程中消灭污染的产生,实现清洁生产。这方面,在国内外都有成功的范例。例如,用三价铬代替六价铬的镀铬工艺;采用无氰电镀工艺,不仅极大地改善了工作环境和劳动条件,而且消除了剧毒的六价铬和氰化物的使用和排放;用加氢还原代替铁粉还原生产苯胺,不但极大地降低了废渣的排放量,而且使苯胺的回收率提高到99%,具有明显的经济效益和环境效益;用离子膜法取代汞法和隔膜法制烧碱,取得了显著的环境和经济效益。

4. 开发清洁生产工艺,减少废物的产生和排放

研究和开发无污染或少污染、低消耗的清洁生产工艺,鼓励采用清洁生产方式使用能源和资源,提高能源和资源的使用效率,特别鼓励可再生资源、能源的使用。这方面包括改革原料路线,如用乙烯和丙烯替代乙炔作有机合成原料;选择使用清洁的纯原料或低污染原料;生产过程中尽可能使用如太阳能、电能等无污染和少污染的一次和二次能源;采用物料闭路循环,废物综合利用等工艺流程和措施。这样既可以减少废物的产生和排放,又可提高产品得率和降低产品成本。

5. 改进产品设计,发展绿色产品

改进产品设计,调整产品结构,更新、替代有害环境的产品,大力发展绿色产品,特别要促进具有环境保护标志的产品的生产与使用。工业污染不但发生在产品生产的过程中,有时更严重的发生在消费过程中,如全球关注的破坏臭氧层的氯氟烃(氟利昂)、强致癌的多氯联苯,以及危害生态环境的难降解、高残留的有机氯农药等。因此,用生物可降解的农用薄膜替代难降解的聚乙烯农用薄膜;淘汰化学农药中的有机砷、有机汞及有机氯(DDT、666)等农药,用高效低毒、低残留的新的有机氯和有机磷农药代替;目前各国均致力于第三代农药——昆虫

激素及其化学制剂的研究和应用；开发氟利昂代用品 HCFC－123 和 HCFC－124 的生产技术；采用生物可降解塑料、光解塑料、生物农药及水溶性涂料等清洁产品。

6. 发展环境保护技术，搞好末端处理

清洁生产并不是否定必要的末端处理技术。有时为实现清洁生产，在实行全过程污染控制过程中还需包括必要的末端处理技术，使之成为一种在采取其他措施之后的最终辅助手段。为实现有效的末端处理，必须努力开发一些技术先进、处理效果好、占地面积少、投资省、见效快、可回收有用物质等的实用环境保护技术。

7.4.4 清洁生产与末端治理的比较

清洁生产是要引起研究开发者、生产者、消费者，即全社会对工业产品及使用全过程对环境影响的关注，使污染物产生量、流失量和治理量最小，资源充分利用，是一种积极、主动的态度。而末端治理把环境责任只放在环保研究、管理人员上，注意力仅集中在生产过程中已经产生的污染的治理上，总是处于被动、消极的地位。清洁生产与末端治理有很大的不同，其比较可见表 7－2。

表 7－2 清洁生产与末端治理的比较

比较项目	清洁生产系统	末端治理（不含综合利用）
思考方法	污染物消除在生产过程中	污染物产生后再处理
产生时代	1980 年代末期	1970—1980 年代
控制过程	生产全过程控制，产品生命周期全过程控制	污染物达标排放控制
控制效果	比较稳定	产污量影响处理效果
产污量	明显减少	间接可推动减少
排污量	减少	减少
资源利用率	增加	无明显变化
资源耗用	减少	增加（治理污染耗用）
产品产量	增加	无明显变化
产品成本	降低	增加（治理污染费用）
经济效益	增加	减少（用于治理污染）
治理污染费用	减少	随排放标准严格，废用增加
污染转移	无	有可能
目标对象	全社会	企业及周围环境

7.4.5 ISO14000与清洁生产

ISO14000管理体系与清洁生产是环境管理的新思路，都是为了促进环境与经济的协调发展。ISO14000系列标准强调通过制定环境方针和目标指标，评价重要环境因素与持续改进达到节能、降耗、减污的目的。清洁生产也强调能源、资源的合理利用，鼓励企业在生产、产品和服务中最大限度地节约能源、节约原材料、少用或不用有毒有害及稀缺原料、提高物料的循环利用，这在环境保护中发挥越来越重要的作用。二者既有不同之处又密切相关，相辅相成。

1. 不同点

(1) 基本概念不同

ISO14000管理体系是环境管理领域最新的先进管理体系，旨在指导并规范企业根据法律法规的要求建立先进的体系，帮助企业实现环境目标与经济目标。清洁生产是以科学管理、技术进步为手段，利用清洁能源、原材料，采用清洁的生产工艺技术和过程控制，生产出清洁产品，是工业发展的一种新的目标模式。

(2) 侧重点不同

ISO14000管理体系侧重于管理，强调的是一个标准化的管理体系，为企业提供一种先进的管理模式。而清洁生产着眼于生产的全部过程，以改进生产、减少污染为直接目标，虽然也强调管理，但更着重于技术水平的提高。

(3) 实施手段不同

ISO14000管理体系是以国家的法律法规为依据，以优良的管理推动技术改进；清洁生产主要采用技术改造，辅之以加强管理，并且存在明显的行业特点。

(4) 审核方法不同

ISO14000管理体系的审核侧重于审查企业的环境管理状况，审核的对象有企业文件、记录及现场状况等具体内容；而清洁生产审核采用分析工艺流程、进行物料和能量衡算等方法，发现排污部位和原因，确定审核重点，实施清洁生产方案。

2. 相互依存关系

(1) 清洁生产是环境管理体系的要求。ISO14000环境管理体系要求企业推行清洁生产。

(2) ISO14000环境管理体系对环境意识提出明确要求。环境意识的增强是实施环境管理的根本动力，清洁生产的实施为环境意识的增强提供了前提。

(3) 推行清洁生产可提高企业的整体技术和管理，为建立企业环境管理体系提供方法。

(4) 清洁生产要融入企业的全面管理之中，这是清洁生产的最终目的。

只有把环境管理体系和清洁生产有机地结合起来,改善环境管理,推行清洁生产,才能实现环境的可持续发展。

7.5 循环经济

7.5.1 循环经济的概念

1. 循环经济的提出

美国经济学家鲍尔丁(K. E. Boulding)1962年提出的“宇宙飞船理论”,被看作是循环经济思想的萌芽。当时,环保运动在全球刚刚兴起,鲍尔丁敏锐地觉察到必须从经济过程来思考环境问题产生的根源。他将人类生活的地球比做太空中的宇宙飞船,要靠不断消耗自身有限的资源而生存,如果不能合理开发资源、善待环境,地球就会像宇宙飞船那样最终走向毁灭。20世纪70年代两次世界性能源危机造成的经济增长与资源短缺之间的突出矛盾,进一步引发了人们对经济增长方式的深刻反思。1972年,罗马俱乐部发表著名报告《增长的极限》,系统地考察经济增长与人口、自然资源、生态环境和科学技术进步之间的关系,向全世界发出了100年后经济增长将会因资源短缺和环境污染而停滞的警告。

20世纪七八十年代,以德国为代表的发达工业国家,在对废弃物处理的过程中,逐步由单纯的末端治理,发展到从源头预防、减少废弃物的产生并对废弃物进行资源化处理后再生循环利用,而且确立了废弃物处置的顺序:尽量抑制废物产生、再使用、再生利用、热回收、无害化处置。至此,强调资源的高效循环利用和污染的源头防控的循环经济模式呼之欲出。1990年,英国环境经济学家珀斯和特纳在其《自然资源和环境经济学》一书中首次使用了“循环经济”(Circular Economy)一词。1996年,德国颁布《循环经济与废弃物管理法》,首次在国家法律文本中使用循环经济概念。循环经济模式兼顾了经济社会发展与资源节约、环境保护的目标,为正确处理可持续发展的三大支柱——经济发展、社会进步和环境保护之间的关系指明了方向,发达国家纷纷把大力发展循环经济作为实现可持续发展战略的具体途径。

2. 循环经济的概念

关于循环经济一个最为普遍的定义是“在经济发展中,遵循生态学规律,将清洁生产、资源综合利用、生态设计和可持续消费等融为一体,实现废物减量化、资源化和无害化,使经济系统和自然生态系统的物质和谐循环,维护自然生态平衡”。

循环经济的基本原则(3R原则):减量化(reduce)、再使用(reuse)和再循环(recycle)。减量化原则是要求用较少的原料和能源投入来达到既定的生产目的或消费目的,在经济活动源头就注意节约资源和减少污染,在生产中,它常表现为产品体积小型化和质量轻便化;再使用原则就是要求产品和包装容器能够以初始的形式被多次使用;再循环原则要求生产出来的物品在完成其使用功能后能重新变成可以利用的资源而不是垃圾。

循环经济是对物质闭环流动型经济的简称,本质上是一种生态经济,要求运用生态学规律而不是机械论规律来指导人类社会的经济活动。循环经济以资源的高效利用和循环利用为核心,将物质流动方式由传统的“资源—产品—废弃物”单向线型模式,转变为“资源—产品—废弃物—再生资源”闭合循环模式,实现资源利用的最大化和废弃物排放的最小化,从而达到节约资源、改善生态环境的目的。循环经济使人类步入可持续发展的轨道,使传统的高消耗、高污染、高投入、低效率的粗放型经济增长模式转变为低消耗、低排放、高效率的集约型经济增长模式。这是人类对人与自然关系深刻反思的结果,是人类社会发展的必然选择。

3. 循环经济与传统经济的区别

传统经济是由“资源-产品-污染排放”所构成的物质单行道流动的经济。在这种经济中,人们以越来越高的强度把地球上的物质和能源开采出来,在生产加工和消费过程中又把污染和废物大量地排放到环境中去,对资源的利用常常是粗放的、一次性的。循环经济倡导的是一种建立在物质不断循环利用基础上的经济发展模式,组织成一个物质反复循环流动的过程,使得从整个经济系统以及生产和消费的过程,基本上不产生或只产生很少的废弃物。

传统经济通过把资源持续不断地变成废物来实现经济数量型增长,这样最终导致了许多自然资源的短缺与枯竭,并酿成灾难性的环境污染后果;而循环经济从根本上解决长期以来环境与发展之间的尖锐冲突,它要求人们建立“自然资源-产品和用品-再生资源”的经济新思维,而且要求在从生产到消费的各个领域,倡导新的经济规范和行为准则。

4. 循环经济的功能

发展循环经济具有三大积极功能:

一是缓解功能。确立全新的经济增长方式,采用减少废料或对废物进行还原和利用的循环经济发展模式,则可以有效缓解经济高速发展中存在的资源不足的问题,也可以减少污染物的排放,从而实现经济的稳定、持续发展。

二是优化功能。发展循环经济,符合可持续发展的科学理念。可持续发展主要依赖于可再生资源的不间断供给，强调的是生物资源的永续利用性。按照可持续发展的要求，大力发展循环经济，努力降低对自然资源的高消耗，不断提高资源使用效率，防范和控制高污染，则有助于优化经济发展、社会发展和生态环境保护三者之间的关系，从而实现经济效益、社会效益和环境效益的有机统一。

三是铸造功能——有利于人类新文明的铸造。新文明观认为，人类与自然的关系应当是一种和睦的、平等的、协调发展的新型关系。这种文明要求人类必须改变以追求物质需要为核心的传统消费观念和以牺牲环境为代价的传统发展观念，在研究地球再生能力和环境自净能力的基础上，使人类与自然协调发展。

7.5.2 中国发展循环经济的路径及理念

循环经济既是一种新的经济增长方式，也是一种新的污染治理模式，同时又是经济发展、资源节约与环境保护的一体化战略。党的十六届五中全会提出"十一五"规划要大力发展循环经济，标志着循环经济在我国已经从一种学术理念和一般实践升华为国家战略。发展循环经济，创建节约型社会，符合中国在自然资源稀缺条件下建设现代化的基本国情，是改变中国当前经济粗放式发展的重要途径，是贯彻落实科学发展观的必然要求，体现了以人为本、可持续发展的发展理念，是我国全面建设小康社会的战略选择，符合当今世界发展潮流。

1. 中国发展循环经济涉及的内容

中国的循环经济，不是要一种简单的环境管理模式，而是要一种新的经济发展模式。正如胡锦涛总书记指出："要加快转变经济增长方式，将循环经济的发展理念贯穿到区域经济发展、城乡建设和产品生产中，使资源得到最有效的利用。"

(1) 在过程上，中国的循环经济是以 3R 原则为手段、以提高生态效率或资源生产率为目标的生命周期经济。循环经济不但要求从物质流动的全过程减少资源消耗和污染产生，而且特别强调 3R 过程中前两个过程的重要性。因为，只有前两个环节涉及生产和消费模式的转变，而一般的废弃物资源化并不改变现有的粗放式的经济模式。

(2) 在对象上，循环经济不仅涉及固体废弃物的回收和资源化，而且要求把 3R 原则应用到水资源、能源、土地资源、重要原材料等领域，以便通过循环经济使中国经济社会发展走上节水、节能、节地、节材和环境友好的道路。中国发展循环经济，不仅要发展节省稀缺性原材料（例如铁、锰、铝、铜等矿产资源）的循环经济，更要重点发展针对水资源、土地资源和能量资源高效利用的循环经济。

(3) 在主体上，循环经济是在国家总体指导下由经济社会发展综合部门统筹协调的一种新的经济发展模式。有关资源节约和环境友好的行动可渗透到具有源头意义的生产活动、消费活动和宏观管理活动之中。这对政府、企业、社会面向循环经济的共同行动提出了较高要求。

2. 中国发展循环经济的主要理念

(1) 新的系统观

循环经济与生态经济都是由人、自然资源和科学技术等要素构成的大系统。要求人类在考虑生产和消费时不能把自身置于这个大系统之外，而是将自己作为这个大系统的一部分来研究符合客观规律的经济原则。要从自然-经济大系统出发，对物质转化的全过程采取战略性、综合性、预防性措施，降低经济活动对资源环境的过度使用及对人类所造成的负面影响，使人类经济社会的循环与自然循环更好地融合起来，实现区域物质流、能量流、资金流的系统优化配置。

(2) 新的经济观

用生态学和生态经济学规律来指导生产活动。经济活动要在生态可承受范围内进行，超过资源承载能力的循环是恶性循环，会造成生态系统退化。只有在资源承载能力之内的良性循环，才能使生态系统平衡地发展。循环经济是用先进生产技术、替代技术、减量技术和共生链接技术以及废旧资源利用技术、"零排放"技术等支撑的经济，不是传统的低水平物质循环利用方式下的经济。要求在建立循环经济的支撑技术体系上下工夫。

(3) 新的价值观

在考虑自然资源时，不仅视为可利用的资源，而且是需要维持良性循环的生态系统；在考虑科学技术时，不仅考虑其对自然的开发能力，而且要充分考虑到它对生态系统的维系和修复能力，使之成为有益于环境的技术；在考虑人自身发展时，不仅考虑人对自然的改造能力，而且更重视人与自然和谐相处的能力，促进人的全面发展。

(4) 新的生产观

从循环意义上发展经济，用清洁生产、环保要求从事生产。要充分考虑自然生态系统的承载能力，尽可能地节约自然资源，不断提高自然资源的利用效率。并且是从生产的源头和全过程充分利用资源，使每个企业在生产过程中少投入、少排放、高利用，达到废物最小化、资源化、无害化。上游企业的废物成为下游企业的原料，实现区域或企业群的资源最有效利用。并且用生态链条把工业与农业、生产与消费、城区与郊区、行业与行业有机结合起来，实现可持续生产和消费，逐步建成循环型社会。

(5) 新的消费观

提倡绿色消费，也就是物质的适度消费、层次消费，而且是一种对环境不构成破坏或威胁的持续消费方式和消费习惯。在消费的同时还考虑到废弃物的资源化，建立循环生产和消费的观念。在日常生活中，鼓励多次性、耐用性消费，减少一次性消费。

3. 中国发展循环经济的对策

(1) 建立发展循环经济的法律体系和方针政策，保证在市场经济条件下，发展循环经济产业有法可依，有利可图；通过制定法规、政策，激励有利于资源节约和环境友好的产业、技术、工艺、产品的发展，加强监管，提高准入门槛，淘汰落后的工艺、技术和产品。

(2) 明确企业和个人在建立节约型社会中的责任，使企业将发展循环经济作为自身发展不可分割的一部分，使民众形成强烈的节约资源与保护环境意识。企业是循环经济发展的主力军，应调动他们的积极性和主观能动性，在产品研制、技术开发和市场开拓等方面发挥作用。

(3) 高度重视新技术、新设备的研究开发和推广，为发展循环经济提供坚实的技术保障。应考虑物质循环的技术、经济可行性。一些物质的循环在技术上可行且在经济上合算，如废钢铁、废有色金属等；一些物质的循环在技术上可行但经济上不合算，如废建筑材料等；一些物质根本不能循环，如挥发性物质。因此，使“物质循环起来”不能一概而论，而要区别对待。

(4) 转变观念，整体推进。转变生产方式，走一条符合中国国情的新型工业化道路，发展循环经济是一种很好的探索和实践。要增加资源效率和环境友好的考核指标，大力宣传循环经济的理念和知识。建立生态工业园区，依据循环经济的思想，改造传统产业。此外，在制订规划时，应因地制宜，既要充分考虑水、原材料的循环和能源的分级利用，也要考虑人才、技术、资金、市场等要素，并与提高人的生活质量和社区环境质量结合起来。

7.6 工业生态学与生态工业园

循环经济理论在工业体系中的应用形态之一是生态工业。循环经济把生态工业、资源综合利用、生态设计和可持续消费等融为一体，运用生态学规律来指导人类社会的经济活动，因此生态工业本质上也是一种基于生态的循环经济。

7.6.1 生态工业的概念

1. 工业生态学概念

工业生态学(Industrial Ecology)是一门研究社会生产活动中自然资源从

源、流到汇的全代谢过程、组织管理体制以及生产、消费、调控行为的动力学机制、控制论方法及其与生命支持系统相互关系的系统科学。目标是保护自然系统的生态可靠性、确保人们满意的生活质量以及维持工业、贸易和商业系统的经济可靠性。

工业生态学的提法始于1989年，美国通用汽车公司的罗伯特·福罗什和尼古拉斯·加罗布劳斯在《科学美国人》上发表题为《可持续工业发展战略》文章，提出："在传统的工业体系中，每一道制造工序都独立于其他工序，通过消耗原料生产出即将被销售的产品和相应的废料；我们完全可以运用一种更为一体化的生产方式来代替那种过于简单化的传统生产方式，那就是工业生态系统。"

工业生态学通过"供给链网"分析（类似食物链网）和物料平衡核算等方法分析系统结构变化，进行功能模拟和分析产业流（输入流、产出流）来研究工业生态系统的代谢机理和控制方法。工业生态学的思想包含了"从摇篮到坟墓"的全过程管理系统观，即在产品的整个生命周期内不应对环境和生态系统造成危害，产品生命周期包括原材料采掘、原材料生产、产品制造、产品使用以及产品用后处理。系统分析是工业生态学的核心方法，在此基础上发展起来的工业代谢分析和生命周期评价是目前工业生态学中普遍使用的有效方法。工业生态学以生态学的理论观点考察工业代谢过程，亦即从取自环境到返回环境的物质转化全过程，研究工业活动和生态环境的相互关系，以研究调整、改进当前工业生态链结构的原则和方法，建立新的物质闭路循环，使工业生态系统与生物圈兼容并持久生存下去。

经过多年的发展，工业生态学已经得到了广泛的应用，其应用层面可以分为三个层次：

（1）企业内部　探索如何从企业整体角度通过过程的集成来最优化使用各种资源，最小化废物的产生，相应的工艺手段包括生命周期分析、环境设计、生态效率等。

（2）工业系统内部　考虑不同企业之间的相互合作，各企业通过共同管理环境事宜和经济事宜来获取更大的环境效益、经济效益和社会效益，这个效益是比单个企业通过个体行为的最优化所能获得的效益之和更大的效益，这个层次的应用就是生态工业园。

（3）地区、国家及全球　在一个地区、一个国家或更大的范围内（如全洲、全球范围）建立生态工业网络，考虑不同的工业系统、工业群落之间如何通过有效地合作来优化资源的使用，改善整体环境绩效，最大可能地推进可持续发展。

目前，工业生态学的研究与实践集中体现在生态工业园的建立与管理上。

2. 生态工业和生态工业园

生态工业也称为产业生态，或产业生态学。生态工业是按生态经济原理和知识经济规律组织起来的基于生态系统承载能力、具有高效的经济过程及和谐的生态功能的网络型进化型工业，它通过两个或两个以上的生产体系或环节之间的系统耦合使物质和能量多级利用、高效产出或持续利用。

将生态学的理论和方法，用到工业生产体系的设计中，将工业生产过程比作生态系统中的一个封闭体系，其中一个环节产生的“废物”或副产品，成为另一个环节的“营养物”或原料。这就出现了生态工业园，彼此相近的工业企业就可以形成一个相互依存、类似于自然生态中食物链的“工业生态系统”。从产出角度看，工业生态学追求的环境目标是“零排放”，在现有技术经济条件下，有利用价值的废物都被用起来了，使排放的废弃物极少甚至为零。从投入角度看，生态工业学追求的目标是“减材料化”(Dematerialization，也有人翻译成非物质化)，在产出数量和质量不变的条件下，减少物料的投放强度，同时不影响产品的质量，既要产品变轻、变小、变薄，又要能经久耐用。

生态工业园区是依据清洁生产要求、循环经济理念和工业生态学原理而设计建立的第三代工业园区。它通过物流或能流传递等方式把两个或两个以上生产体系或环节链接起来，形成资源共享、产品链延伸和副产品互换的产业共生网络。在这个共生网络中，一家工厂的产品或副产品成为另一家工厂的原料或能源，形成产品链和废物链，实现物质循环、能量多级利用和废物产生最小化。

发展生态工业是解决工业污染的重要途径。在生态产业技术的开发上应该遵循6个原则：进化替代原则、减量化原则、再利用原则、再资源化原则、互利共生原则和集成优化原则。

7.6.2 发展生态工业园区的原则和内容

1. 原则

(1) 与自然和谐共存原则

园区应与区域自然生态系统相结合，保持尽可能多的生态功能。对于现有工业园区，按照可持续发展的要求进行产业结构的调整和传统产业的技术改造，大幅度提高资源利用效率，减少污染物产生和对环境的压力。新建园区的选址应充分考虑当地的生态环境容量，调整列入生态敏感区的工业企业，最大限度地降低园区对当地景观和水文背景、区域生态系统造成的影响。

(2) 生态效率原则

园区应全面实施清洁生产。通过园区各企业和企业生产单元的清洁生产，尽可能降低本企业的资源消耗和废物产生；通过各企业或单元间的副产品交换，降低园区总的物耗、水耗和能耗;通过物料替代、工艺革新,减少有毒有害物质的使用和排放;在建筑材料、能源使用、产品和服务中,鼓励利用可再生资源和可重复利用资源。贯彻“减量第一”的最基本的要求,使园区各单元尽可能降低资源消耗和废物产生。

(3) 生命周期原则

要加强原材料入园前以及产品、废物出园后的生命周期管理,最大限度地降低产品全生命周期的环境影响。应鼓励生产和提供资源、能源消耗低的产品和服务;鼓励生产和提供对环境少害、无害和使用中安全的产品和服务;鼓励生产和提供可以再循环、再使用和进行安全处置的产品和服务。

(4) 区域和行业发展原则

尽可能将园区与区域、行业发展和地方特色经济相结合,使园区建设能带动区域、行业环境综合整治和经济发展。区域型园区的规划应纳入当地社会经济发展规划,并与区域环境保护规划方案相协调。

(5) 高科技、高效益原则

大力采用现代化生物技术、生态技术、节能技术、节水技术、再循环技术和信息技术,采纳先进的生产过程管理和环境管理标准,要求经济效益和环境效益实现最佳平衡,实现“双赢”。

(6) 软硬件并重原则

硬件指具体工程项目(工业设施、基础设施、服务设施)的建设。软件包括园区环境管理体系的建立、信息支持系统的建设、优惠政策的制定等。园区建设必须以项目为基础,突出关键工程项目,突出项目(企业)间工业生态链建设。同时必须建立和完善软件建设,使园区得到健康、持续发展。

2. 生态工业园区建设的框架内容

(1) 物质集成

物质集成主要是根据园区产业规划,确定成员间上下游关系,并根据物质供需方的要求,运用过程集成技术,调整物质流动的方向、数量和质量,完成工业生态网的构建。尽可能考虑资源回收利用或梯级利用,最大限度地降低对物质资源的消耗。

(2) 水系统集成

水系统集成的目标是节水,可考虑采用水的多用途使用策略。生态工业园区中,可以将水细分成更多的等级,如超纯水、去离子水、饮用水、清洗水和灌溉水等。由于下一级使用的水质要求较低,因而完全有理由采用上一级使用后的出水。

(3) 能源集成

能源集成不仅要求各成员寻求各自的能源使用实现效率最大化,而且园区要实现总能源的优化利用，最大限度地使用可再生资源。在园区内根据不同行业、产品、工艺的用能质量需求，规划和设计能源梯级利用流程，使能源在产业链中得到充分利用。

(4) 技术集成

关键技术种类的长期发展进化，是园区可持续发展的一个决定性因素。从产品设计开始，按照产品生命周期的原则，依据生态设计的理念，引进和改进现有企业的生产工艺、高新技术、抗市场风险技术、园区内废物使用和交换技术、信息技术、管理技术，以满足生态工业的要求，建立最小化消耗资源、极少产生废物和污染物的高新技术系统。

(5) 信息共享

配备完善的信息交换系统，或建立信息交换中心，是保持园区活力和不断发展的重要条件。园区内各成员之间有效的物质循环和能量集成，必须以了解彼此供求信息为前提。同时，生态工业园的建设是一个逐步发展和完善的过程，其中需要大量的信息支持。这些信息包括园区有害及无害废物的组成、废物的流向信息、相关生态链上产业的生产信息、市场发展信息、技术信息、法律法规信息、相关工业生态其他领域的信息等。

(6) 设施共享

设施共享是生态工业园的特点之一。实现设施共享可减少能源和资源的消耗，提高设备的使用效率，避免重复投资。

7.6.3 生态工业的国内外范例

国际上最成功的生态工业园区是丹麦的卡伦堡生态工业区。该园区以发电厂、炼油厂、制药厂和石膏制板厂四个厂为核心企业，把一家企业的废弃物或副产品作为另一家企业的投入或原料，通过企业间的工业共生和代谢生态群落关系，建立工业联合体。这样，不仅降低了治理污染的费用，而且企业也获得了可观的经济效益。在发达国家，从20世纪90年代就开始规划建设生态工业示范园区。自从1993年开始，生态工业园区在美国遍地开花，美国已经有近20个生态工业园区。目前世界上有几十个生态工业园在规划或建设，多数在美国。加拿大、日本、德国、奥地利、瑞典、爱尔兰、荷兰、法国、英国、意大利、印度尼西亚、菲律宾、泰国、印度等国家都在积极建设生态工业园。

1993年国家环保总局批准海南省成为第一个生态省建设试点，吉林和黑龙江紧跟其后，至2006年底全国已有8个省进行了试点建设，作为推进可持续发展的一种有效组织形式的生态省建设呈现出良好的发展势头。20世纪的最后20年左右，中国建立了大量的工业园区，其中经国务院批准的各种工业园区有

113个，各地自行建立的不计其数。生态工业在中国的发展重点有三：一是大型的综合性企业，二是工业园区，三是工业集中的城镇。最典型的一个案例就是广西贵港国家生态工业（制糖）示范园区。该园区以上市公司贵糖（集团）股份有限公司为核心，以蔗田系统、制糖系统、酒精系统、造纸系统、热电联产系统、环境综合处理系统为框架，通过盘活、优化、提升、扩张等步骤，建设生态工业（制糖）示范园区。该示范园区有六个系统，各系统内分别有产品产出，各系统之间通过中间产品和废弃物的相互交换而互相衔接，从而形成一个比较完整和闭合的生态工业网络，园区内资源得到最佳配置，废弃物得到有效利用，环境污染减少到最低水平。其中，甘蔗→制糖→蔗渣造纸生态链、制糖→糖蜜制酒精→酒精废液制复合肥生态链以及制糖（有机糖）→低聚果糖生态链这三条园区内的主要生态链，相互间构成了横向耦合的关系，并在一定程度上形成了网状结构。物流中没有废物概念，只有资源概念，各环节实现了充分的资源共享，变污染负效益为资源正效益。

除了贵港生态工业（制糖）示范园区建设之外，广东省南海市也正在根据循环经济的理念建立南海国家生态工业示范园区。该示范园区将以华南环保科技产业园为核心，根据循环经济的思想对园区进行规划和设计，通过环保科技产业园和虚拟生态工业园的工业生态链建设，分步建立资源再生园（RRP）、零排放园（ZIP）和虚拟生态园（VEP），实现园区、企业和产品三个层次的生态管理，为全国树立一个最能体现循环经济的生态工业示范园区。

8 绿色化学与化工基础

20 世纪化学工业的蓬勃发展推动了人类社会的进步，提高了人类生活水平，也改变了人类的生活方式，如果没有化学工业，就没有现代化的医学、交通、通信和生活消费品。然而化学工业的发展和化学品产量的剧增，对人类的健康和生态环境造成了极大的危害，全球所面临的环境问题和一些重大的污染事件都与化学工业和化学品污染有关。

为了消除化学工业所产生的环境污染，人们制定了严格的污染排放标准、建立健全环境质量监控体系、发明了污染治理技术。然而，随着化学工业的不断发展，用于污染治理的费用不断上升，但环境污染并没有得到真正有效的控制。人们逐渐认识到这种"先污染后治理"的末端治理模式既浪费了能源和自然资源，又使治理费用大、综合效益差，甚至产生二次污染。因此，从源头上防止污染产生的绿色化学的思想在 20 世纪 90 年代提出并在理论和应用上得到迅速发展。

8.1 绿色化学与原子经济性反应

8.1.1 绿色化学的定义

绿色化学(Green Chemistry)又称环境友好化学(Environmentally Benign Chemistry)，在其基础上发展的技术称为环境友好技术(Environmentally Friendly Technology)、绿色技术(Green Technology)或洁净技术(Clean Technology)。1996 年联合国环境规划署提出了绿色化学的定义："用化学技术和方法去减少或消灭那些对人类健康和环境有害的原料、产物、副产物、溶剂和试剂的生产和应用"。绿色化学的核心是利用化学原理从源头上消除化学工业对环境的污染，其理想是采用"原子经济"(Atom Economy)反应，实现废物的零排放(Zero Emission)；同时也不采用有毒、有害的原料、催化剂和溶剂，并生产环境友好的产品。

绿色化学研究的基本内容是:围绕化学反应、原料、催化剂、溶剂和产品的绿色化展开。即采用无毒、无害,可再生资源为原料,实现原料的绿色化;开发原子经济反应,提高反应的选择性;使用无毒无害的催化剂——催化剂的绿色化;无毒无害的溶剂——溶剂的绿色化,以实现整个反应的绿色化,最后得到绿色化的产品。图 8-1 的绿色化学示意图概括了绿色化学的基本内容。

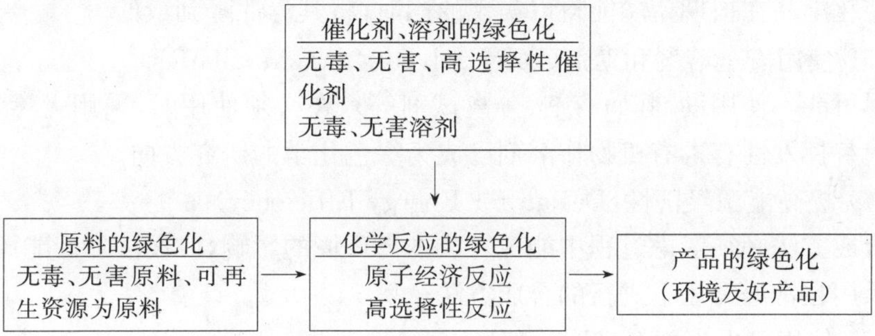

图 8-1　绿色化学示意图

绿色化学是当今化学学科的研究前沿,它综合了化学、物理、生物、材料、环境、计算机等学科的最新理论和技术,是具有明确社会需求和科学目标的新型交叉学科。从科学观点看,它是对传统化学思维方式的更新和发展;从环境观点看,它是从源头上消除污染;从经济观点看,它综合利用资源,降低生产成本,符合经济可持续发展的要求。

8.1.2　绿色化学的研究原则

绿色化学的目标和研究范畴是从根本上切断污染源,而不是被动地治理环境污染。因此,它的研究必须符合以下原则。

(1) 预防环境污染(Prevention)

防止废物的生成,而不是废物产生后再处理。这既能带来经济效益又能带来环境效益。通过有意识地设计不产生废物的反应,分离、治理和处理有毒物质的必要就减少了。例如,用碳酸二甲酯(DMC)代替剧毒的硫酸二甲酯作甲基化剂就使相应的甲基化反应不会产生副产物,使反应具有简单、毒性低、经济、产品收率及纯度高的优点。

(2) 原子经济性(Atom Economy)

绿色化学的主要特点是原子经济性。原子经济性的目标是使原料分子中的原子更多或全部地进入最终的产品之中。最大限度地利用了反应原料,最大限度地节约了资源;最大限度地减少了废物的排放;因而最大限度地减少了环境污染，适应可持续发展的要求。

(3) 无害化学合成(Less Hazardous Chemical Synthesis)

尽量减少化学合成中的有毒原料和有毒产物，只要可能，反应和工艺设计应考虑使用更安全的替代品。

(4) 设计安全化学品(Designing Safer Chemicals)

使化学品在被期望功能得以实现的同时，将其毒性降到最低。

(5) 使用安全溶剂和助剂(Safer solvents and Auxiliaries)

尽可能不使用助剂(如溶剂、分离试剂等)，在必须使用时，采用无毒无害的溶剂代替挥发性有毒有机物作溶剂已成为绿色化学的研究方向。

(6) 提高能源经济性(Design for Energy Efficiency)

合成方法必须考虑过程中能耗对成本与环境的影响，应设法降低能源消耗，最好采用在常温常压下进行的合成方法。

(7) 使用可再生原料(Use of Renewable Feedstocks)

在经济合理和技术可行的前提下，选用可再生资源代替消耗资源，如用酶为催化剂，以生物质(生物体中的有机物)为原料的可再生资源代替不可再生的资源(如石油)，符合生态循环的要求。

(8) 减少衍生物(Reduce Derivatives)

应尽可能减少不必要的衍生作用，以减少这些不必要的衍生步骤需要添加的试剂和可能产生的废物。

(9) 新型催化剂的开发(Catalysis)

尽可能选择高选择性的催化剂。高选择性的催化剂在选择性和减少能量方面优于化学计量反应。高选择性使其所产生的废物减少，催化剂在降低活化能的同时，也使反应所需能量降到最低。

(10) 降解设计(Design for degradation)

在设计化学品时就应优先考虑在它完成本身的功能后，能否降解为良性物质。

(11) 预防污染中的实时分析(Real-time analysis for Pollution Prevention)

进一步开发可进行实时分析的方法，实现在线监测。在线监测可以优化反应条件，有助于产率的最大化和有毒物质产生的最小化。

(12) 防止意外事故发生的安全工艺(Inherently Safer Chemistry for Accident Prevention)

采用安全生产工艺，使化学意外事故(毒、害、渗透、爆炸、火灾等)的危险性降到最低程度。

8.1.3 原子经济反应

希尔顿(Sheldon)提出的E-因子概念,即生产每千克产品所产生的废弃物量,废弃物是指除预期产物以外的任何副产物,不同化工生产过程的E-因子大小如表8.1所示。可见,产品越复杂、越精细,产生的废弃物也越多。

表8-1 不同行业产品的E-因子数据

化工行业	产品规模/kg	废弃物/产品
石油炼制	$10^9\sim10^{11}$	～0.1
大宗化学品	$10^7\sim10^9$	1～5(个别小于1)
精细化学品	$10^5\sim10^7$	5～50(个别大于50)
医药品	$10^4\sim10^6$	25～100

化工生产中通常用下式表示的产率或收率来评价反应过程:

$$产率(\%)=\frac{目标产品的质量}{理论上原料变为目标产品所应得的产品质量}\times100\% \quad (8-1)$$

但产率的概念忽略了副产物的生成,一个反应的产率很高,但产生大量无用的副产物,该反应过程也是不理想的。

Trost提出了反应的原子经济性(Atom Economy)概念,反应的原子经济性可用原子利用率(Atom Utilization, AU)来衡量:

$$原子利用率(\%)=\frac{目标产品的质量}{所有反应物的质量总和}\times100\% \quad (8-2)$$

Trost认为化学合成应考虑原料分子中的原子最终进入所希望产品中的数量,原子经济性的目标是在设计化学反应时使原料分子中的原子最大限度地或全部变成产物中的原子。理想原子经济反应是使原料分子中的原子百分之百转化为产物,不产生废物或副产物,实现废弃物的"零排放"。

8.1.4 常见有机反应的原子经济性分析

1. 分子重排反应

分子重排反应是100%原子经济反应,因为它通过原子重整产生新的分子,所有反应原子都结合到产物中,异构化反应也可归入这一类型,如Claisen重排反应和炔烃的异构化,具体反应式为:

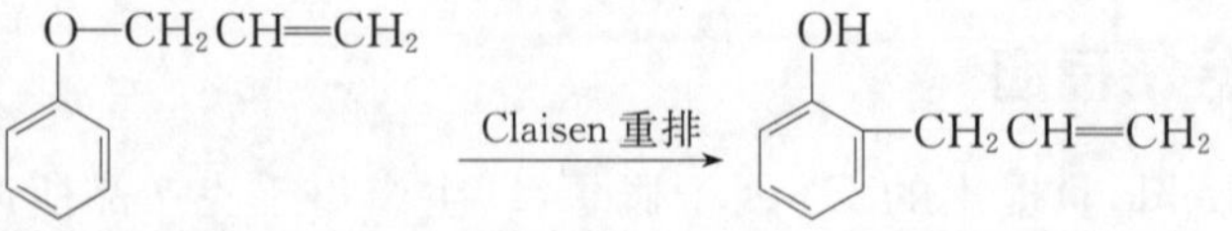

(8-3)

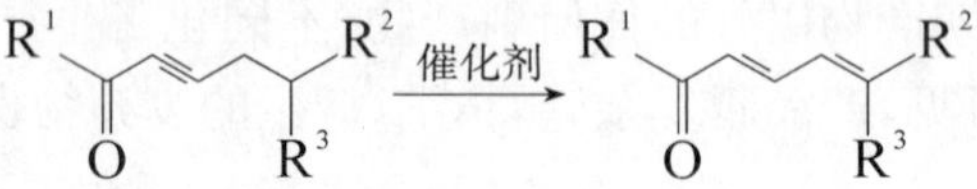

(8-4)

式(8-4)中的 R 为烃基、烷氧基、氨基。

2. 加成反应

加成反应是100%原子经济反应,如 Diels-Alder 和 Michael 加成反应、水合反应等,将反应物加到底物上,充分利用原料中的原子。如丙烯加氢催化制丙烷的反应:

$$H_3CCH = CH_2 + H_2 \xrightarrow{Ni} CH_3CH_2CH_3 \quad (8-5)$$

3. 取代反应

在如烷基化、芳基化、酰基化等取代反应中,被取代的基团是产物不需要的废物,反应的原子经济性降低,其非原子经济程度由底物和试剂决定。例如,丙酸乙酯与甲胺的取代反应生成丙酰甲胺和乙醇,由于生成了副产物乙醇,其原子利用率仅为65.41%,反应式如下:

$$CH_3CH_2COOCH_2CH_3 + HNHCH_3 \longrightarrow CH_3CH_2CONHCH_3 + CH_3CH_2OH \quad (8-6)$$

4. 消除反应

消除反应是原子经济性最低的反应,如脱氢、脱卤素、脱水等反应,所使用的任何未转化至产品的试剂和被消去的原子都成为废物。如 Hofmann 消除(降解)反应,氢氧化三甲基丙基铵热分解生成丙烯、三甲胺和水,以丙烯为目的产物,原子利用率仅为35.30%。

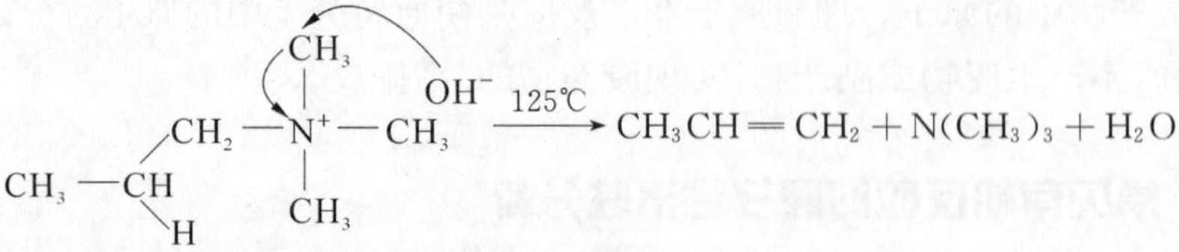

(8-7)

8.1.5 提高化学反应原子经济性的途径

1. 开发新催化材料改变合成方法

通过新催化剂的研制来开发新工艺新技术,提高反应的原子经济性。环氧丙烷的生产就是一个典型的例子，环氧丙烷传统上是由氯醇法生产，反应过程如下：

$$Cl_2 + H_2O \longrightarrow HCl + HClO \qquad (8-8)$$

$$2CH_3CH{=}CH_2 + 2HOCl \longrightarrow CH_3\underset{\displaystyle OH}{\underset{|}{CH}}{-}\underset{\displaystyle Cl}{\underset{|}{CH_2}} + CH_3\underset{\displaystyle Cl}{\underset{|}{CH}}{-}\underset{\displaystyle OH}{\underset{|}{CH_2}} \qquad (8-9)$$

$$CH_3\underset{\displaystyle OH}{\underset{|}{CH}}{-}\underset{\displaystyle Cl}{\underset{|}{CH_2}} + CH_3\underset{\displaystyle Cl}{\underset{|}{CH}}{-}\underset{\displaystyle OH}{\underset{|}{CH_2}} + 2Ca(OH)_2 + 2HCl \longrightarrow 2CH_3\underset{\diagdown_{O}\diagup}{CHCH_2} + 2CaCl_2 + 4H_2O \qquad (8-10)$$

总的反应为：

$$CH_3CH{=}CH_2 + Cl_2 + Ca(OH)_2 \longrightarrow CH_3\underset{\diagdown_{O}\diagup}{CHCH_2} + CaCl_2 + H_2O \qquad (8-11)$$

摩尔质量	42	71	74	58	111	18
目标产物量				58		
废物量					111 + 18 = 129	

$$原子利用率 = \frac{58}{58+111+18} \times 100\% = \frac{58}{42+71+74} \times 100\% = 31\%$$

该法消耗大量氯气和石灰，腐蚀设备，并产生大量含氯化物的废水，污染严重，而且原子利用率仅为31%。

采用新型催化材料钛硅分子筛（TS－1），用双氧水氧化丙烯一步制取环氧丙烷，反应如下：

$$CH_3CH{=}CH_2 + H_2O_2 \xrightarrow{TS-1} CH_3\underset{\diagdown_{O}\diagup}{CHCH_2} + H_2O \qquad (8-12)$$

摩尔质量	42	34	58	18
目标产物量			58	
废物量				18

$$原子利用率 = \frac{58}{58+18} \times 100\% = \frac{58}{42+34} \times 100\% = 76.3\%$$

该反应条件温和，原子利用率提高到76.3%。

2. 采用新的合成原料

采用新的合成原料也是提高原子经济性的一种手段。甲基丙烯酸甲酯的生产就是一个很好的例子。甲基丙烯酸甲酯(MMA)是一种重要的有机化工原料，是有机玻璃的单体。MMA主要采用丙酮-氰醇法生产，反应过程如下：

$$CH_3COCH_3 + HCN \longrightarrow H_3C{-}C(OH)(CN){-}CH_3 \xrightarrow[H_2SO_4]{CH_3OH} H_2C{=}C(CH_3){-}C(=O){-}OCH_3 \qquad (8-13)$$

因使用剧毒的氰化氢和强腐蚀性的硫酸，环境污染大，而且原子利用率仅为47%。

采用均相钯催化剂体系，用丙炔和甲醇一步羰化合成MMA，原子利用率为100%。

$$CH_3{-}C{\equiv}CH + CO + CH_3OH \longrightarrow CH_2{=}C(CH_3){-}C(=O){-}OCH_3 \qquad (8-14)$$

3. 采用新的反应加工途径

通过改变反应途径，简化合成步骤，可以大大提高过程的原子经济性。如药物布洛芬(Ibuprofen)原来的合成步骤由六步反应组成，原子利用率为40.03%。

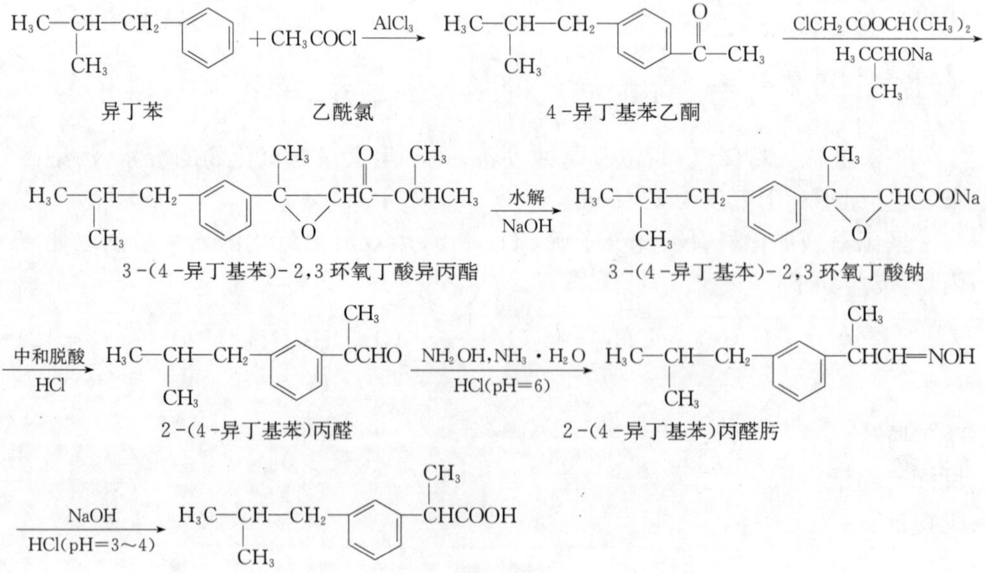

图8-2 Boots公司的Brown方法合成布洛芬

BHC 公司发明的布洛芬合成新工艺，只用三步反应就得到产品布洛芬，原子经济性达到 77.44%。

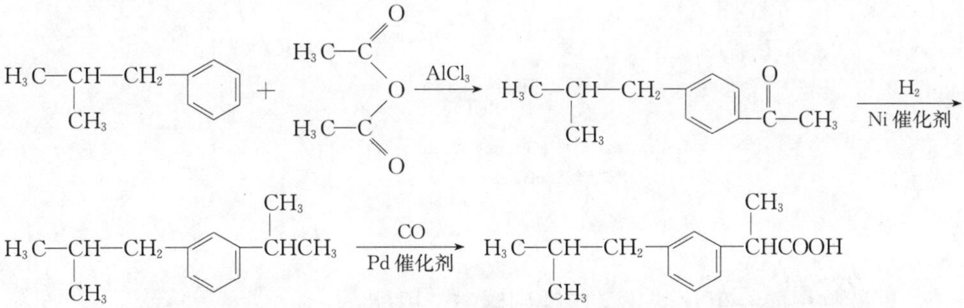

图 8-3　BHC 公司新发明的布洛芬合成绿色工艺

8.2　无毒无害反应剂和溶剂

8.2.1　无毒无害反应剂

在传统的化学产品生产中，有许多反应原料是有毒有害的，甚至是剧毒的，如光气、氢氰酸、硫酸二甲酯等。这些剧毒物质由于化学性质极为活泼，以它们作原料的生产技术往往工艺简单、条件缓和、方法成熟、成本较低，所以沿用至今。

然而以这些剧毒物质作原料会产生严重污染，还可能会造成惨痛的公害事件。因此绿色化工的一个任务是用无毒无害的原料代替这些有毒有害的原料。

1. 取代光气的原料

光气的分子式为 $COCl_2$，也称碳酰氯，是重要的有机化工原料，大量用于制备异氰酸酯、聚碳酸酯以及医药、农药和染料中间体等。但光气剧毒，在空气中的最高允许浓度为 0.1μg/L，吸入微量也能使人、畜、禽死亡。

传统的由光气制异氰酸酯的方法如下：

$$RNH_2 + COCl_2 \longrightarrow R{-}N{=}C{=}O + 2HCl \quad (8-15)$$

碳酸二甲酯是国际化学品权威机构确定的毒性极低的绿色化学品，不仅可以取代光气还可以作羰基化剂、甲基化剂和碳基甲氧化剂，是制造多种化工产品的中间体。用碳酸二甲酯(DMC)代替光气生产异氰酸酯[如甲苯二异氰酸酯(TDI)]和甲醇的反应式如下：

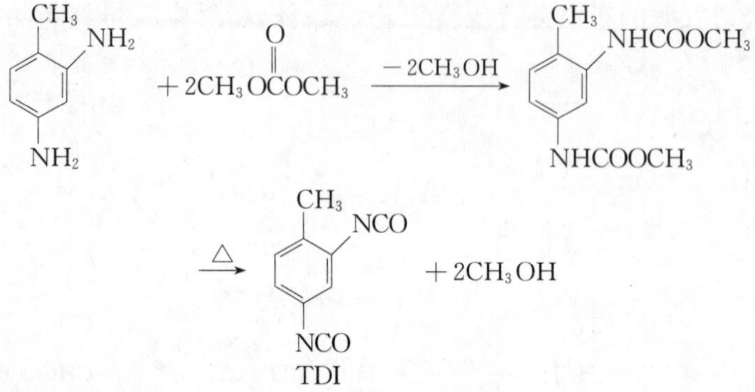

(8-16)

副产物甲醇经氧化羰化又能得到碳酸二甲酯：

$$2CH_3OH + CO + 1/2\,O_2 \longrightarrow CH_3O\overset{\displaystyle O}{\overset{\|}{C}}OCH_3 + H_2O \qquad (8-17)$$

以上两个过程合起来是理想的零排放绿色合成。

2. 替代氢氰酸的绿色原料

氢氰酸为无色液体或气体，沸点 26.1℃，有剧毒，口服致死量为 0.1～0.3 g。氢氰酸被广泛用于生产含氰化合物，如丙烯腈、农药中间体、聚合物单体等。由于氢氰酸对人体和环境的危害极大，国内外正在开发替代氢氰酸为原料的绿色工艺。

传统的己二胺的生产方法是由丁二烯和氢氰酸加成得己二腈，再加氢得己二胺：

$$H_2C{=}CH{-}CH{=}CH_2 + 2HCN \longrightarrow NCCH_2CH_2CH_2CH_2CN \qquad (8-18)$$

$$NCCH_2CH_2CH_2CH_2CN + 4H_2 \longrightarrow H_2NCH_2CH_2CH_2CH_2CH_2CH_2NH_2 \qquad (8-19)$$

新提出的替代氢氰酸的方法是丁二烯氢甲酰化反应得己二醛，己二醛与氨反应生成的亚胺再加氢得己二胺，反应式如下：

$$H_2C{=}CH{-}CH{=}CH_2 + 2H_2 + 2CO \longrightarrow OHCCH_2CH_2CH_2CH_2CHO \qquad (8-20)$$

$$OHCCH_2CH_2CH_2CH_2CHO + 2NH_3 \longrightarrow NH{=}CHCH_2CH_2CH_2CH_2CH{=}NH + 2H_2O \qquad (8-21)$$

$$NH{=}CHCH_2CH_2CH_2CH_2CH{=}NH + 2H_2 \longrightarrow H_2NCH_2CH_2CH_2CH_2CH_2CH_2NH_2 \qquad (8-22)$$

许多替代氢氰酸和光气作原料的绿色工艺正在国内外开发应用，其他的以CO_2和生物质为原料的生产技术也不断提出和得到应用，采用绿色原料的生产过程的研究已成为化工过程研究的新方向。

8.2.2 无毒无害溶剂

许多化工过程（反应、分离）都需要使用大量溶剂。有机合成要使用有机溶剂，高分子材料、医药、油脂等加工过程中要使用有机溶剂，精密仪器的清洗，以及服务业（如服装的干洗）也要使用各种溶剂，大量使用的常见溶剂有石油醚、苯类芳烃、卤代烃等。这些挥发性的有机溶剂有毒有害，会形成光化学污染，破坏臭氧层，引起呼吸道疾病，诱发癌症病变。环境友好过程是不用或少使用溶剂，在必须的时候使用无毒无害溶剂。

1. 超临界二氧化碳

常温、常压下的CO_2无色、无味、无毒、不燃烧、化学性质稳定，气体CO_2溶解能力很差。若控制温度超过30.06℃、压力超过7.39MPa，CO_2处于超临界状态，此时的CO_2流体介于气态和液态之间，密度和液体相当，黏度和气体相当，扩散系数介于二者之间，这种特殊的状态使其具有优异的溶解能力和传热效率。超临界CO_2可以溶解碳原子数在20以内的脂肪烃、卤代烃、醇、酮、醛、酯等，加入适当的表面活性剂又可以溶解重油、石蜡、蛋白质、聚合物等许多材料。超临界CO_2几乎可以溶解所有的化工原料和产品。

（1）在化学反应中的应用

超临界CO_2作反应溶剂的优点：一是选择性好，改变压力可以调节控制溶解能力；二是有良好的化学惰性，不易被氧化。研究表明，采用超临界CO_2作反应溶剂，使反应均相进行、消除扩散控制，可以提高反应速率，降低反应温度，降低固体催化剂的失活速率，提高反应的选择性，并能方便反应物、产物、副产物和催化剂的分离。在氢化、环化、氧化、烷基化、异构化和聚合反应中都发挥重要作用。

（2）在分离领域的应用

超临界CO_2萃取因能在常温下进行，而且CO_2无毒、无残留，不会破坏天然物中的不稳定成分，从而保留其天然的独特性，如食品的风味、香料的香韵等，因此超临界CO_2取代传统的挥发性溶剂在食品、香料、医药等领域的萃取提纯中的应用逐渐扩大。如采用超临界CO_2萃取咖啡豆中的咖啡因以及从啤酒花中脱除蛇麻酮，脱除蛋黄中的胆固醇，用油料作物制取精炼食用油脂等。

（3）在其他领域的应用

超临界CO_2作为一种绿色溶剂的应用在不断拓宽，如代替有机发泡剂作聚苯乙烯泡沫塑料的发泡剂可提高产品质量；代替快挥发溶剂，用于开发安全卫生的聚合物喷漆系统；与某些表面活性剂结合使用作清洗剂，用于机械、电子、医药和织物干洗；用于环境监测分析及废物萃取处理等领域。

2. 水

水价廉易得，无毒无害，不燃不爆，不污染环境，但大部分有机物的水溶性很小，很多有机反应仅能在有机溶剂中进行。经过不断努力，一些不能在水中进行的反应，经过改进后也能在水中进行。如 1980 年，Breslow 发现环戊二烯与甲基乙烯酮的加成反应速率在水中比在异辛烷中要快 700 倍；金属铟在水溶液中可促进偶联反应的进行，金属铟无毒，反应可在沸水或碱溶液中进行，铟能回收并循环使用；Diels-Alder 反应不但能够在水中进行，而且速率比在有机溶剂中大得多，如

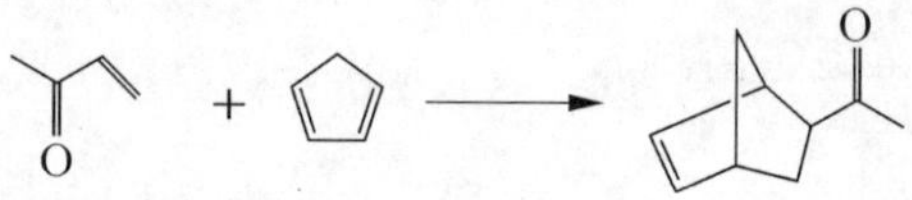

(8－23)

该反应在乙腈、乙醇、水中的相对速率为 1∶4.79∶290，水作溶剂大幅度提高了反应速率。

超临界水的应用也取得了很大进展。处于临界点(374℃，22.1 MPa)以上的高温高压状态的水被称为超临界水。超临界水中能溶解有机化合物和氧气，大大加快反应速度，方便物质的分离，因此超临界水是一种优良的反应介质，其最有应用前景的领域是废弃聚合物的资源化和有害物质的处理。

3. 离子液体

离子液体是指室温下为液体的盐，由离子片段(ionic species)组成，即由大的有机阳离子(如 N,N'-二烷基咪唑离子)和大的无机阴离子(如 BF_4^-、PF_6^- 等)组成，具有熔点低并且可调、没有蒸气压、热稳定性好(不易燃烧和爆炸)、电导率高、黏度低、无味、易分离回收等特点，在作为环境友好绿色溶剂方面具有很大的潜力。作为反应溶剂，溶解催化剂，使反应同时具有均相反应和多相反应的优点，提高了反应的速度和选择性，在羰基化、环氧化、氢化、Heck 和 Diels-Alder 等反应过程的研究中取得了很好的效果。

8.3 环境友好催化剂

8.3.1 催化剂在消除环境污染问题方面的作用

80%以上的反应只有在催化剂作用下才能获得具有经济价值的反应速率和

选择性。由于催化剂本身是化学品，因此它的使用有可能对设备、环境、人体产生危害。比如有的金属络合物对人体有很强的毒害作用，强酸强碱具有很强的腐蚀性，排放到周围环境中，对土壤、水源等都会产生有害影响，处理这些有毒、腐蚀性的催化剂也会使产品的成本增加。环境友好的新催化材料和催化技术的开发研究是绿色化学发展的关键。

催化剂的关键特征是能加快化学反应速度，即具有催化活性。然而在绿色化学中，首先要考虑的不是催化剂的活性而是催化剂的选择性，即催化剂对反应类型、反应方向和产物结构所具有的选择性。以相同的反应物为原料，在热力学上可能有不同的反应方向，生成不同的产物。采用不同的催化剂，在不同的反应条件下，可以使反应有选择性地朝某一个所需要的方向进行、生产所需要的产品。如一氧化碳和氢气在不同的催化剂作用下可得不同的产物：

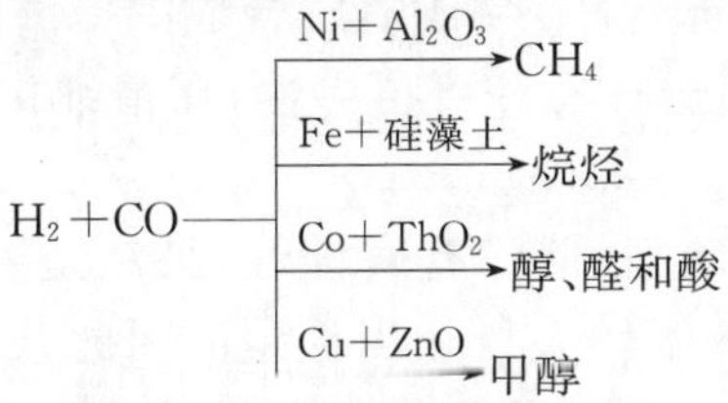

因此，可以认为催化剂为调控反应选择性的工具。对于某些串联反应，利用催化剂可以使反应停留在主要生成某一中间产物的阶段，如用不同的催化剂使烃类部分氧化为醇、醛或酮以及酸等不同的产物，而不完全氧化为二氧化碳和水。因此利用催化剂的选择性可以保证目标产物的转化率，降低副产物的转化率，甚至不产生副产物。

催化剂通过下述几方面的作用达到降低甚至消除环境污染问题的目标：

(1) 高效催化剂降低能耗、物耗，减少三废排放；

(2) 汽车尾气催化转化技术将有毒气体转化为无毒气体；

(3) 生物催化技术将工业和生活废物转化为可利用资源；

(4) 利用可再生生物质资源；

(5) 开发可生物降解产品，在产品使用功能完结后自然降解而不造成环境污染。

8.3.2 环境友好的固体酸催化剂

酸碱催化是最常见的催化过程，在化工生产中占有重要地位，如烃类的裂解、异构化、重整、烯烃水合、芳烃烷基化、酯化等，传统的酸碱催化剂是硫酸、磷酸、氢氟酸、三氯化铝、氯化锌等路易斯酸以及氢氧化钠、氨水等液体碱，这些均相酸碱催化剂虽能与反应物均匀混合且催化效率高，但分离回用困难，设备腐蚀严重，环境污染大。近年来发展了环境友好的固体酸催化剂，优点是没有设备腐蚀问题，产物与催化剂易于分离，并且易于在工艺上实现连续化，能在高温下反应，提高了生产效率，易于与其他过程耦合形成集成过程，节约能源和资源。

固体酸是指能使碱性指示剂改变颜色的固体，或是能化学吸附碱性物质的固体。按照 Brönsted 和 Lewis 的定义，固体酸是具有给出质子或接受电子对能力的固体。其种类包括混合氧化物、杂多酸、超强酸、沸石分子筛、金属磷酸盐、硫酸盐、离子交换树脂等。

沸石分子筛酸催化是得到广泛应用、极具发展前途的固体酸催化技术，在催化裂化、芳烃烷基化、歧化、异构化、芳构化、聚合、水合以及烷基转移等石油化工工艺中得到应用。沸石分子筛在精细有机合成中提供催化活性中心、吸附载体和择形定向反应，由于高选择性和可再生性，在精细化工领域的应用也越来越广泛。

杂多酸的活性比硫酸高，但没有腐蚀性，虽然是固体酸，但具有假液相结构，在含氧有机物中溶解度较大且相当稳定。因此杂多酸作为一类多功能的催化剂，既能作均相催化剂，又可作多相催化剂；既可作酸催化剂，又可作氧化还原催化剂甚至可作相转移催化剂。杂多酸催化剂已在丙烯水合制异丙醇、丙烯醛氧化制丙烯酸等工业生产上得到应用，是一类具有发展前景的绿色催化剂。

例如，分子筛代替三氯化铝催化剂合成乙苯和异丙苯。

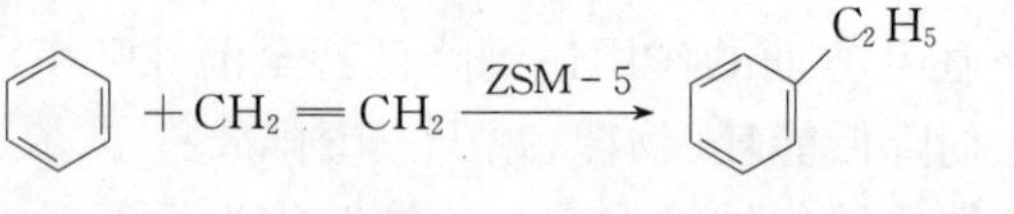

(8-24)

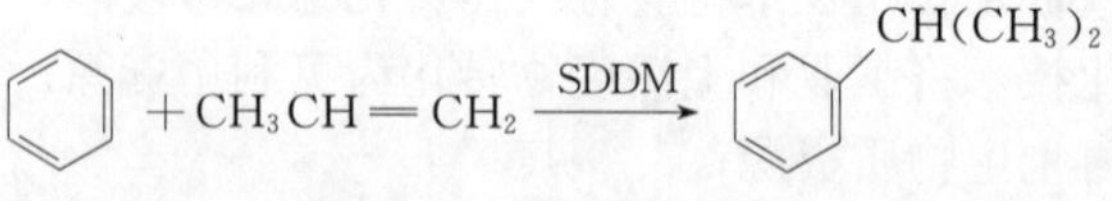

(8-25)

乙苯和异丙苯都是年产量在千万吨级的产品，用苯作原料，与乙烯或丙烯经烷基化反应生成。传统的催化剂是三氯化铝，过程复杂。催化剂本身具有较大的腐蚀性，而且还要加入腐蚀性很大的盐酸作助催化剂，大量的废酸要用碱中和，因此废水、废渣、废酸、废气对环境造成严重污染。

新工艺采用的催化剂 ZSM－5 是人工合成的高硅铝比的结晶铝硅酸，新的方法是选用沸石分子筛催化剂（SDDM）是脱铝丝光沸石，催化剂的分离操作可以省掉，过程大大简化（图 8－4），产品的收率和纯度均大于 99.5%，基本接近原子经济反应，并且可以消除废酸、废水的产生，减少废渣、废气的排放量（表 8－2）。

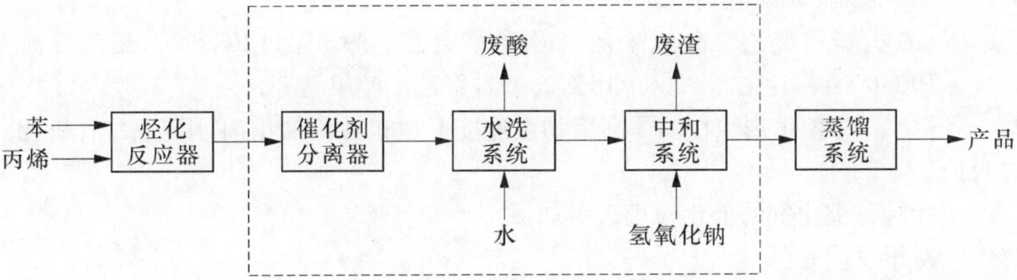

(a) $AlCl_3$ 催化剂工艺（旧工艺）

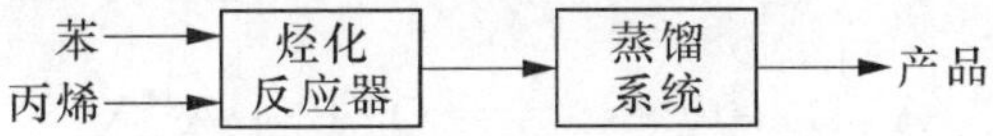

(b) 分子筛固体催化剂工艺（新工艺）

图 8－4　异丙苯新旧生产工艺的比较

表 8－2　分子筛新工艺改造 $AlCl_3$ 装置三废排放对比

比较项目	改造前工艺	改造后工艺
异丙苯产量/($\times 10^4$ t·a^{-1})	6.7	8.5
污水量/(t·h^{-1})	9.6	0
稀盐酸/(kg·h^{-1})	90	0
废气/(kg·h^{-1})	211	4
废渣/(kg·h^{-1})	126[中和 $Al(OH)_3$ 滤饼]	4.6(废催化剂)

8.3.3 相转移催化剂

相转移催化剂（PTC）的作用是将一种反应物质从它所在的一相带入原来对它不溶的另一相，与溶在后一相中的另一反应物反应。如：

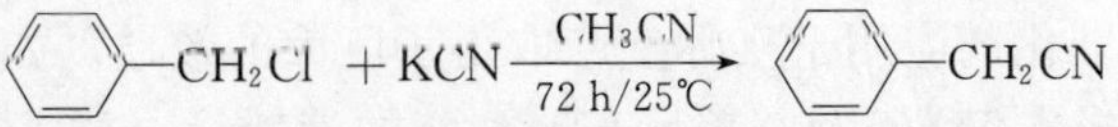

(8－26)

由于反应是在固、液两相中进行的，反应 72h，产率只有 20%，加入相转移催化剂（18－冠－6）后，相同条件下，0.4 h 产率即达 100%。

常用的相转移催化剂如下：

(1) 季铵盐　氯化四丁铵(TBAC),溴化四丁铵(TBAB),碘化四丁铵(TBAI),氯化苄基三乙基铵(BTEAC)等;

(2) 冠醚　18-冠-6,二苯并18-冠-6等;

(3) 开链的聚乙二醇或聚乙二醇醚　聚乙二醇350(PEG350),聚乙二醇600(PEG600),聚乙二醇2000(PEG2000),聚乙二醇甲醚等;

(4) 三相催化剂　在固体高聚物上连接上述相转移催化剂,用于水-有机相反应。

相转移催化剂的催化原理表示如下:

对于反应

$$A^+ B^- + C—X \xrightarrow{PTC} A^+ X^- + C—B \tag{8-27}$$

相转移催化过程为:

水相
$$A^+ B^- + Q^+ X^- \rightleftharpoons Q^+ B^- + A^+ X^- \tag{8-28}$$

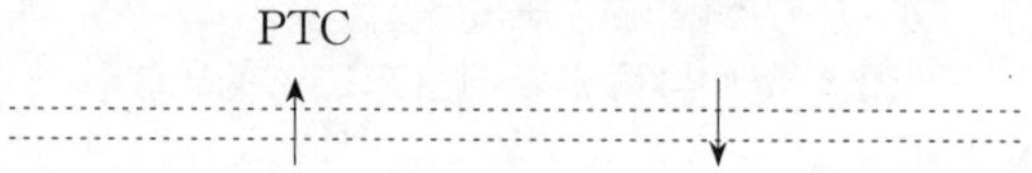

相界面

有机相
$$C—B + Q^+ X^- \rightleftharpoons Q^+ B^- + C—X \tag{8-29}$$

相转移催化剂不但可以加快反应速度,而且可以减少有机溶剂的使用,对于化学反应的绿色化具有重要意义。

8.3.4 生物酶催化剂

酶是生物体细胞内的具有特定催化功能的蛋白质。酶催化剂除具有一般催化剂的共性,还具有一些特性:(1)催化效率高,酶催化反应比非催化反应快$10^8 \sim 10^{20}$倍,比一般的催化反应快$10^7 \sim 10^{13}$倍;(2)专一性,一种特定的酶仅催化一种反应,原则上没有副反应;(3)反应条件温和,在常压、常温下进行反应;(4)多样性,已发现2 500多种酶,而且随着基因工程、蛋白质工程以及化学修饰技术的发展,更多的定向改造了的酶会应运而生,可以认为几乎能催化所有的化学反应。酶按作用可分为氧化-还原酶、水解酶、异构化酶、转移酶、裂解酶、合成酶六种。一些酶催化剂应用于实际生产取得了巨大的效益。如用交联纯结晶酶生产α-苯乙醇,成本仅为1 000美元/千克,酶的消耗只占总成本的4%,而非酶法的成本为4 000美元/千克;又如用酶催化技术生产2-苯基丙氨酸,成本为1 200~1 300美元/千克,是原化学合成法的1/10。

仿酶催化剂是指用人工或半人工合成的方法模拟自然存在的酶的结构或功

能而得到的一些酶样生物活性的化学物质,如席夫碱配合物能模拟酶催化苯乙烯、环己烯和 α-甲基苯乙烯的环氧化反应,经过修饰的 β-环糊精能够催化苯与甲醛合成苯甲醇。

由于酶催化反应能耗低、污染小、操作简单、易控制,与传统的化学反应相比,最能实现绿色化学的要求。

8.3.5 烃类晶格催化剂

烃类选择氧化是石油化工领域的重要反应,工业化的烃类选择氧化过程绝大多数是采用氧气或空气与烃类共进料模式的流化床或多管固定床反应器进行催化反应,因是放热反应,产品会与氧进一步发生深度氧化反应,反应的选择性差,造成资源浪费和环境污染。

为了解决深度氧化的问题,人们提出采用催化剂的晶格氧代替气相氧进行烃类选择氧化,即用可还原的金属氧化物的晶格氧作为烃类氧化的氧化剂,按还原-氧化(redox)模式,采用循环流化床提升管反应器,在该反应器中烃类分子与催化剂的晶格氧反应生成氧化产物,失去晶格氧的催化剂被输送到再生器中用空气氧化到初时高价态,然后送入提升管反应器中再进行反应。这样反应就在没有气相氧参与的条件下进行,就能达到控制深度氧化、提高选择性、节约资源和保护环境的目的。

根据上述的还原-氧化模式,人们提出了丁烷晶格氧氧化制顺酐、间二甲苯晶格氧氨氧化制间苯二腈等催化工艺。但由于技术的困难,要真正大规模工业应用还存在许多科学和技术上的挑战。

8.4 可再生的物质资源

8.4.1 生物质——取之不尽的资源宝库

由于长期大量开采和过度消费,煤、石油、天然气等化石资源已渐趋枯竭,据国际能源机构统计,煤、石油、天然气可供开采的年限分别只有 240 年、40 年和 50 年;另一方面,无节制地使用化石能源,大量排放二氧化硫、氮氧化物和二氧化碳,是酸雨、温室效应等重大环境问题的主要根源,造成了严重的环境污染和生态破坏。

生物质是指绿色植物通过光合作用直接产生或间接衍生的所有物质,如农作物、树木等植物及其残体、畜禽粪便等有机废弃物以及海产物等,主要成分为木质素、半纤维素、纤维素、碳水化合物。生物质是植物通过光合作用产生的，而光合作用是燃烧反应的逆过程，如能将光合作用和燃烧反应相互匹配，构成完整的循环，既能有效控制大气中 CO_2 含量的增加，又能保证生物质不断再生。

从化学角度讲，生物质的组成是碳氢化合物，与常规的化石燃料石油、煤同类，但与矿物燃料相比，碳活性高，含硫量和灰分都比其低，因此生物质利用过程中二氧化硫、氮氧化物的排放量少，造成的空气污染和酸雨现象明显降低。例如，每利用1万吨秸秆代替煤炭，可减少 CO_2 排放量1.4万吨，二氧化硫40吨，烟尘100吨。

大自然每年产生约1 400～1 800亿吨（干重）的生物质，相当于目前全球总能耗的10倍，是人类取之不尽的资源。在各种可再生资源中，生物质资源是最稳定同时也最环保的一种资源。因为生物质的生产过程是一个环境净化的过程，可以吸收空气中的二氧化碳，吸收有机污染物，所以，把生物质作为重要的替代资源。

目前用生物质作化工原料的方法有物理法、化学法、生物转化法等。物理法和化学法是通过热裂解、分馏、氧化还原降解、水解、酸解等方法将木质素、纤维素等大分子生物质降解成小分子的碳氢化合物、可燃气体和液体，直接作为能源或分离提纯后作为化工原料。物理法、化学法的能耗高、产率低、副产物多，过程的污染比较严重。生物转化法借助于特殊的酶催化剂或含酶的微生物将生物质大分子转化为葡萄糖等小分子物质，然后再转化为能源（可燃气体、液体燃料）或化工原料（碳氢化合物或其他化合物）。

8.4.2 生物质资源利用应用实例

人们在生物质利用方面已取得了许多成果，如利用农、林、畜产的废物和家庭有机垃圾通过发酵制人造天然气（主要成分为甲烷），用谷物作原料生物发酵法代替丙烯醛水合加氢法和环氧乙烷与合成气（CO/H_2）氢甲酰化法合成1,3-丙二醇（PDO），用生物质通过酯交换等反应制生物柴油，用淀粉发酵法代替乙醛法和丙酸法合成乳酸（α-羟基丙酸）制造可生物降解的材料聚乳酸。

例1 由生物质造汽油-酒精燃料（废弃物造酒精代汽油）

酒精的一种生产方法是以石油原料，通过石油裂解产生乙烯，乙烯水合再生成乙醇，该法的缺点是石油是不可再生资源，而且生产的酒精含有甲醇、高级醇和其他对人体有害的杂质。

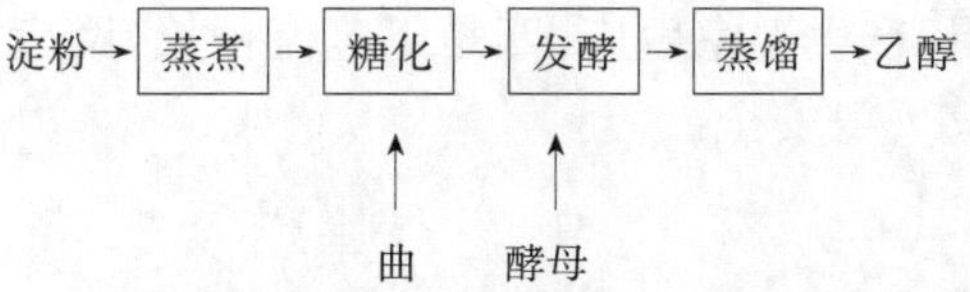

图 8-5 发酵法生产酒精的原则流程

另一种方法是用玉米、薯干、高粱等生物质为原料生产，其生产流程见图 8-5，先将原料粉碎后蒸煮，在 120～150℃温度下使淀粉糊化，然后在酶的作用下成为葡萄糖：

$$(C_6H_{10}O_5)_n + nH_2O \longrightarrow nC_6H_{12}O_6 \qquad (8-30)$$

反应可用麦芽、酶制剂和曲三种糖化剂，我国常用曲，曲用曲霉菌如米曲酶、黑曲酶制成。用固体表面培养的曲称为固体曲，用液体深层通风培养的曲称为液体曲。作为糖化剂的曲含有液化型淀粉酶（α-淀粉酶）和糖化剂淀粉酶（糖化酶）。α-淀粉酶破坏淀粉分子的网状结构成为糊精，糖化酶使糊精水解成葡萄糖。淀粉经糖化以后加入酵母使之发酵，反应式为：

$$0.5C_6H_{12}O_6 + H_3PO_4 \xrightarrow[ADP \rightarrow ATP]{NAD \rightarrow NADH_2} CH_3COCOOH \qquad (8-31)$$

丙酮酸在丙酮酸脱酸酶的作用下生成乙醛：

$$CH_3COCOOH \xrightarrow{\text{丙酮酸脱酸酶}} CH_3CHO + CO_2 \qquad (8-32)$$

乙醛则在乙醇脱氢酶及辅酶的作用下，还原成乙醇：

$$CH_3CHO \xrightarrow[NADH_2 \rightarrow NAD]{\text{乙醇脱氢酶}} CH_3CH_2OH \qquad (8-33)$$

发酵后的固、液混合物称作醪，过滤分离出固体后，通过精馏生产乙醇。

由碳水化合物通过发酵制备的乙醇，被称为“绿色汽油”，可直接用于汽车或掺加在汽油中，汽油掺加乙醇不仅可以节省石油资源，还可以提高辛烷值，减少污染物的排放。

例 2 生物法制己二酸（制造尼龙 66 的重要中间体）

己二酸传统的合成方法（图 8-6）是以苯为原料，用镍或钯作催化剂加氢生成环己烷，环己烷进行空气氧化成环己酮或环己醇，然后进一步用硝酸氧化成己二酸。从苯出发合成己二酸是有机合成中的重大成就，但从绿色化学的观点来看，存在严重缺陷：一是苯来自石油或煤，属不可再生资源，而且苯有剧毒；二是苯的氧化、硝化过程选择性低；三是副产物多，特别是硝化过程产生的笑气

(N_2O)会破坏臭氧层、产生温室效应;四是工艺流程长,反应条件苛刻,硝酸等介质易腐蚀设备及危害人身安全。

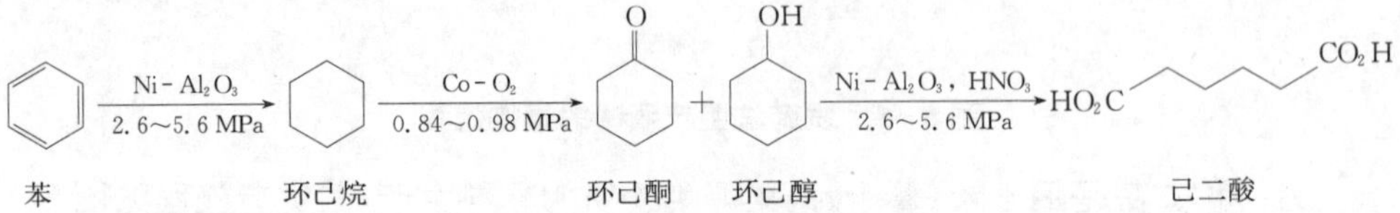

图 8-6 己二酸传统的合成路线

美国 Michigan 州立大学的 J. W. Frost 和 K. M. Draths 提出以蔗糖为原料,利用 DNA 重组技术改进的微生物酵母菌,将蔗糖变成葡萄糖,再变为己二烯二酸,然后在温和条件下加氢制取己二酸,从而实现了原料与生产过程的无毒、无害、无污染。

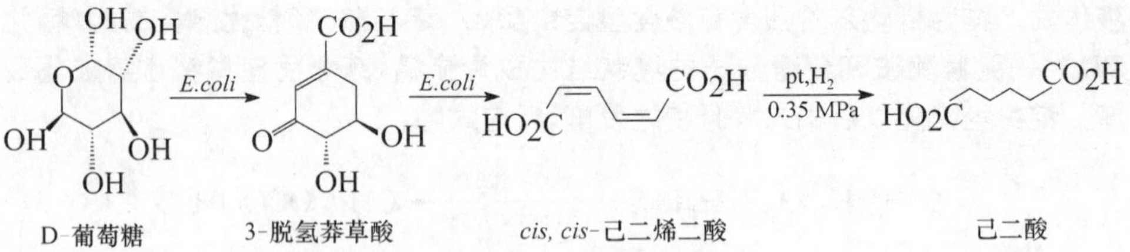

图 8-7 蔗糖生物法制己二酸的合成路线

采用生物质资源替代石油等矿物质资源作原料,不但来源丰富,而且生产过程避免了有毒有害物质的使用,产品也可能对环境友好,因此可再生生物质资源的利用是绿色化学的重要研究发展方向,成为不可阻挡的历史潮流。然而,就目前的技术水平,可再生生物质资源利用的成本尚难与石油资源形成竞争。目前主要利用的是谷物、淀粉,植物重要组成部分的木质素利用不多(其降解困难),酶催化剂的稳定性较差,对条件要求苛刻,价格昂贵,酶和产物从反应液中分离困难,因此需发展新的生物技术,进行酶和微生物的固载,开发新的高效分离技术,推动可再生生物质资源利用事业的发展。

8.5 绿色化学产品

8.5.1 绿色化学产品的定义

现代人类生活离不开化学品,化学产品的不断发展和进步推动了人类生活质量的提高，然而化学品消费也给人类带来了危害——环境污染。要消除化学品消费所造成的对环境和人体本身的危害，就必须使用对人类健康和生存环境无毒害的绿色产品，绿色产品的设计开发已成为绿色化学的关键内容。

绿色化学产品应具备两个关键特征：(1)产品本身对环境、人体及其他生物体不会产生危害；(2)产品被使用后，能安全回收、循环利用或易于在环境中降解为无害物质。所以在对绿色产品进行设计时，既要考虑产品功能，又要考虑其对环境的影响。绿色化学不仅要重视新化合物的设计，还要重新设计评价现有的化合物。

例如，联苯胺是一种很好的染料中间体，但其有极强的致癌作用，对其结构加以改造，变为二乙基联苯胺后，既可以保持染料的功能，又可以消除致癌性。

(8-34)

8.5.2 设计绿色化学产品的基本原则

绿色化学产品设计的依据，是利用化学构效关系对分子结构进行调控，使物质的功能最大化、危害最小化。为达到此目的，可有以下几个基本的方法。

1. 物质作用机理分析

物质的毒性要通过一定的途径才能起作用，了解毒性作用的途径，就可以通过改变分子结构把化学品的危害降到最低。如多数腈类化合物会放出氰化物[式(8-35)]而对生物体产生危害，其毒性作用的途径包括：首先，在氰基的α-位形成一个自由基[式(8-36)]，然后，氰基从分子中断裂，形成毒性终点。如果引入一个取代基，如甲基[式(8-37)]，就会阻止α-位自由基的形成，抑制毒性作用的发挥，腈化物就几乎变成无毒的了。

$$R—CH_2—CN \longrightarrow R—CH_2\cdot + \cdot CN \qquad (8-35)$$

$$R—\dot{C}H—CN \qquad (8-36)$$

$$R—\overset{\displaystyle CH_3}{\underset{\displaystyle CH_3}{\overset{|}{\underset{|}{C}}}}—CN \qquad (8-37)$$

由此可见，在保持分子功能的情况下，可以通过分子结构的改变来阻断毒性作用的途径以避免毒性作用。

2. 物质的结构与效能的关系

物质的结构与效能的关系是化合物的分子构建和其活性之间的相互关系。就本章而言，“活性”局限在人体内或在环境中。根据结构与效能的关系，分子结构的细微改变会引起毒性大小的变化，甚至在同一类化合物中会发生有毒性或无毒性的根本改变。例如，某化合物甲基的毒性很高，将其替换成乙基或丙基，毒性就依次降低。因此采用长链烷烃就可以设计更安全化学品。因此虽然不清楚甲基取代物毒性减小的机理，但只要清楚地知道化学结构和其危害性的关系的事实，就可以安全地设计化学产品。

3. 避免采用毒性的官能团

设计安全化学品的一种方法是避免使用有毒官能团，但必须确认替代的官能团也符合应用的要求。如许多挡风玻璃黏接剂是用异氰酸酯作原料，因异氰酸酯具有毒性作用，于是开发了一种用乙酰醋酸酯作交联剂的黏接剂，从而避免了有争议的毒性官能团——异氰酸酯的引入。

当不得不使用有毒官能团的化合物时，可以采用将该官能团掩蔽的方法，使其变成无毒的衍生物，在需要时再将原始的官能团释放出来。如乙烯基砜是染料的一种有效成分，但对人体有害，其合成反应的方程如下：

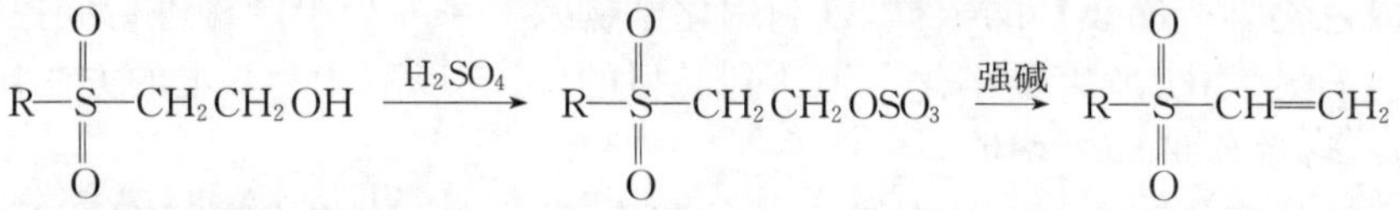

羟基乙基砜　　乙烯基砜

(8 - 38)

如果以无毒的羟基乙酰砜的形式储运，在需要时再将其转化为乙烯基砜，就可以大大减少乙烯基砜的危害。

4. 使生物利用度最小化

有毒化合物必须进入生物体内才能产生毒害作用，这种侵入生物体内的能力常称为生物可利用度(bioavailability)。如果无法通过分子结构来减少化学品的危害，可以通过降低化合物的生物可利用度来降低毒性作用。

分子可以通过呼吸、穿过表皮或膜的传输等途径进入生物体，依据这一认识，就可以通过分子设计使其减少、甚至不进入生物体系。如调节化合物的水溶性/亲油性，就可以降低它们通过生物膜(如皮肤、肺和胃肠道)的能力；又如可以通过增大聚合物颗粒(大于 10 μm)避免聚合物进入人体的呼吸系统。

类似的方法也可以用于设计环境安全化学品。如破坏臭氧层的化学物质，必须能进入平流层，并具有足够长的寿命。目前设计的破坏臭氧层物质替代物，具有这些物质相近的性质，但是寿命短，大大降低了对臭氧层的破坏。

5. 使辅助物质最小化

有些化合物本身不具毒性或毒性很小，但往往必须和有毒物质结合才能发挥其功能。例如，涂料和油漆，必须溶解在有机溶剂中才能发挥其功能，但有机溶剂具有毒性。因此，化学家设计了基于水相或其他分散介质的新型涂料，这些涂料可以不使用挥发性的有机溶剂，但具有相同的性能。

8.5.3 绿色化学产品的实例

例 1　杀虫剂中的新产品——Confirm™

美国 Rohm & Haas 公司发现二酰基肼能提供一个更安全、更有效地控制农作物的技术。这一家族中的 Confirm™ 通过模仿昆虫体内的一种天然物质——20-羟基蜕化素的作用模式起作用，这种蜕化素是天然引发，能导致脱皮并调节昆虫的发育。通过这种"蜕化素式"的作用模式，Confirm™强烈扰乱目标昆虫的脱皮过程，使之在暴露后短暂停食，并在此后很快死亡。

Confirm™对许多非节肢动物既不出现又不具有生物功能，对各种各样的非目标有机体具有高安全性，对哺乳动物的口服、吸入和局部应用具有低的毒性，并表明完全不致癌、不诱变，且没有不利的复制效应。因此 Confirm™成为迄今发现的最安全、最具选择性、最有用的昆虫控制剂之一。

例 2　一种新的抗菌剂——THPS 杀生物剂

用于控制工业冷却循环水系统中细菌、藻类和真菌生成的常规杀生物剂对人类和水生物有毒，并且在环境中持续时间长。美国 Albright & Wilson 公司发明的四羟基磷鎓硫酸酯（THPS）是一种对环境相对友好的杀生物剂，它将优良的抗菌活性和友好的毒物学特征结合在一起。THPS 毒性低、没有生物累积性；杀菌效率高，推荐的处理标准还在对鱼有毒的标准下；在环境中通过水解、氧化、光降解和生物降解迅速分解；不含氯，对二噁英或 AOX 形成无贡献。因此 THPS 减小了对人类健康和环境的危害性。

例 3　一种环境安全的航海船底防污染涂料

在船体的表面长有许多海洋植物和动物产生的污垢，这些污垢会增大船的航行阻力，导致燃料消耗增加。通常采用有机锡化合物，如氧化三丁基锡（TBTO），作船底防垢剂。这类防垢剂在环境中的存在时间长，具有的毒效包括剧烈的毒性、生物累积性、降低生育发育能力和增加水生有壳类动物的壳厚、引起生物变种等。

理想的船底防污垢涂料必须既能够阻止各种海洋生物在船底的结垢，又不会对生物体产生危害。美国 Rohm & Haas 公司开发了一种称为 4,5-二氯-2-正癸基-4-异噻唑啉-3-酮(Sea-Nine™)化合物作为防污垢涂料。试验结果表明,Sea-Nine™降解速度非常快,在海水中半天,在沉积物中仅需 1 h,因沉积物中的微生物能非常快地将其分解;而 TBTO 降解在海水中需 9 天,在沉积物中则要 6～9 个月。Sea-Nine™生物累积因子几乎为零,而 TBTO 的锡生物累积因子高达 10 000。Sea-Nine™和 TBTO 对海洋生物的毒性都大,但 Sea-Nine™无长期毒性,Sea-Nine™环境最大允许浓度比 TBTO 高 300 倍。Sea-Nine™海底涂料已商业化应用。

8.6 化工过程强化技术

化工过程强化是指在生产能力不变的前提下,通过大幅度减小生产设备的尺寸、减少装置的数量等方法使生产工艺的布局更加紧凑合理,单位能耗更低,废料、副产品更少。化工过程强化就是在生产加工过程中运用新技术和新设备,极大地减小设备体积或者极大地增大设备生产能力,显著地提高能量效率,大量减少废物排放。简而言之,高效、节能、清洁、可持续发展新技术的应用都是过程强化。

化工过程强化的途径包括生产的设备强化和生产过程的强化。过程设备强化指新型反应器、新型热交换器、高效填料、新型塔板等,生产过程的强化指反应和分离的耦合(如反应精馏、膜反应、反应萃取等)、组合分离过程(如膜吸收、膜精馏、膜萃取、吸收精馏等)、外场作用(超重力场、超声、太阳能等)以及其他新技术(如超临界流体、动态反应操作系统等)的应用等。

绿色化工通过化工过程强化,实现化工过程的高效、安全、环境友好、密集生产,推动了化学工业的可持续发展。化学工业的不断发展,化学产品的不断更新,环境标准的日趋严格,对化工过程的技术经济指标提出了越来越高的要求,也对化工过程强化不断提出更高的要求。

8.6.1 过程的设备强化

1. 静态混合反应器

静态混合反应器(SMR)就是采用静止设备来进行物料混合的反应器。对受传热、传质控制的快速反应,采用 SMR 可以极大地提高设备生产能力,或者高倍率地减小设备体积。如有机物的硝化反应,速度很快,并且放出大量的热量,为了能够及时移走反应产生的热量,防止反应失控,需要控制反应物料的进料速度，因此反应时间长，反应器的体积也大。采用SMR代替传统的带冷却夹套的搅拌反应器，见表8-3的对比，反应时间由18 h减为0.25 s，反应器容积由13 000 L降为0.2 L，生产能力增为原来的3.3倍，投资不到原来的40%。同时，由于硝化反应的时间短，基本上消除了副产物的生成，减少了环境污染。

表8-3　传统反应器与新型静态混合反应器的技术经济比较

反应器	生产能力/($t \cdot a^{-1}$)	反应器容积/L	投资/万美元	反应时间
传统反应器(搅拌)	15	13 000	10(一个反应器)	>18 h
静态混合反应器(SMR)	50	0.2	4(整个工厂)	0.25 s

2. 构件催化反应器

构件催化反应器是指采用在反应器尺寸规模上具有规则结构的催化剂的反应器，可以分为整块蜂窝构件催化反应器和规整构件催化反应器等类型。

整块蜂窝构件催化反应器使用许多相互隔离的、平行的直孔道的整块蜂窝结构催化剂，催化活性组分以薄膜的形式均匀地分布在孔道的内表面。它的优点是流动阻力小，比固定床反应器低2～3个数量级；比表面积大，是颗粒状催化剂的1.5～4倍；催化剂床层高度减低，反应速度快；反应物分布均匀，不会产生局部过热。据报道，在整块蜂窝构件催化反应器中苯乙烯的加氢反应速率和丙烷的脱氢反应速率可比填充床高1个数量级。

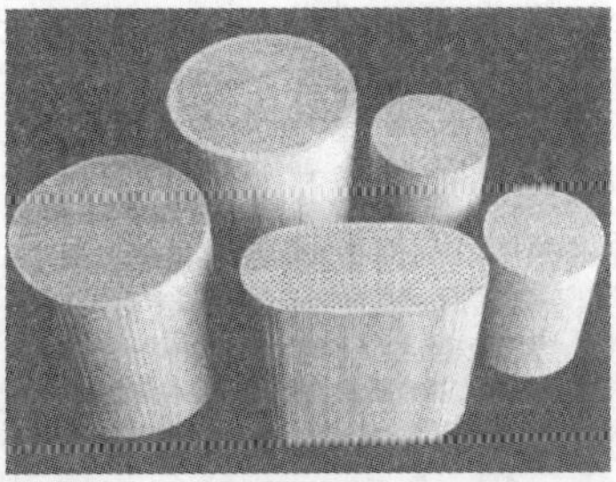

图8-8　整块蜂窝结构催化剂

将颗粒状催化剂安排成各种各样规则的几何形状就得到规整构件催化剂，规整构件催化反应器就是采用规整构件催化剂的反应器。规整构件催化反应器采用笼式或者串珠式、开放式错流结构，可方便气体和液体反应物与催化剂接触，具有比传统固定床小得多的传质阻力，而又具有很好的传热和传质能力，可以克服整块蜂窝构件反应器传热不便的缺点。目前，笼式规整构件反应器在重油馏分加氢脱除硫化物和氮化物中得到应用，开放式错流结构规整构件反应器在工业醚化和酯化反应中获得应用。由于气体和液体在催化剂构件内部移动比较慢，这类反应器适合慢速反应。

3. 超重力反应器

超重力反应器是利用旋转产生的离心力来提高反应速度。高速旋转所产生的离心力可达重力的1 000倍以上，强大的离心力大大强化了物料的混合和传递，从而显著提高受物料混合、传递速度限制的化学反应。Dow 化学公司利用超重力反应器开发了一种低氯化物含量的次氯酸生产技术，在进气量降低 50% 的情况下，还能增加 10% 的产量，而用传统的方法不能获得这种低氯化物含量的次氯酸。

4. 微型反应器

微型反应器是指由带有 10～100 μm 反应通道的薄片组成的具有夹心面包式结构的体积特别小的反应器，能够将混合、换热、催化反应和分离集成在一个反应器中。一家德国公司用降膜反应器氟化甲苯，液体以 25 μm 左右的薄膜流过微通道，单氟甲苯可达 20%，是鼓泡反应器的 4 倍，而且副产物少。

5. 紧凑式换热器

紧凑式换热器的换热面积可达到每立方米几百甚至上千平方米，而普通的管壳式换热器的换热面积只有几十平方米。因此在热交换条件相同时，采用紧凑式换热器可以显著减少换热器的体积或者数目，节省投资。如英国 Chart Marston 公司制造的 Marbond 紧凑式换热器的单位体积（m^3）的换热面积达 1 000 m^2，特别适合换热量大而空间小的场合。

8.6.2 过程强化方法

1. 反应-反应耦合

因受化学平衡和热量利用问题的限制，许多反应转化率低、能耗高，不仅导致经济效益低，而且对环境也不友好。如果将不同的反应耦合起来，就有可能克服上述的缺点。如合成气制二甲醚，其包括的反应如下：

甲醇合成反应 $$CO + 2H_2 \rightleftharpoons CH_3OH \qquad -90.4\ \text{kJ/mol} \tag{8-39}$$

甲醇脱水反应 $$2CH_3OH \rightleftharpoons CH_3OCH_3 + H_2O \qquad -23.4\ \text{kJ/mol} \tag{8-40}$$

水煤气变换反应 $$CO + H_2O \rightleftharpoons CO_2 + H_2 \qquad -41.0\ \text{kJ/mol} \tag{8-41}$$

通常的由合成气制二甲醚的过程分两步进行，即先合成甲醇，然后甲醇再脱水制二甲醚，由于热力学平衡的限制，CO 的转化率不高；如果在反应器中同时进行甲醇合成反应和甲醇脱水反应，CO 的转化率可由两步法中的 30% 提高到 70%～97%，使 CO 的转化率远远高于 CO 合成甲醇的平衡转化率，其原因包括两方面：一是甲醇脱水反应使甲醇在反应系统中不断减少，突破了甲醇合成反应的热力学平衡限制，使 CO 的转化更为彻底；二是甲醇脱水反应中生成的水通过水煤气变换反应消耗 CO，生成 CO_2 并补充甲醇合成反应所需的氢气。

2. 反应-精馏耦合

反应-精馏是指将反应和精馏集成在一个精馏塔内完成，当有催化剂存在时，又称为催化精馏。其优点是：可以及时地将一个或几个反应产物移走，减少副反应；对受化学平衡限制的反应，可以突破平衡的限制，提高原料的转化率；利用反应热精馏，既可以节约能量，又可使反应器内温度均匀。因反应器和精馏塔集成在一起，可以节省投资费用。

乙酸甲酯是由乙酸和甲醇在催化剂的作用下反应得到的，由于醋酸和甲醇的酯化受化学平衡限制，且物系中存在醋酸甲酯-甲醇与醋酸甲酯-水两种最低共沸物，合成乙酸甲酯传统工艺的后续分离比较困难，需要 9 个分离单元，过程复杂，能耗大，生产成本高；采用反应精馏，乙酸甲酯的生产在一个塔设备中就能完成，大大地降低了能耗、节省了投资费用和操作费用。

3. 反应-膜分离耦合

反应与膜分离耦合是将膜材料与反应器组合形成膜反应器，用于液体、气体的分离，实现反应分离一体化。与普通反应器相比，膜反应器的优点是：反应转化率高，可以突破热力学平衡的限制，获得很高的转化率；选择性好，当中间产物为目的产品时，因中间产物可通过膜分离出去，可以避免进一步发生串联反应，使反应选择性明显提高；反应速度快，因对反应不利的组分被连续分离除去，提高了反应速度；原料的进料量可按反应需求控制；催化剂可负载在膜上，或膜自身是催化剂，实现催化分离一体化；减少了额外的分离设备，节省了能源、降低了投资。膜反应器在加氢、脱氧、氧化反应中颇具应用前景。

4. 非定态反应技术(交替流反应器)

非定态反应技术通过控制定时逆转进出反应器的物流方向，利用反应放出的热量加热冷的原料，降低能量消耗，减少操作费用。如 SO_2 氧化生产硫酸，采用非定态反应器可减少 5%～20%的操作费用，并节省 20%～80%的设备投资。

5. 新能源利用

采用超声波、微波等新能源可以强化化学反应，取得令人意想不到的效果。

(1) 超声波

超声波(US)是指频率在 20 kHz～1 000 MHz 的声波，超声波在液体中产生微小的空穴，空穴在迸裂时产生高温高压而形成特殊的环境，并由此引起流体剧烈湍动，显著地加快某些化学反应，可使反应速率提高几倍甚至几百倍，采用超声波还可以使反应的选择性提高、反应条件缓和、收率提高、反应时间缩短、易于操作等。如 Cannizzaro 反应在同样条件下不能发生，采用超声波，转化率达到100%：

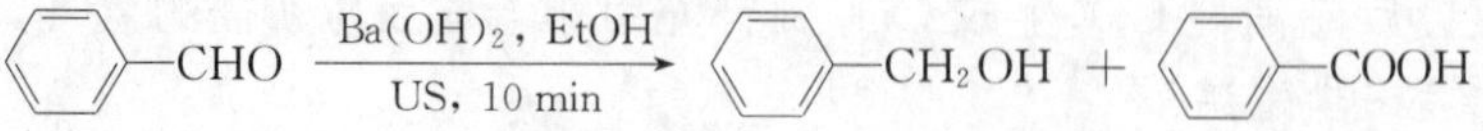

(8-42)

(2) 微波

微波(WMI)是一种电磁波，频率在300 MHz～300 GHz范围内，微波直接将能量辐射到反应物上，使分子产生高速旋转和碰撞，实现内加热，使反应体系的温度均匀而急剧地上升。微波几乎能加快所有常见的化学反应，微波作用下的化学反应具有强活化温转化、转化率高和选择性好的特点。如苯并噁嗪及苯并噻嗪化合物，同卤代烃RX在乙醇钠、TEBA相转移催化剂作用下，在硅胶载体上8～10 min获得产率达到72%～90%的*N*-烷基衍生物，反应速率比传统方法(6～8 h)提高30～80倍。

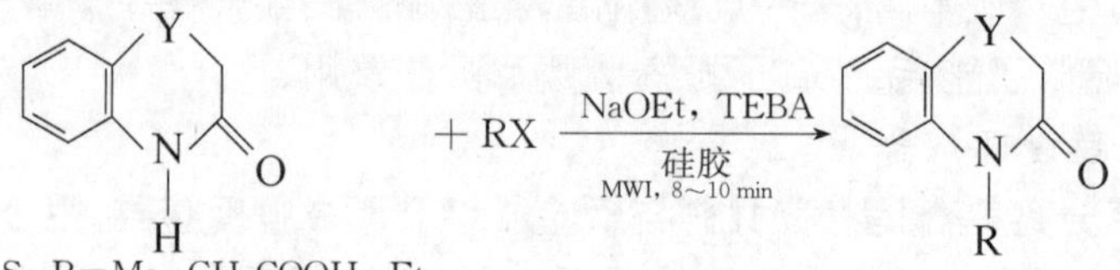

(8-43)

Y=O，S；R=Me，CH_2COOH，Et

6. 组合分离

组合分离就是将原来单独的几种分离操作集成在一个设备内完成，以简化操作，降低成本。如膜蒸馏、膜吸附、吸附精馏、反胶团、膜萃取等。组合分离技术解决了许多传统分离技术难以完成的任务，在生物工程、制药和新材料等领域有广阔的应用前景。

(1) 膜蒸馏

膜蒸馏是膜技术与蒸发过程相结合的膜分离过程。其所用的膜为不被待处理的溶液润湿的疏水微孔膜。膜的一侧与热的待处理的溶液直接接触(称为热侧)，另一侧直接或间接地与冷的水溶液接触(称为冷侧)。热侧溶液中易挥发的组分在膜面处汽化，通过膜进入冷侧并被冷凝成液相，其他组分则被疏水膜阻挡在热侧。从而实现混合物分离或提纯的目的。膜蒸馏是热量和质量同时传递的过程。传质的推动力为膜两侧透过组分的蒸气压差。因此，实现膜蒸馏必须有两个条件：①膜蒸馏必须是疏水微孔膜；②膜两侧要有一定的温度差存在，以提供传质所需的推动力。

膜蒸馏的优点：①该过程几乎在常压下进行，设备简单、操作简便；②在该过程中无需把溶液加热到沸点，只要膜两侧维持适当的温差，该过程便可以运行；③在非挥发性溶质水溶液的膜蒸馏过程中，只有水蒸气能透过膜孔，蒸馏十分纯净；④膜蒸馏耐腐蚀、抗辐射，故能处理酸性、碱性和有放射性的溶液；⑤膜蒸馏组件很容易设计成潜热回收的形式，可进一步降低能耗。

膜蒸馏目前主要在海水淡化、超纯水的制备、无机水溶液的浓缩和提纯、挥发性生物产品的浓缩、回收和去除以及共沸混合物的分离等方面得到应用。

(2) 膜萃取

膜萃取是一种膜分离与液-液萃取相结合的一种新型的萃取分离技术。就是将一微孔膜置于原料液与萃取剂之间，因萃取剂对膜的浸润性而迅速地浸透膜的每个微孔并与膜另一侧原料液相接触形成稳定界面层，未分离溶质透过界面层从原料液移到萃取剂中。在膜萃取分离过程中，萃取相和被萃取的物料液相分别处在分离膜的两侧，其传质过程是在分隔物料液相和萃取相的膜表面进行的，这样避免了物料液相与萃取相的直接接触。

作为一种新的膜分离技术，膜萃取过程有其特殊的优势：①由于没有相的分散和聚积过程，可以减少萃取剂在料液中的夹带损失，简化了操作，节省了庞大的澄清设备；②料液相和溶剂相各自在膜两侧流动，在选择萃取剂时可大大放宽对其物性要求，可使用一些高浓度的高效萃取剂；③两相分别在膜两侧作单相流动，使过程免受“返混”的影响和“液泛”条件的限制；④膜萃取过程可以较好地发挥化工单元操作中的某些优势，提高过程的传质效率，如实现同级萃取反萃过程，采用萃合物载体促进迁移等。

目前膜萃取主要用来回收工业废水中的金属，特别是回收工业废水中的贵重金属；另外，还可用于水的软化、有机物及药物的提取、制造去离子水、除碱、除酸、除氰化物以及除有机物等。

主要参考文献

[1] 李晓云,赵毅,王修彦.火电厂有害气体控制技术.北京:中国水利电力出版社,2005.
[2] 王绍文,梁富智,王纪曾.固体废弃物资源化技术与应用.北京:冶金工业出版社,2003.
[3] Forzatti P. Present status and perspectives in de-NO_x SCR catalysis. Applied Catalysis A: General, 2001,222:221-236.
[4] 魏名山.汽车与环境.北京:化学工业出版社,2005.
[5] 王金南,曹东.能源与环境:中国2020.北京:中国环境科学出版社,2004.
[6] 吴婉娥,葛红光,张克峰.废水生物处理技术.北京:化学工业出版社,2003.
[7] 徐炎华,杨文忠,张宇忠.环境保护概论.北京:中国水利水电出版社,知识产权出版社,2004.
[8] 刘宏,赵如金.工业环境工程.北京:化学工业出版社,2004.
[9] 孔昌俊,杨凤林.环境科学与工程概论.北京:科学出版社,2004.
[10] 汪群慧.固体废物处理及资源化.北京:化学工业出版社,2004.
[11] 王静康,龚俊波,鲍颖.21世纪中国绿色化学与化工发展的思考.化工学报,2004,55(12):1944-1949.
[12] 闵恩泽,吴巍,等.绿色化学与化工.北京:化学工业出版社,2000.
[13] 梁朝林,谢颖,黎广贞.绿色化工与绿色环保.北京:中国石化出版社,2002.
[14] 韩明汉,金涌.绿色工程原理与应用.北京:清华大学出版社,2005.
[15] 沈玉龙,魏利滨,曹文华,等.绿色化学.北京:中国环境科学出版社,2004.
[16] 王丽萍,李多松.大气污染控制工程.北京:煤炭工业出版社,2002.
[17] 罗固源.水污染物化控制原理与技术.北京:化学工业出版社,2003.
[18] 钱汉卿,左宝昌.化工水污染防治技术.北京:中国石化出版社,2004.
[19] 庄伟强.固体废物处理与利用.北京:化学工业出版社,2002.
[20] 解强,边炳鑫,赵由才.城市固体废弃物能源化利用技术.北京:化学工业出版社,2004.
[21] 张钟宪,等.环境与绿色化学.北京:清华大学出版社,2005.
[22] 藏树良,关伟,李川,等.清洁生产、绿色化学原理与实践.北京:化学工业出版社,2006.
[23] 刘天齐.环境保护.北京:化学工业出版社,1996.
[24] 关伯仁.环境科学基础教程.北京:中国环境科学出版社,1995.
[25] 张坤民.可持续发展与中国的实践.上海环境科学,1997,16(7).
[26] 左玉辉.环境学.北京:高等教育出版社,2002.
[27] 国家环境保护总局环境影响评价管理司.环境影响评价岗位培训教材.北京:化学工业出版社,2006.

[28] 路甬祥.中国可持续发展总纲.北京:科学出版社,2007.
[29] 杜祥琬.我国能源可持续发展之路.求是讲坛,2006.
[30] 许振良.膜法水处理技术.北京:化学工业出版社,2001.
[31] 朱慎林,赵毅红,周中平.清洁生产导论,北京:化学工业出版社,2001.

内容提要

本书介绍了环境科学的基本概念和基础知识、污染治理技术的基本原理、环境管理的基本内容、可持续发展的基本理论和实践以及绿色化学和化工的基本原理。全书共分8章，主要内容包括人类活动与环境问题、大气污染及其防治、水污染及其防治、固体废物的处理和利用、环境管理、可持续发展与清洁生产、绿色化学与化工基础等。

本书可作为高等学校化工类专业学生教材，也可作为化工、环境等专业工程技术人员的参考书。